KB169111

신재생
에너지
태양광
발전설비기능사
실기 | 한권으로 끝내기

SD에듀
(주)시대고시기획

신재생에너지

발전설비기능사(태양광)

실기 한권으로 끝내기

Always **with you**

사람의 인연은 길에서 우연하게 만나거나 함께 살아가는 것만을 의미하지는 않습니다.
책을 펴내는 출판사와 그 책을 읽는 독자의 만남도 소중한 인연입니다.
SD에듀는 항상 독자의 마음을 헤아리기 위해 노력하고 있습니다. 늘 독자와 함께하겠습니다.

PREFACE

머리말

'짧은 시간 안에 시험을 준비할 수 있는 방법은 없을까?'

자격증 시험을 앞둔 수험생들이라면 누구나 한 번쯤 들었을 법한 생각이다. 실제로도 많은 자격증 관련 카페에서 빈번하게 올라오는 질문이기도 하다. 이런 질문들에 대해 대체적으로 출제경향 파악 – 이론 요약 – 관련 문제 반복 및 숙지의 과정을 거쳐 시험을 대비하라는 답변이 꾸준히 올라오고 있다.

이 도서는 위와 같은 질문과 답변을 바탕으로 기획하여 발간되었다. 시험에 나올 만한 이론을 과목별로 정리하였고, 핵심이론을 공부한 후에 이와 관련된 실전예상문제를 풀어보며 복습하도록 구성하였으며 실전모의고사를 통해 다양한 유형의 문제를 접하면서 시험을 준비할 수 있도록 하였다.

국내외적으로 신재생에너지 관련 시장의 급속한 성장과 신재생에너지 발전 사업이 세계 시장에서 경쟁력 확보를 위한 전문가 육성이 필요한 만큼, 태양광발전 및 관련 분야의 취업을 위한 첫 단계가 바로 이 자격증 취득일 것이다.

신재생에너지발전설비(태양광)기능사를 준비하는 모든 수험생들에게 이 도서가 많은 도움이 되기를 바라며, 수험생 여러분들의 건승을 기원한다.

편저자 씀

시험안내

개 요

신재생에너지발전설비기능사는 태양광, 풍력, 수력, 연료전지의 신재생에너지발전설비시스템에 대한 숙련기능을 가지고 독립적인 신재생에너지 발전소 및 건축물과 시설 등을 시공, 운영, 유지 및 보수하는 직무이다.

수행직무

신재생에너지 발전소나 모든 건물 및 시설의 신재생에너지발전시스템 인허가, 신재생에너지발전설비 시공 및 감독, 신재생에너지발전시스템의 시공, 신재생에너지발전설비의 효율적 운영을 위한 유지 및 보수 업무 등을 수행한다.

진로 및 전망

국내외 신재생에너지 관련 시장의 급속한 성장과 신재생에너지 발전 사업의 경쟁력 확보를 위한 전문가 육성의 필요성이 커지고 있다. 태양광발전 및 관련 분야에 취업할 수 있다.

시험요강

❶ 시행처 : 한국산업인력공단(www.q-net.or.kr)

❷ 관련 학과 : 전문계 고등학교의 신재생에너지 등 관련 학과

❸ 시험과목

　㉠ 필기 : 태양광발전설비

　㉡ 실기 : 태양광발전설비 실무

❹ 검정방법

　㉠ 필기 : 객관식 4지 택일형(60문항)

　㉡ 실기 : 필답형(1시간 30분 정도)

❺ 합격기준

　㉠ 필기 : 100점을 만점으로 하여 60점 이상

　㉡ 실기 : 100점을 만점으로 하여 60점 이상

시험일정

구 분	필기원서접수 (인터넷)	필기시험	필기합격 (예정자)발표	실기원서접수	실기시험	최종합격자 발표일
제2회	3월 중순	4월 초순	4월 중순	5월 초순	6월 초순	7월 중순
제3회	5월 하순	6월 하순	7월 초순	7월 중순	8월 중순	9월 중순
제4회	8월 하순	9월 중순	10월 중순	10월 중순	11월 중순	12월 중순

※ 상기 시험일정은 시행처의 사정에 따라 변경될 수 있으니, www.q-net.or.kr에서 확인하시기 바랍니다.

출제기준 (실기)

실기과목명	주요항목	세부항목
태양광발전설비 실무	시 공	• 설계도서 검토 및 해당 공사 발주하기 • 구조물 및 부속설비 설치하기 • 태양광 모듈 및 전기설비 설치하기 • 시운전하기 • 준공도서 작성하기
	운영 및 유지보수	• 태양광모니터링시스템 관리하기 • 태양광 전기실 관리하기 • 태양광발전설비 설치 확인하기 • 태양광발전시스템 운영하기 • 유지보수 계획 수립하기 • 정기보수 실시하기 • 긴급보수 실시하기
	안전관리	• 안전교육 실시하기 • 안전장비 보유상태 확인하기

이 책의 구성과 특징

STRUCTURES

CHAPTER 01

PART 01 태양광발전 기초이론

신재생에너지

01 | 신재생에너지 종류

(1) 재생에너지
① 태양에너지(태양광, 태양열)
② 풍 력
③ 수 력
④ 해양에너지(조력, 파력, 조류, 온도차)
⑤ 지열에너지
⑥ 바이오에너지
⑦ 폐기물에너지
⑧ 수열에너지

(2) 신에너지
① 수소에너지
② 연료전지
③ 석탄을 액화·가스화한 에너지 및 중질잔사유를 가스화한 에너지

02 | 신재생에너지의 특징

(1) 공공의 미래에너지
(2) 친환경적 청정에너지
(3) 비고갈성 에너지
(4) 기술주도형 에너지

핵심이론

출제기준에 맞춰 필수적으로 학습해야 하는 핵심이론을 수록하였습니다. 시험에 꼭 나오는 이론을 중심으로 효율적인 학습을 할 수 있습니다.

태양광발전 기초이론

실전예상문제

01 신재생에너지의 중 재생에너지의 종류 4가지를 작성하시오.

정답
태양에너지, 풍력, 수력, 해양에너지, 지열에너지, 바이오에너지, 폐기물에너지, 수열에너지

02 태양광발전의 장점 3가지를 쓰시오.

정답
• 발전생산비용이 거의 들지 않는다.
• 무소음, 무진동으로 환경오염을 일으키지 않는다.
• 햇빛이 있는 곳이면 어느 곳이나 간단히 설치한다.
• 수명이 20년 이상 길다.

실전예상문제 53

실전예상문제

핵심이론을 공부한 후 문제에는 어떻게 출제되는지 확인할 수 있도록 과목별 출제유형문제를 수록하였습니다. 중요 개념과 내용을 한 번 더 공부할 수 있습니다.

부록 실전모의고사

제 1 회 실전모의고사

※ 예상 답안입니다. 출제자의 의도에 따라 답이 다를 수도 있습니다.

01 다음 그림은 회로시험기(멀티 테스터)를 이용하여 태양전지의 어떤 값을 측정하기 위한 시험인지 각각 쓰시오.

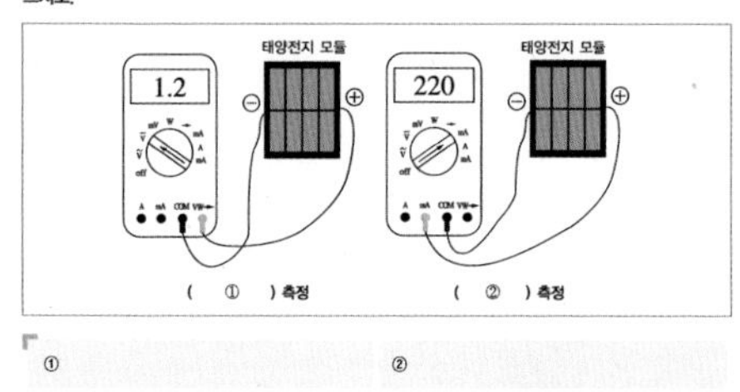

①　　②

정답
① 개방전압
② 단락전류

실전모의고사

최근 출제 경향을 분석하여 실제 시험장에서 만날 수 있는 예상문제를 수록하였습니다. 단답형뿐만 아니라 서술형까지 기술하면서 실전 감각을 한 단계 위로 끌어올립니다.

부록 실전모의고사

제 15 회 실전모의고사

※ 예상 답안입니다. 출제자의 의도에 따라 답이 다를 수도 있습니다.

01 한국전기설비규정(KEC)에 따른 지중선로 케이블의 시설방법 3가지를 쓰시오.

정답
- 직접매설식
- 관로식
- 암거식

해설
- 지중전선로는 전선에 케이블을 사용하고 또한 관로식・암거식(暗渠式) 또는 직접 매설식에 의하여 시설한다.
- 매설 깊이는 1.0[m] 이상으로 하되, 매설 깊이를 충족하지 못한 장소에는 견고하고 차량 기타 중량물의 압력에 견디는 것을 사용한다. 다만 중량물의 압력을 받을 우려가 없는 곳은 0.6[m] 이상으로 한다.

02 접속함으로부터 인버터 입력단자까지의 허용 전압강하는 몇 [%] 이내로 하여야 하는가?

정답
2[%]

해설
- 접속함에서 인버터까지 배선은 전압강하율 2[%] 이하로 산정한다.
- 태양전지 모듈에서 PCS 입력단 간 및 PCS 출력단과 계통연계점 간 전압강하율

전선의 길이	60[m] 이하	120[m] 이하	200[m] 이하	200[m] 초과
전압강하	3[%]	5[%]	6[%]	7[%]

제15회 실전모의고사 427

이 책의 차례

CONTENTS

PART 01 태양광발전 기초이론

PART 02 태양광발전설비 시공

PART 03 태양광발전시스템 운영 및 유지보수

부 록 실전모의고사

PART 01

태양광발전 기초이론

신재생에너지발전설비기능사(태양광) [실기] 한권으로 끝내기

www.sdedu.co.kr

CHAPTER 01

PART 01 태양광발전 기초이론

신재생에너지

01 | 신재생에너지 종류

(1) 재생에너지

① 태양에너지(태양광, 태양열)

② 풍 력

③ 수 력

④ 해양에너지(조력, 파력, 조류, 온도차)

⑤ 지열에너지

⑥ 바이오에너지

⑦ 폐기물에너지

⑧ 수열에너지

(2) 신에너지

① 수소에너지

② 연료전지

③ 석탄을 액화・가스화한 에너지 및 중질잔사유를 가스화한 에너지

02 | 신재생에너지의 특징

(1) 공공의 미래에너지

(2) 친환경적 청정에너지

(3) 비고갈성 에너지

(4) 기술주도형 에너지

03 | 현황 및 전망

(1) 교토의정서와 파리기후협약

	1997년 교토의정서	2015 파리기후협약
대상 국가	주요 선진국 37개국	195개 협약 당사국
적용 시기	2020년까지 기후변화 대응방식 규정	2020년 이후 '신기후체제'
목표 및 주요 내용	• 기후변화의 주범인 주요 온실가스 정의 • 온실가스 총배출량을 1990년 수준보다 평균 5.2[%] 감축 • 온실가스 감축 목표치 차별적 부여(선진국에만 온실가스 감축 의무 부여)	• 지구 평균온도 상승폭을 산업화 이전과 비교해 1.5[℃]까지 제한 • 2020년부터 개발도상국의 기후변화 대처사업에 매해 최소 1,000억 달러 지원 • 2023년부터 5년마다 탄소 감축 상황 보고
우리나라	감축 의무 부과되지 않음	2030년 배출전망치(BAU) 대비 37[%] 감축

CHAPTER 02

PART 01 태양광발전 기초이론

재생에너지

01 | 태양에너지

1. 태양광

(1) 태양광발전의 원리

- 태양전지(Solar Cell = Photovoltaic Cell = PV Cell)
- 반도체의 P-N접합에 빛을 비추면 광전효과에 의해 전기가 생산

① 태양전지(Solar Cell)

㉠ 태양에너지를 전기에너지로 변환할 목적으로 제작된 광전지

㉡ 금속과 반도체의 접촉면 또는 반도체의 PN 접합면에 빛을 비추면 광전효과에 의해 광기전력이 일어나는 것을 이용

㉢ 광전효과 : 한계 진동수보다 높은 진동수를 가진 빛이 금속에 흡수되었을 때 전자가 생성되는 현상

㉣ 금속과 반도체의 접촉을 이용 : 셀레늄 광전지, 아황산구리 광전지

㉤ 반도체 PN 접합을 사용 : 태양전지로 이용되고 있는 실리콘 광전지

② PN 접합에 의한 발전원리

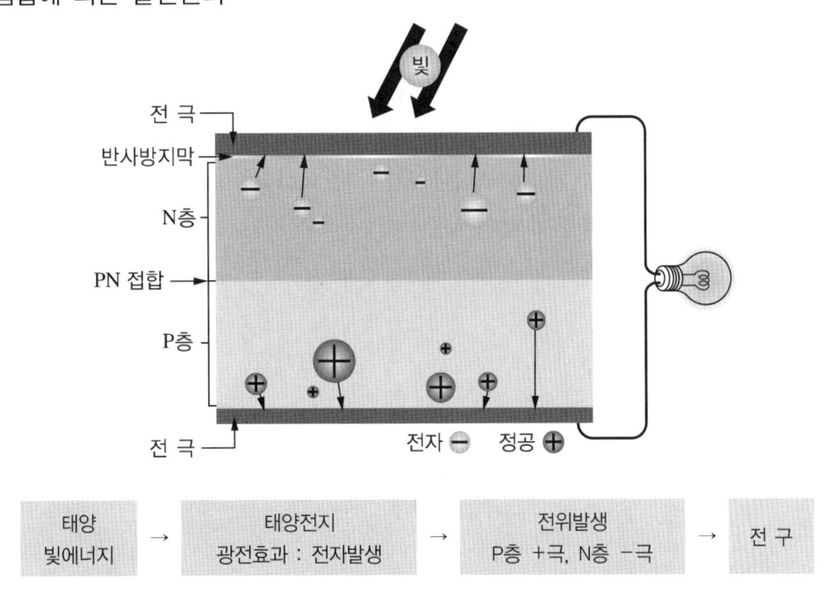

㉠ 태양전지는 전기적 성질이 다른 P(Positive)형의 반도체와 N(Negative)형의 반도체를 접합시킨 구조를 하고 있으며, 2개의 반도체 경계 부분을 PN 접합(PN-junction)이라 한다.

㉡ 태양전지에 태양빛이 닿으면 태양빛은 태양전지 속으로 흡수되며, 흡수된 태양빛이 가지고 있는 에너지에 의해 반도체 내에서 정공(Hole)(+)과 전자(Electron)(-)의 전기를 갖는 입자(정공, 전자)가 발생한다.

㉢ 정공(+)은 P형 반도체, 전자(-)는 N형 반도체 쪽으로 모이게 되어 전위가 발생한다.

㉣ P극(+)과 N극(-)에 전구나 모터와 같은 부하를 연결하게 되면 전류가 흘러 동작이 된다.

(2) 태양광발전의 특징

① 계속 사용해도 고갈되지 않는 무한정의 영구에너지

② 태양에너지 자원량은 현재 전 세계 에너지 소비 대비 2,850배

③ 태양광 정수 = 1,370[W/m^2]

④ 지표면에 도달한 태양광 세기 = 1,000[W/m^2]

(3) 태양광발전의 장단점

① 장 점

㉠ 햇빛이 있는 곳이면 어느 곳이나 간단히 설치한다.

㉡ 발전비용이 거의 들지 않는다.

㉢ 태양전지 숫자만큼 전기를 생산한다.

㉣ 수명이 20년 이상으로 길다.

㉤ 무소음, 무진동으로 환경오염을 일으키지 않는다.

② 단 점

㉠ 낮은 에너지 밀도로 넓은 공간이 필요하다.

㉡ 초기 투자비용이 많이 든다.

㉢ 일사량에 따른 발전량의 편차가 크다.

2. 태양열

(1) 태양열 이용기술

태양광선의 파동성질을 이용하는 태양에너지 광열학적 이용분야로 태양열의 흡수·저장·열변환 등을 통하여 건물의 냉난방 및 급탕 등에 활용하는 기술

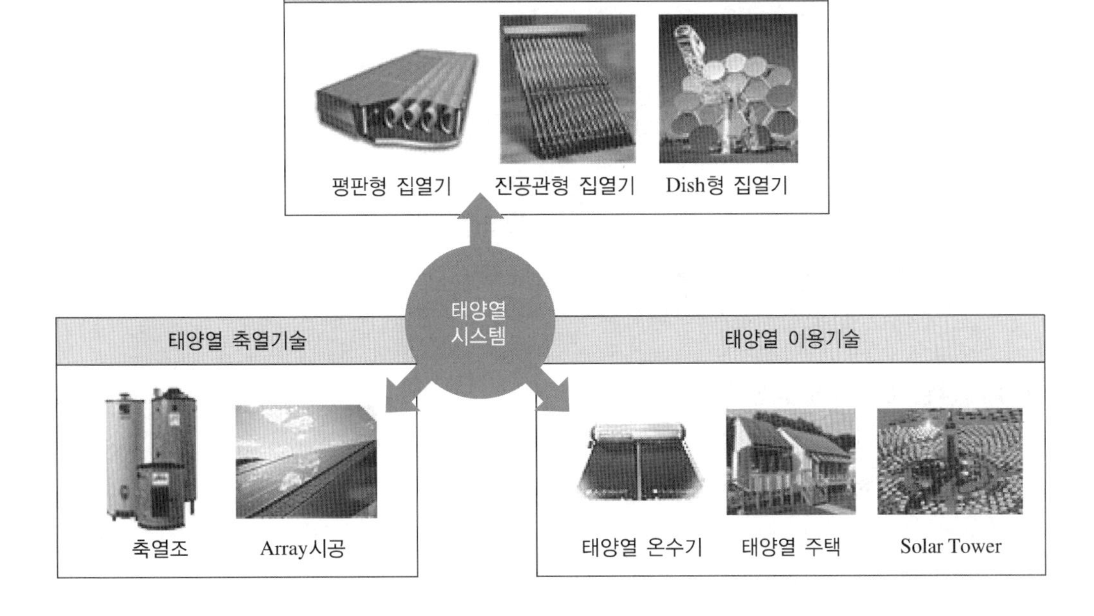

(2) 태양열장치(난방, 온수)의 구성

① **집열부** : 집열기, 열교환기

② **축열부** : 축열조(열저장)

③ **이용부** : 보조 보일러(축열조에 저장된 에너지를 효율적으로 활용)

※ 태양열에너지는 에너지밀도가 낮고 계절별, 시간별 변화가 심한 에너지이므로 집열과 축열기술이 가장 기본이 되는 기술임

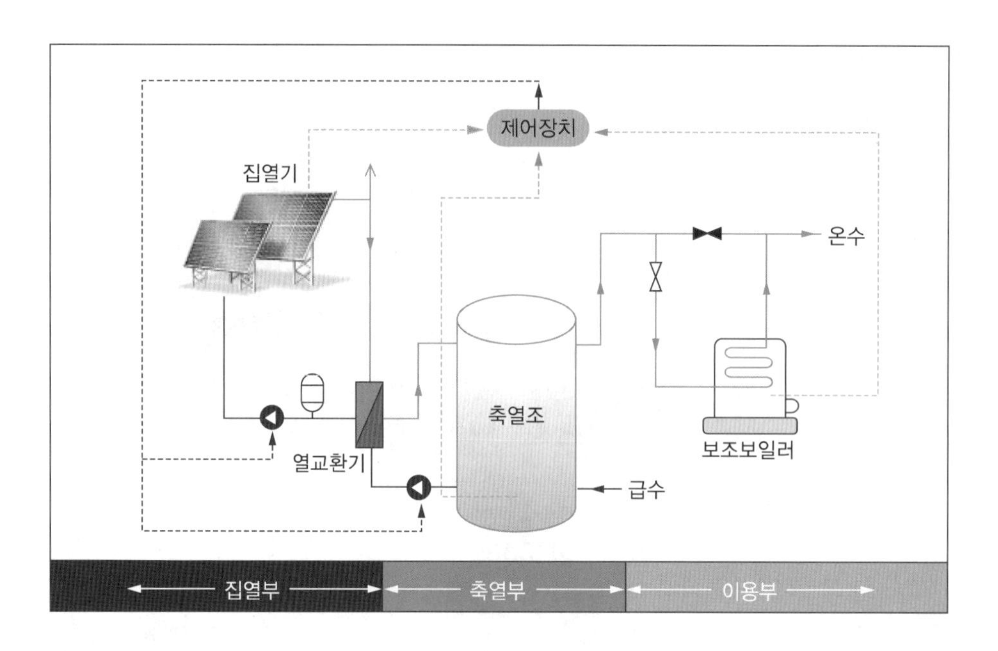

(3) 태양열에너지의 장단점

① 장 점

㉠ 무공해, 무한정한 청정에너지

㉡ 다양한 적용 및 이용성

㉢ 유지보수비가 저렴

㉣ 기존의 화석에너지에 비해 지역적 편중이 적음

② 단 점

㉠ 초기 설치비용이 많음

㉡ 하루 중 이용시간이 한정

㉢ 기후 및 계절에 따라 일사량의 변동이 심함

02 | 풍 력

(1) 풍력발전의 개요

① 이론상 바람 에너지의 59.36[%](베츠의 법칙, Betz's Law)만을 전기에너지로 변환시킴

② 날개의 형상, 기계적 마찰, 발전기의 효율 등으로 실질적인 효율은 20~40[%]

(2) 풍력발전의 출력

출력은 블레이드 길이의 회전 면적에 비례, 풍속의 세 제곱에 비례

$$P = \frac{1}{2}\rho A V^3 = \frac{1}{2}\rho\pi r^2 V^3 [\text{W}]$$

여기서, ρ : 공기밀도[kg/m^3], A : 풍차의 단면적[m^2],

r : 풍차의 반지름[m], V : 풍속[m/s]

(3) 풍력발전의 장단점

① 장 점

㉠ 자원이 풍부하고 재생 가능한 청정에너지

㉡ 비용이 적게 들고 건설 및 설치 기간이 짧음

㉢ 유지보수 비용이 적음

㉣ 토지의 효율적인 이용(풍력단지 전체의 1[%])

② 단 점

㉠ 바람이 불 때만 가능

- 발전 개시(Cut In) 속도 : 3[m/s]
- 발전 정지(Cut Out) 속도 : 25[m/s]

㉡ 조망에 지장

㉢ 소음 공해

03 | 수 력

(1) 수력발전의 개요

물의 위치, 압력, 속도에너지를 수차를 이용하여 기계적 에너지로 바꾸고, 수차에 직결된 발전기로 전기에너지로 변환

(2) 수력발전의 원리

① 이론 출력

$P_o = w \cdot Q \cdot H$

$= 9.8 \times 10^3 \times Q \times H[\mathrm{J/s}] = [\mathrm{W}]$

여기서, w : 물의 무게[kg], Q : 유량[$\mathrm{m^3/s}$], H : 총낙차[m]

② 유황곡선(Flow-duration Curve)

㉠ 가로축(일수)에는 365일을, 세로축(유량)에는 일평균 유량을 큰 것부터 차례로 나열해서 얻은 곡선

㉡ 95일-풍수량, 185일-평수량, 275일-저수량, 355일-갈수량, 유황곡선에 의해서 어떤 것의 수량이 연간 며칠 정도 이용 가능한가를 알 수 있음

㉢ 유속 : 입자가 단위시간 내에 이동한 거리

(3) 수력발전의 발전방식

① 발전설비용량에 따른 분류

㉠ 대수력 : 100[MW] 이상

㉡ 중수력 : 10~100[MW]

㉢ 소수력 : 1.5~10[MW]

② 구조 측면에 따른 분류

㉠ 수로식 : 하천의 경사와 굴곡에 의한 수로에 의해서 낙차를 얻는 방식(중류, 상류)

㉡ 댐식 : 하천경사가 작고 유량이 풍부한 중하류에 유리

㉢ 댐수로식 : 댐식과 수로식 발전방식을 혼합

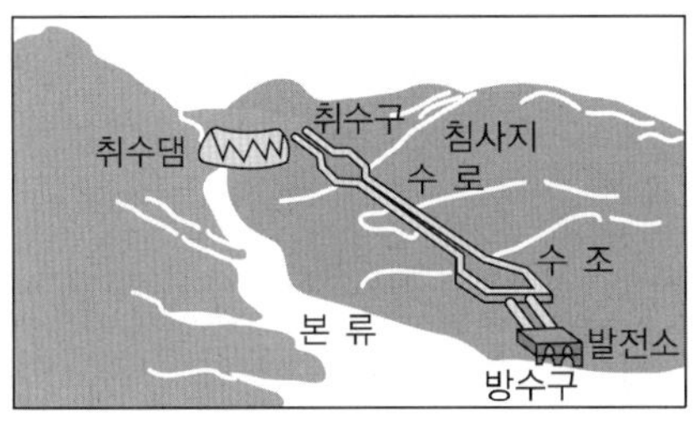

[수로식]

[댐 식]

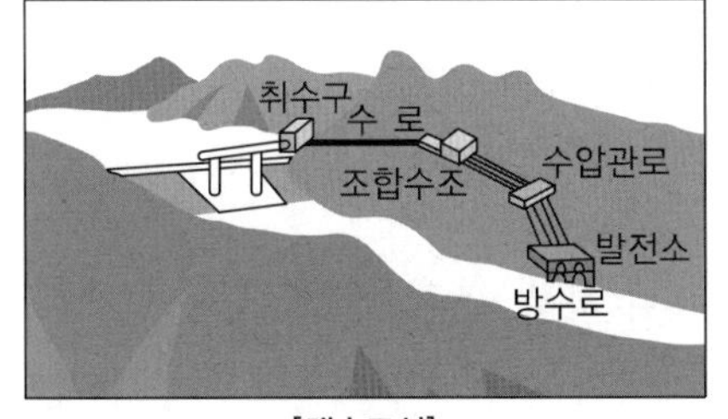

[댐수로식]

[유역변경식]

③ 물의 이용 측면에 따른 분류

㉠ 유입식 : 자연유량을 그대로 이용

㉡ 저수식 : 큰 저수지로 조정한 후 발전에 이용하는 발전소

㉢ 조정지식 : 몇 시간 또는 며칠 간의 부하변동에 대처 가능(우리나라 수력발전소의 대부분)

㉣ 양수식 : 심야, 휴일의 잉여전력을 이용하여 펌프로 양수하여 발전

(4) 수차의 종류

① 충동 수차 : 속도수도를 이용(펠턴수차, 튜고수차)

② 반동 수차 : 압력수도를 이용(프란시스, 프로펠러수차)

04 | 해양에너지

(1) 해양에너지의 개요

해양에너지는 해양의 조수·파도·해류·온도차 등을 변환시켜 전기 또는 열을 생산하는 기술

(2) 전기를 생산하는 방식

조력발전, 파력발전, 조류발전, 온도차발전 등이 있다.

① 조력발전

㉠ 조수 간만의 차를 이용

㉡ 평균조차가 10[m] 이상이고 폐쇄된 만의 형태

㉢ 해저의 지반이 튼튼한 곳이며, 에너지 수요처와 거리가 가까울 것

② 파력발전 : 파도의 상하운동에너지를 전기에너지로 전환

③ 조류발전 : 자연적으로 흐르는 조류의 길목에 수차발전기를 설치하여 발전

④ 온도차발전

㉠ 해수 온도는 20[℃]를 넘지만 해면으로부터 500~1,000[m] 정도 심해는 4[℃]로 일정

㉡ 가열된 바닷물(표층수)로 끓는점이 낮은 암모니아나 프로필렌을 증기로 만들고 이 증기의 힘으로 터빈을 돌려 발전

㉢ 터빈을 통과한 증기는 해저로부터 끌어올린 냉수(심층수)에 의하여 응축기에서 응축액으로 바꾸어 다시 재순환

05 | 지열에너지

(1) 지열발전의 개요

① 지열에너지는 물, 지하수 및 지하의 열 등의 온도차를 이용하여 냉난방에 활용하는 기술

② 태양열의 약 47[%]가 지표면을 통해 지하에 저장되며, 이렇게 태양열을 흡수한 땅속의 온도는 지형에 따라 다르지만 지표면 가까운 땅속의 온도는 개략 10~20[℃] 정도 유지해 히트펌프를 이용하는 냉난방시스템에 이용

③ 우리나라 일부지역의 심부(지중 1~2[km]) 지중온도는 80[℃] 정도로서 직접 냉난방에 이용 가능

④ 100[m] 깊어질 때마다 대략 2.5[℃]씩 증가

⑤ 온도 범위에 따라 직접적인 난방, 전력생산, 히트펌프를 통한 난방, 냉방, 제조용 열 등으로 이용

(2) 지열발전의 장단점

① 장 점

㉠ 발전비용이 저렴하고, 운전기술이 비교적 간단

㉡ 친환경적인 청정에너지

㉢ 가동률(90[%])이 높고 남는 열은 지역에너지로 이용

㉣ 고밀도 PE관을 사용하여 반영구적이고 화석연료를 사용하지 않아 안전

② 단 점

㉠ 지역의 제한 및 시공이 어려운 장소가 있음

㉡ 땅의 침하 및 지중 상황 파악이 곤란

㉢ 다시 보충할 수 없는 재생 불가능한 에너지

㉣ 보수 유지관리가 어려움

06 | 바이오에너지

(1) 바이오에너지의 개요

바이오에너지 이용기술이란 바이오매스를 직접 또는 생·화학적, 물리적 변환과정을 통해 액체, 가스, 고체연료나 전기·열에너지 형태로 이용되는 에너지원을 일컫는다.

※ 바이오매스(Biomass) : 태양에너지를 받은 식물과 미생물의 광합성에 의해 생성되는 식물체·균체와 이를 먹고 살아가는 동물체를 포함하는 생물 유기체

(2) 바이오에너지의 장단점

① 장 점

㉠ 저장하기 쉬움

㉡ 바이오매스는 재생되는 에너지원

㉢ 어느 곳에서나 얻을 수 있음

㉣ 최소 자본으로 이용 기술의 개발이 가능

② 단 점

㉠ 넓은 면적의 토지 필요

㉡ 토지 이용 면에서 농업과 경합

㉢ 자원 부존량의 지역차가 큼

㉣ 개발 문란 시 산림·목초지 등 환경파괴

07 | 폐기물에너지

(1) 폐기물에너지의 종류

① 성형고체연료(RDF) : 종이, 나무, 플라스틱 등의 가연성 고체폐기물을 파쇄, 분리, 건조, 성형 등의 공정을 거쳐 제조된 고체연료

② 자동차 폐윤활유 등의 폐유를 이온정제법, 열분해정제법, 감압증류법 등의 공정으로 정제하여 생산된 재생유

③ 플라스틱, 합성수지, 고무, 타이어 등의 고분자 폐기물을 열분해하여 생산되는 청정 연료유

④ 가연성 폐기물 소각열 회수에 의한 스팀생산 및 발전, 시멘트 킬른 및 철광석 소성로 등의 열원으로의 이용 등

08 | 수열에너지

① 해수의 표층의 열을 히트펌프를 이용하여 냉·난방에 활용하는 기술이다.

② 온배수열을 시설원예 또는 양식장 등의 난방열원으로 공급하여 생물성장을 촉진하고 화훼, 열대과일 등 고부가 작물 생산에 이용되고 있다.

③ 온배수열은 발전소의 발전기를 냉각하는 동안 데워진 물(해수)이 온도가 상승된 상태에서 보유하고 있는 열에너지(Δt : 7~8[℃])

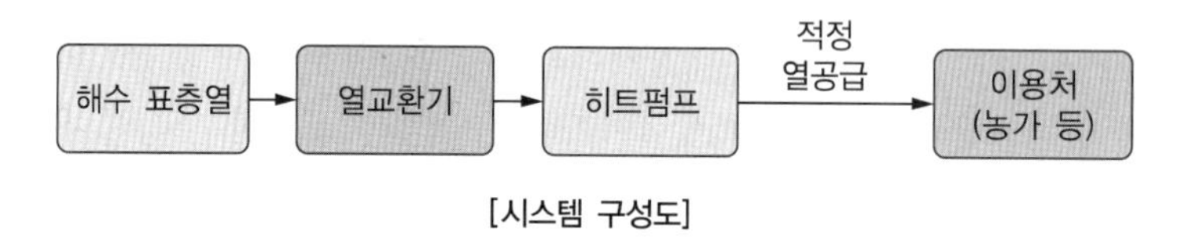

[시스템 구성도]

PART 01 태양광발전 기초이론

CHAPTER 03

신에너지

01 | 수소에너지

(1) 수소에너지의 개요

물 또는 유기물질을 변환시켜 수소를 생산 또는 이용하는 기술로, 미래의 청정에너지원

(2) 수소에너지시스템

① 수소의 제조방법

㉠ 수증기 개질법 : 천연가스나 나프타(Naphtha) 등을 고온에서 촉매를 사용하여 수증기와 반응시켜 수소를 얻음

㉡ 부분산화법 : 천연가스나 나프타 등을 촉매를 사용하여 않고 산소를 공급하여 수소를 얻음

㉢ 열화학 사이클법 : 500~1,000[℃] 정도의 열원을 이용하여 여러 단계의 화학반응을 조합하여 물을 분해하고 수소를 얻음

㉣ 전기분해법(수전해) : 반도체 소자를 이용하여 태양광에너지를 전기에너지로 변환시키고, 이 전기에너지로 물을 전기분해하여 수소를 얻음

02 | 연료전지

(1) 연료전지 기술

① 수소와 산소의 화학반응으로 생기는 화학에너지를 직접 전기에너지로 변환하는 기술

$H_2 + \frac{1}{2}O_2 \rightarrow H_2O$ + 전기 + 열생성

② 전기의 발전효율 50[%], 열효율 30[%], 총 70~80[%]의 고효율

(2) 연료전지발전시스템의 구성

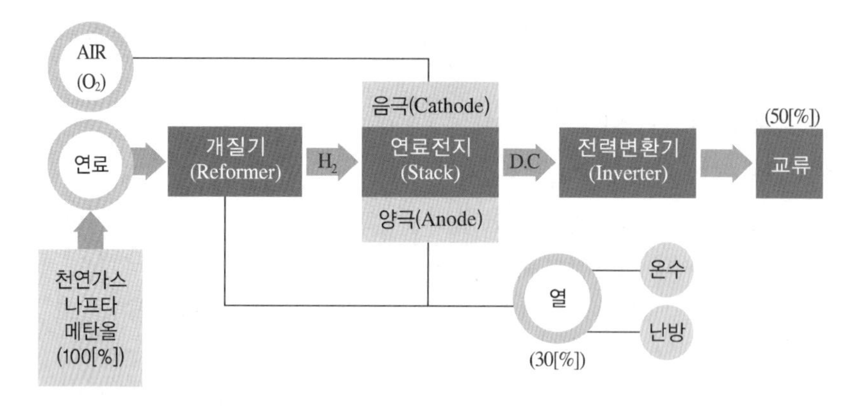

① 연료 개질장치(Reformer)

화석연료(천연가스, 나프타메탄올)로부터 수소를 많이 포함하는 가스로 변환시키는 장치

② 스택(Stack)

원하는 전기출력을 얻기 위해 단위전지를 수십~수백 장 직렬로 쌓아 올린 본체

③ 전력변환장치(인버터)

직류전기(DC)를 교류전기(AC)로 변환시키는 장치

(3) 연료전지발전 원리

① 연료극에서 수소가 수소이온과 전자로 분해되며, 수소이온은 전해질을 거쳐 공기극으로 이동한다.

② 전자는 외부 회로를 거쳐 전기를 발생시킨다.

③ 전해질을 거쳐 온 수소이온과 외부 회로를 통해 온 전자는 공기극에서 산소와 결합해 물이 된다.

03 | 석탄을 액화 · 가스화한 에너지

(1) 석탄(중질잔사유) 가스화

가스화 복합발전기술(IGCC ; Integrated Gasification Combined Cycle)은 석탄, 중질잔사유 등의 저급원료를 고온·고압의 가스화기에서 수증기와 함께 한정된 산소로 불완전연소 및 가스화시켜 CO와 H_2가 주성분인 합성가스를 만들어 정제공정을 거친 후 가스터빈 및 증기터빈 등을 구동하여 발전하는 신기술

(2) 석탄 액화

① 고체연료인 석탄을 휘발유 및 디젤유 등의 액체연료로 전환시키는 기술

② 고온·고압의 상태에서 용매를 사용하여 전환시키는 직접 액화기술과 석탄 가스화 후 촉매상에서 액체연료로 전환시키는 간접 액화기술이 있음

(3) 장단점

① 장 점

㉠ 고효율 발전

㉡ 공해물질이 많이 감소되는 환경친화적 에너지

㉢ 저급연료를 부가가치가 높은 에너지로 변화

② 단 점

㉠ 초기 설비비가 비쌈

㉡ 설비 구성과 제어 과정이 복잡함

PART 01 태양광발전 기초이론

CHAPTER 04 태양광발전시스템의 개요

01 | 태양광발전의 개요

(1) 태양광발전의 효과

① 광전효과 : 빛의 진동수가 어떤 한계 진동수보다 높게 금속에 흡수되면 전자가 생성되는 현상

② 광기전력효과 : 어떤 종류의 반도체에 빛을 조사하면, 조사된 부분과 조사되지 않은 부분 사이에 전위차(광기전력)를 발생시키는 현상

(2) 태양광발전의 원리

① 진성 반도체

㉠ 순수한 실리콘(Si), 저마늄(Ge)

㉡ 전기가 통하지 않음

② N형 반도체

㉠ 인(P), 비소(As), 안티모니(Sb) 등 5가 원소를 첨가하며, 이러한 불순물 원자를 도너(Donor)라고 함

㉡ 자유전자 밀도가 정공보다 높은 반도체

③ P형 반도체

㉠ 붕소(B), 갈륨(Ga), 알루미늄(Al) 등 3가 원소를 첨가하며, 이러한 불순물 원자를 억셉터(Acceptor)라고 함

㉡ 정공의 수를 증가시킴으로써 전도성을 높임

④ 반도체 내의 빛의 흡수 과정

$$hv = h\frac{c}{\lambda} = \frac{1.24}{E_g}$$

여기서, h : 플랑크 상수, v : 진동수, λ : 파장[μm],
c : 빛의 속도(3×10^8[m/s]), E_g : 에너지밴드갭[eV])

⑤ 바이어스 : PN 접합에 전압을 걸어주는 것

㉠ 순방향 바이어스 : P형 반도체에 (+)전압, N형 반도체에 (-)전압을 걸어주면 전위장벽이 얇아져 전류가 흐름

㉡ 역방향 바이어스 : P형 반도체에 (-)전압, N형 반도체에 (+)전압을 걸어주면 공핍층이 넓어져 전류가 흐르지 못함

⑥ PN 접합에 의한 발전원리

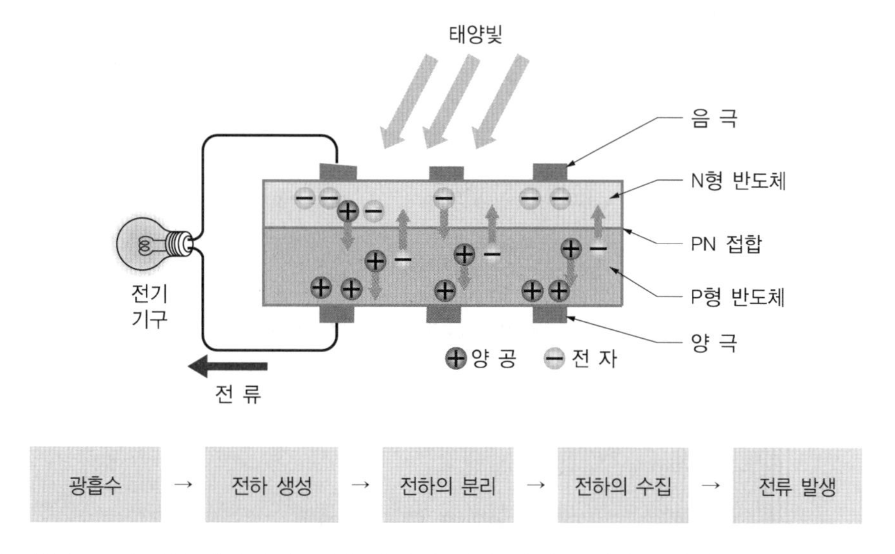

㉠ 광흡수 : 전기를 생산하기 위한 외부의 빛이 실리콘 내부로 흡수되는 과정

㉡ 전하 생성 : 흡수된 빛에 의해 실리콘 내부에 전하가 생성

㉢ 전하의 분리 : 정공(양공)은 P형 반도체, 전자는 N형 반도체로 이동

㉣ 전하의 수집 : 상부전극 방향 및 하부전극 방향으로 이동한 전자와 정공은 실리콘과 전극의 계면장벽을 넘어 각각의 전극으로 수집

㉤ 전류 발생 : 전자를 외부 회로로 흐르게 하면 전류가 발생됨

⑦ 태양전지

㉠ 금속과 반도체의 접촉을 이용한 것 : 셀레늄(셀렌) 광전지, 아황산구리 광전지

㉡ 반도체 PN 접합에 빛을 조사하면 광전효과에 의해 광기전력을 이용 : 실리콘 광전지

(3) 태양광 스펙트럼

① 태양은 수소와 헬륨이 핵융합 때 손실되는 질량의 에너지가 전자파로 방사되어 지구상에 빛으로 도달

② 태양광 스펙트럼 종류

㉠ 자외선 : 380[nm] 이하

㉡ 가시광선 : 380~780[nm]

㉢ 적외선 : 780[nm] 이상

㉣ 파장이 짧은 빛일수록 큰 에너지를 가짐

자외선(단파) > 가시광선 > 적외선(장파)

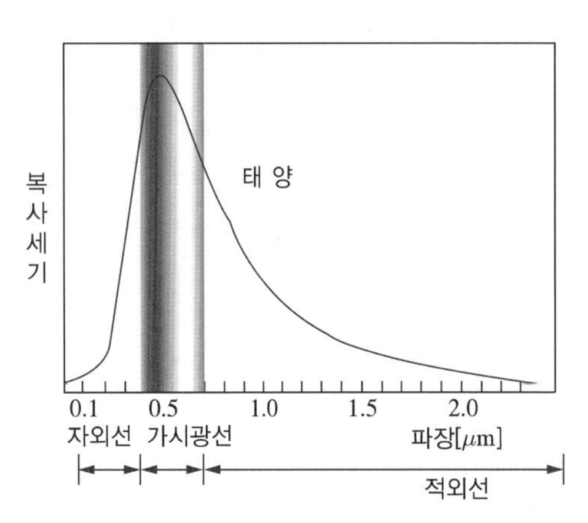

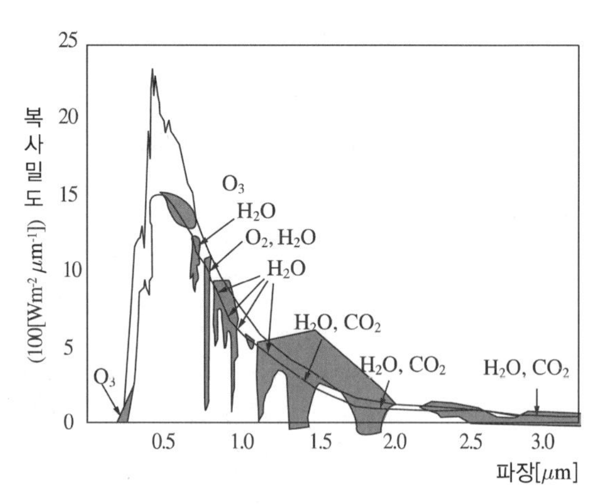

[태양 스펙트럼의 파장대별 에너지 밀도]

③ 태양에너지의 스펙트럼 파장대별 밀도 영역

㉠ 자외선(UV) 영역이 5[%], 가시광선 영역이 46[%], 근적외선 영역이 49[%] 정도 차지

㉡ 이 중에서 가시광선 영역이 밴드갭 에너지가 높으므로 태양전지 설계에서 에너지로 변환하는 영역으로 사용

④ 태양광 에너지 밀도

㉠ 표준시험조건 STC(Standard Test Condition)

- 일사 강도 : 1,000[W/m^2]
- 온도 : 25[℃] ± 2[℃]
- 대기질량정수 : AM1.5

㉡ 지표에 도달하는 햇빛은 직달복사와 산란복사로 구성

- 직달복사 : 그림자를 만드는 일사성분
- 산란복사 : 구름이나 대기 중의 먼지에 의해 반사되고 확산된 일사성분

⑤ 대기질량정수(AM ; Air Mass)

태양복사강도는 무엇보다도 수직입사각(θ)에 따라 달라진다.

㉠ AM0 : 대기권 밖의 스펙트럼

㉡ AM1 : 태양이 중천(적도)에 있을 때 스펙트럼

㉢ AM1.5 : 우리나라와 같은 중위도 지역 태양전지 개발 시 기준값

㉣ 지표면에서 태양을 올려 보는 각이 θ일 때 AM값

$$AM = \frac{1}{\sin\theta}$$

㉤ 지표면에서 연직인 가상선과 태양이 이루는 각이 θ일 때 AM값

$$AM = \frac{1}{\cos\theta}$$

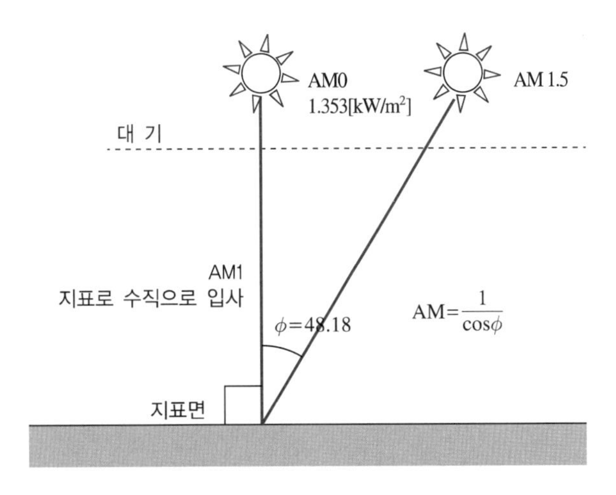

02 | 태양광발전시스템의 정의 및 종류

(1) 태양광발전시스템의 정의

① 태양전지를 이용하여 전력을 생산, 이용, 계측, 감시, 보호, 유지관리 등을 수행하기 위해 구성된 시스템

② 태양광발전시스템의 구성

㉠ 태양전지 모듈을 직렬, 병렬로 연결한 태양전지 어레이

㉡ 발전한 전기를 저장하는 전력저장용 축전지

㉢ 발전한 직류를 교류로 변환하는 인버터

㉣ 전력품질 및 보호기능을 갖는 출력조절장치(PCS)

㉤ 전력계통이나 다른 전원에 의한 백업 기능

㉥ 셀 : 1매 전압 0.6[V], 두께 200[μm]
모듈 : 36장, 72장, 88장, 96장을 직렬로 접속하여 일정 전압

㉦ 태양전지 어레이의 전기적 구성 : 태양전지 모듈의 직렬 집합체로서의 스트링, 역류방지 다이오드, 바이패스 다이오드, 서지보호장치(SPD ; Surge Protector Device), 직류차단기, 접속함, 단자대, 배전함

㉧ 출력조절시스템(PCS) : 직류를 교류로 변환하는 인버터부, 사고 발생 시 계통을 보호하는 계통연계 보호장치, 최대전력추종(MPPT) 및 자동운전을 위한 제어회로, 단독운전 검출기능, 전압전류 제어기능

㉨ 인버터의 전력변환부

- 소용량에서는 MOSFET 소자 이용
- 중·대용량은 IGBT 소자를 이용
- PWM(펄스폭변조) 제어방식의 스위칭을 통해 직류를 교류로 변환

(2) 태양광발전시스템의 종류

- 태양전지 어레이의 형태 : 추적식(트래킹) 어레이와 고정식 어레이
- 태양의 위치를 추적해 가는 방식 : 단방향 추적방식, 양방향 추적방식
- 태양을 추적하는 방법 : 감지식(Sensor) 방식, 프로그램 추적방식, 혼합형 추적방식

① 상용 전력계통과 연계 여부에 따라

㉠ 계통연계형 시스템(Grid-connected System)

- 지역 전력계통과 연계되어 생산된 전력 중 잉여 생산되는 발전량은 지역 전력사업자에 판매
- 태양광발전이 적합하지 않은 시기(야간, 흐린 날)에도 발전량 저하를 고려할 필요가 없고, 설비가 간단함
- 우리나라의 경우에는 도서지역과 특수지역을 제외하고는 대부분이 계통연계형을 채택
  - 역송전이 있는 시스템 : 태양광발전용량이 부하설비 용량보다 큰 경우
  - 역송전이 없는 시스템 : 태양광발전용량이 부하설비 용량보다 작은 경우
- 자체 부하를 사용하지 않는 발전사업자용 시스템
- 배전시스템, 공급 계량기 및 차단기, 송전설비 필요

연계구분	사용선로 및 연계설비 용량		전기방식
저압배전선로	일반 또는 전용선로	100[kW] 미만	단상 220[V] 또는 380[V]
특별고압배전선로	일반 또는 전용선로	100[kW] 이상 20,000[kW] 미만	3상 22.9[kV]
송전선로	전용선로	20,000[kW] 이상	3상 154[kV]

㉡ 독립형 시스템(Off-grid 또는 Stand-alone)

- 지역 전력계통과 완전히 분리된 발전방식으로, 충전장치와 축전지에 연결시켜 생산된 전력을 저장하고 사용하는 방식
- 상용 전원이 없거나 공급받기 힘든 등대, 오지, 도서지역 등에 적합
- 충·방전 제어기, 축전지 필요

② 어레이 설치형태에 따라

- 북반구 : 정남향
- 남반구 : 정북향

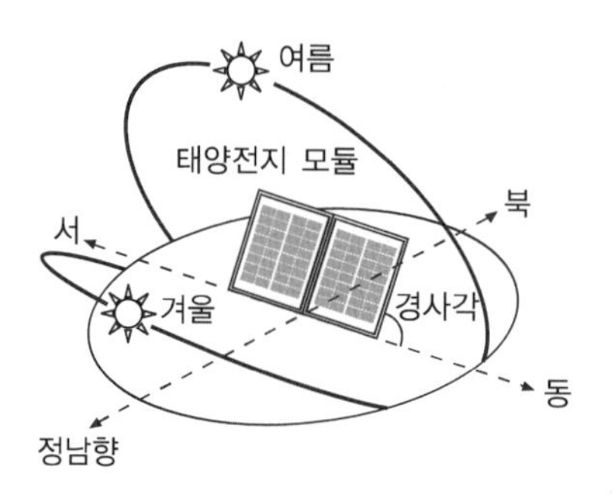

[모듈의 설치 방향과 경사 각도]

㉠ 고정식 태양광발전시스템

- 설치 경사각은 연평균 가장 발전 효율이 높은 각으로 고정(우리나라 20~40°)
- 도서지역 등 태양빛이 강한 곳에 설치
- 추적형, 반고정형에 비하여 발전효율은 낮은 반면에 초기 설치비가 적게 들고 유지보수가 쉬움

㉡ 추적식 태양광발전시스템

- 태양의 직사광선이 항상 태양전지판의 전면에 수직으로 입사할 수 있도록 동력 또는 기기 조작을 통하여 태양의 위치를 추적해 가는 방식
  - 단방향 추적식 : 상하 추적식과 좌우 추적식
  - 양방향 추적식 : 설치 단가가 높은 반면에 발전량은 고정식에 비해서 30~50[%] 증가, 대형 발전사업이나 바람이 강한 지역은 설치를 피함
- 추적방식
  - 감지식 추적법(Sensor Tracking) : 센서를 이용하여 최대 일사량을 추적해 가는 방식으로 다소 오차가 있고, 특히 구름에 가리거나 부분 음영이 발생하는 경우 감지부의 정확한 태양 궤도 추적이 힘들다.
  - 프로그램 추적법 : 태양의 연중 이동 궤도를 추적하는 프로그램에 따라 추적하므로 비교적 안정하게 추적할 수 있으나, 설치지역의 위치에 따라서 약간의 프로그램 수정이 필요하다.
  - 혼합식 추적법 : 프로그램 추적법을 중심으로 운용하되 설치 위치에 따른 미세적인 편차를 센서를 이용하여 수정해 주는 방식으로 가장 이상적인 추적방식이다.

03 | 태양전지

(1) 태양전지의 원리

태양광 흡수 → 전하 생성 → 전하 분리 → 전하 수집

(모듈 온도가 상승 시 출력 감소)

(2) 태양전지의 종류

① 결정질 실리콘 태양전지(기판형)

㉠ 단결정 실리콘 태양전지 19~21[%]

폴리실리콘 → 잉곳(원통형) → 웨이퍼 → 태양전지

㉡ 다결정 실리콘 태양전지 13~17[%]

폴리실리콘 → 잉곳(직육면체) → 웨이퍼 → 태양전지

② 박막형 태양전지

㉠ 비정질 실리콘 태양전지(10[%] 수준), CdTe(카드뮴, 텔루륨)계 또는 CIGS(구리, 인듐, 갈륨, 셀레늄)계 화합물 박막형 태양전지

㉡ 화합물 반도체의 특징

- 직접 천이형으로 높은 광흡수 효율
- 고가이지만 고효율 특성

③ 차세대 태양전지

㉠ 염료감응형 태양전지 : 산화환원 전해질로 구성되어 있으며, 표면에 화학적으로 흡착된 염료분자가 태양빛을 받아 전자를 냄으로써 전기를 생산하는 전지이다.

㉡ 유기물 태양전지 : 실리콘 태양전지에 비해 가격 경쟁력이 우위에 있으며, 예상 효율은 10[%] 이상

㉢ 나노 구조 태양전지

※ 태양전지의 종류와 특징

분 류	재 료		시판 모듈의 변환효율*	특 징
실리콘계 태양전지	결정계	단결정 실리콘	16~20(23)	효율이 높다. 개발기간이 길고 기술이 발전된다.
		다결정 실리콘	12~15 (15~19)	효율이 약간 떨어지지만, 양산성이 우수하고 비교적 저렴한 가격이다.
	박막계	아모퍼스	5~8	에너지 및 자원절약성이 좋으나, 효율이 낮다.
		아모퍼스 · 미결정 다접합	10(16)	에너지 및 자원절약성이 좋으나, 효율이 약간 떨어진다.
	아모퍼스 · 단결정 실리콘		16~18(23)	효율이 높다. 온도특성이 뛰어나 저온 프로세스가 가능하다.
화합물계 태양전지	III-V족 단결정 (GaAs계 다접합 등)		(35.8) (비집광) (40) (집광)	희소재료의 사용. 주로 우주용. 단, 고배율 집광동작으로 코스트의 저감화 불가능
	II-VI족 다결정 박막 (CdTe계 등)		9~10 (11~17)	저코스트화가 가능한 박막계이나 환경문제의 우려가 있다.
	I-III-VI족 다결정 박막 ($CuInGaSe_2$계 등)		9~10 (11~18)	저코스트화가 가능한 박막 태양전지이지만 효율이 약간 떨어진다.
기타 재료 태양전지 (연구 개발 중)	색소증감 (착체색소, TiO_2)		(~8) (셀~11)	제조공정이 간단하다는 이점이 있지만, 고효율화 및 장기신뢰성이라는 과제가 남아 있다.
	유기박막 (프탈로사이아닌, 풀러렌)		(셀~7)	제조공정이 간단하고 재료 가격이 저렴하다는 이점이 있지만, 고효율화 및 장기신뢰성이라는 과제가 남아 있다.

* : (   ) 안의 수치는 연구개발 수준의 변환효율

(3) 태양전지의 변환효율

$$변환효율 = \frac{P_{\text{output}}}{P_{\text{input}}} = \frac{P_{\max}}{P_{\text{input}}} = \frac{I_m V_m}{P_{\text{input}}} = \frac{I_{sc} V_{oc}}{P_{\text{input}}} \times \text{F.F}$$

$$= \frac{P_{\max}}{A \cdot E} \times 100[\%]$$

여기서, A : 모듈 전체면적[m^2], E : 일사량(1,000[W/m^2]),

$P_{\max}$: 최대출력[W], F.F : 충진율(Fill Factor)

① 단위면적당 입사하는 방사조도(일사량)와 태양전지 출력에너지의 비율

② 기준 테스트 조건은 1,000[W/m^2]이고, 태양전지의 출력은 개방전압(V_{oc}), 단락전류(I_{sc}), 곡선인자(F.F)를 곱한 값

㉠ 단락전류(I_{sc}) : 태양전지 전극단자가 단락되면 전압은 0으로, 즉 $I-V$ Curve 곡선에서 전압값이 0에서 나타난 전류값

㉡ 개방전압(V_{oc}) : $I-V$ Curve 곡선에서 전류값이 0에서 나타난 전압값

㉢ 충진율(F.F, 곡선인자)

Fill Factor 약어로서 개방전압과 단락전류의 곱에 대한 최대 출력(최대 출력전압과 최대 출력전류)을 곱한 값의 비율로 통상 0.7~0.8

$$\text{F.F} = \frac{I_m V_m}{I_{sc} V_{oc}} = \frac{P_{\max}}{I_{sc} V_{oc}}$$

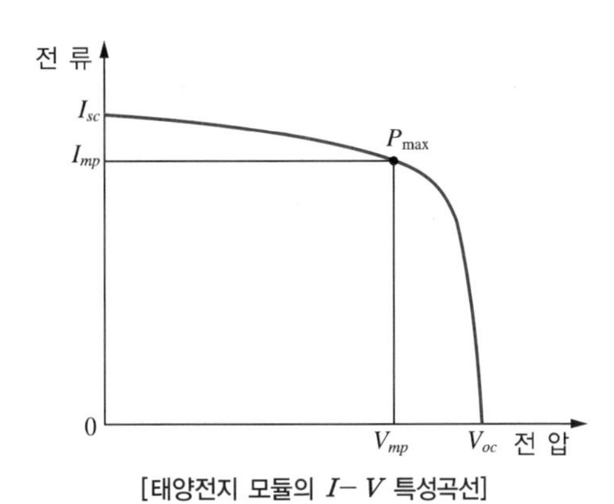

[태양전지 모듈의 $I-V$ 특성곡선]

(4) 태양전지 특성의 측정법

① 태양전지 모듈 및 전지 특성을 측정하기 위해서는 Simulator 장비와 Cell Sorter 장비가 필요하다.

② 측정용 광원으로 기준 태양광과 스펙트럼 방사세기가 같은 제논 램프가 가장 이상적이다.

③ Simulator 등급을 A, B, C Class로 나눈다.

㉠ 기준 스펙트럼과의 차이(A : ±25[%], B : ±40[%], C : ±60[%])

㉡ 조사강도면 내 균일성 차이(A : ±2[%], B : ±5[%], C : ±10[%])

㉢ 조사강도 안정성 차이(A : ±2[%], B : ±5[%], C : ±10[%])

04 | 태양전지시스템의 구성요소

(1) 태양전지 모듈 및 어레이

① 태양전지 모듈

㉠ 태양전지의 최소단위인 셀을 내후성 패키지에 수십장 모아 일정한 틀에 고정하여 구성되는 것으로, 태양전지 모듈 속에 태양전지 셀을 직렬 연결하여 일정 전압, 출력을 얻을 수 있도록 제작된다.

㉡ 태양전지 모듈의 변환 효율

- 단결정 실리콘 태양전지 모듈 : 17~21[%]
- 다결정 실리콘 태양전지 모듈 : 13~17[%]
- 아모퍼스 실리콘 태양전지 모듈 : 6~10[%]
- 화합물 반도체 태양전지(CdS, CdTe) 모듈 : 11~12[%]

② 태양전지 어레이

㉠ 태양전지 모듈뿐만 아니라, 직·병렬접속을 위한 배선과 보호장치, 모듈들을 설치하기 위한 가대, 그리고 가대의 기초나 주위를 둘러싼 것을 포함한 하나의 직류발전 전체

㉡ 어레이의 전기적 구성

- 태양전지 모듈의 직렬 집합체로서의 스트링, 역류방지 다이오드, 바이패스 다이오드, 서지보호장치(SPD), 직류차단기, 접속함으로 구성
- 스트링(String)
  - 모듈의 개방전압(V_{oc})을 기준으로 하여 파워컨디셔너의 입력전압 범위 내에서 결정되는 모듈의 직렬회로 집합
  - 각 스트링에는 스트링 간의 전압차로 인한 역류를 방지하기 위한 목적의 역류방지 다이오드를 설치
- 모듈의 셀 일부분에 음영이 발생한 경우 전류집중으로 인한 열점(Hot Spot)으로 인한 셀의 소손을 방지하기 위하여 보통 18~20개 셀 단위로 바이패스 다이오드(Bypass Diode)를 설치

- 접속함
  - 스트링 단위로 발전된 전력을 합쳐 파워컨디셔너 회로에 전력을 공급하기 위하여 어레이와 파워컨디셔너 사이에 설치
  - 내부에는 직류출력 개폐기, 피뢰 소자, 역류방지 다이오드, 단자대, 서지보호장치(SPD), 통신장치 등이 내장

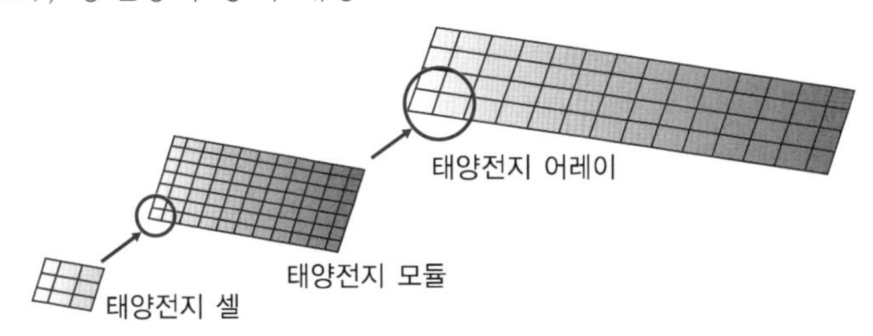

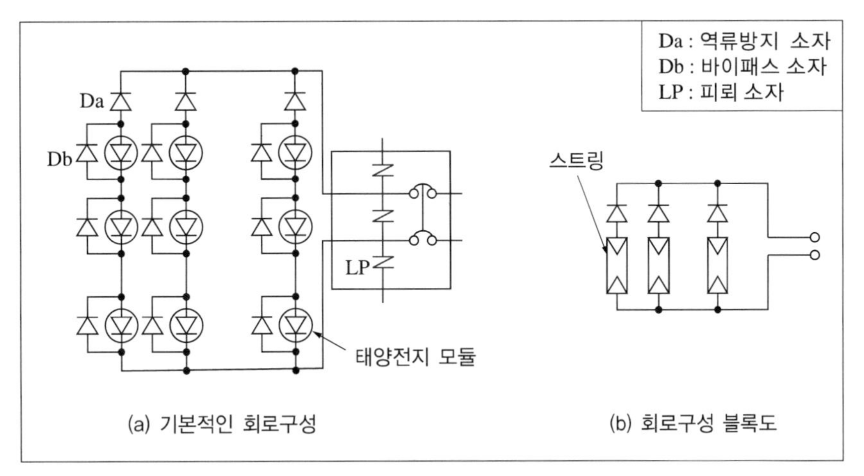

③ 파워컨디셔너시스템(PCS)

㉠ 파워컨디셔너시스템
- 직류를 교류로 변환하는 인버터부
- 사고 발생 시에 계통을 보호하는 계통연계 보호장치
- 최대전력 추종 및 자동운전을 위한 제어회로

㉡ 파워컨디셔너시스템의 기능
- 전압 · 전류 제어기능
- 최대전력 추종(MPPT)기능
- 계통연계 보호기능
- 단독운전 검출기능

④ 전력저장장치(축전지)

㉠ 발전전력을 저장하여 야간 또는 전력이 필요할 때 추가 전력을 공급하기 위한 축전할 수 있는 장치

㉡ 과충전 : 부식이 일어나고 가스가 발생하여 수명 단축
과방전 : 일정전압 이하로 감소하면 축전지에서 침전물이 생기고 성능 저하
㉢ 상용전원이 없는 대부분의 독립형 태양광 시스템에서 축전지를 설치
㉣ 통상 운전 시에도 태양전지 출력전압의 안정화를 위해서 축전지를 활용하면 안정된 전력을 공급받을 수 있음
㉤ 축전지 수명 : 온도, 방전심도, 방전횟수

⑤ ESS(에너지저장시스템, Energy Storage System)
㉠ 기존의 전력저장장치로 많이 사용하는 납축전지 개념보다는 고효율의 축전지를 대용량으로 만들어 과잉 생산된 전력을 저장해뒀다가 일시적으로 전력이 부족할 때 송전해 주는 저장장치
㉡ 주로 리튬이온 배터리를 이용하여 만듦
㉢ 실시간으로 전력 공급자와 소비자가 정보를 교환하며 전력을 안정적으로 공급하는 역할을 함
㉣ 태양광, 풍력 등 신재생에너지 전원과 결합해 전력을 공급할 수 있음
㉤ 전기요금이 싼 시간에 저장한 전기를 피크타임에 사용할 수 있도록 함

CHAPTER 05

PART 01 태양광발전 기초이론

태양전지 모듈

01 | 태양전지 모듈의 개요

(1) 태양전지 모듈의 특성

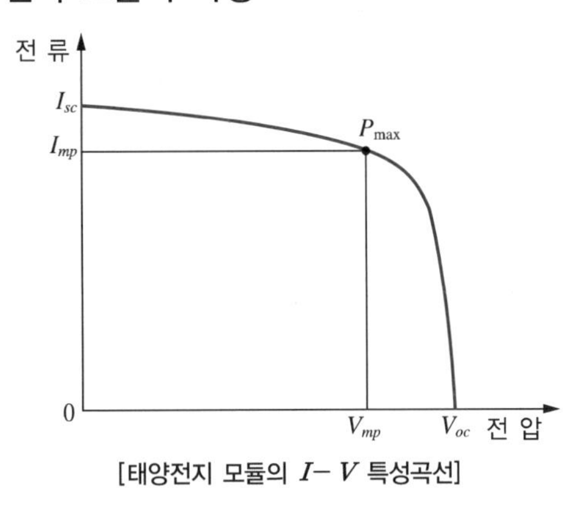

[태양전지 모듈의 $I-V$ 특성곡선]

전 류

온도가 올라갈 경우

온도가 내려갈 경우

전 압

[태양전지의 온도 특성]

① 태양전지 모듈의 $I-V$ 특성곡선

태양전지 모듈에 입사된 빛에너지를 전기적 에너지로 변환하는 출력 특성을 태양전지 전류 전압 특성곡선이라 한다.

㉠ 최대출력($P_{\max}$) : 최대출력 동작전압($V_{\max}$) × 최대출력 동작전류($I_{\max}$)

㉡ 개방전압(V_{oc}) : 태양전지 양극 간을 개방한 상태의 전압

㉢ 단락전류(I_{sc}) : 태양전지 양극 간을 단락한 상태에서 흐르는 전류

㉣ 최대출력 동작전압($V_{\max}$) : 최대출력 시의 동작전압

㉤ 최대출력 동작전류($I_{\max}$) : 최대출력 시의 동작전류

② 태양전지 모듈의 출력

㉠ 입사하는 빛의 강도(방사조도)[W/m^2], 태양전지의 표면온도[℃]에 따라 좌우됨

㉡ 태양전지 모듈의 출력은 방사조도에 비례하여 증가하고, 태양전지 표면온도에 상승 시에는 출력이 감소하는 특성

③ 태양전지 모듈의 특성

㉠ 단결정 실리콘 태양전지 : 17~21[%], 고효율, 두께는 200~300[μm], 1,400[℃]의 제조 온도, 흑색

㉡ 다결정 실리콘 태양전지 : 13~17[%], 고효율, 두께는 200~300[μm], 800~1,000[℃]의 제조 온도, 청색

㉢ 아모퍼스 실리콘 태양전지(비정질) : 6~12[%], 두께는 1[μm]로 구부러지기 쉬움, 200[℃]의 제조 온도, 적색

(2) 태양전지 모듈의 구조

① 슈퍼 스트레이트 구조가 가장 많이 사용된다.

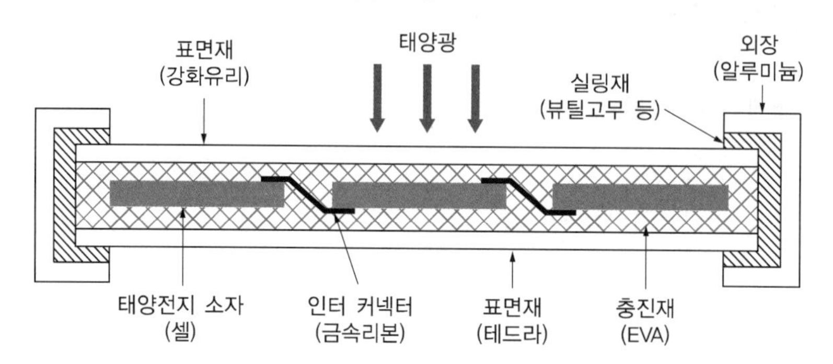

[슈퍼 스트레이트 구조 : 결정질 실리콘]

② 모듈의 구조

표면재(저철분 강화유리) / 충진재(EVA) / 태양전지(Cell) / 표면재(Back Sheet)

㉠ 표면재

- 높은 내충격성을 가진 약 3[mm] 저철분 강화유리(일반유리에 비해 광투과율이 8[%] 높음)
- 우박시험에는 질량 227±2[g], 지름 약 38[mm]의 강속구를 1[m] 높이에서 낙하시키는 간이시험으로 시험

㉡ 충진재

EVA(Ethylene Vinyl Acetate), 실리콘 수지, PVB를 이용

㉢ Back Sheet

- 태양전지 모듈의 구조에서 맨 후면에 위치하게 되며, 각 층간의 접착력이 좋아야 하고, 다루기가 간편해야 함
- 후면에서 습기가 침투하는 것을 방지하여 태양전지를 외부환경으로부터 보호해야 함
- 일반적으로 백색과 청색을 많이 사용하며, 색깔과 상관없이 높은 온도와 높은 습도에 잘 견디고, 절연성 및 내구성이 좋아야만 태양전지 모듈의 수명을 연장시킬 수 있음
- 두께는 0.2~0.4[mm]

㉣ Seal재

- 전극 리드의 출입부나 모듈의 단면부를 Sealing(밀봉)하기 위해 이용
- 주로 뷰틸고무 사용

㉤ 프레임

산화알루미늄피막 처리를 한 알루미늄 사용

02 | 태양전지 모듈의 설치 분류

(1) 입지별 설치 유형에 대한 정의 및 분류

- 지상형 : 일반형, 산지형, 농지형
- 건물형 : 설치형, 부착형, 일체형
- 수상형 : 부유식만을 인정

① **지상형** : 지표면에 태양광설비를 설치하는 형태

㉠ 일반 지상형 : 지표면에 고정하여 설치하는 것으로서 산지관리법 및 농지법의 적용을 받지 않는 태양광설비의 유형

㉡ 산지형 : 산지전용허가(신고) 또는 산지일시사용허가 등 산지관리법에 따른 인·허가 등을 받아 설치하는 태양광설비의 유형

㉢ 농지형 : 농지전용허가(신고) 또는 농지의 타용도 일시사용허가 등 농지법에 따른 인·허가 등을 받아 설치하는 태양광설비의 유형

② **건물형** : 건축물에 태양광설비를 설치하는 형태

㉠ 건물설치형 : 건축물 옥상 등에 설치하는 태양광설비의 유형

㉡ 건물부착형(BAPV형 ; Building Attached PhotoVoltaic) : 건축물 경사 지붕 또는 외벽 등에 밀착하여 설치하는 태양광설비의 유형

㉢ 건물일체형(BIPV형 ; Building Integrated PhotoVoltaic)

- 태양전지 모듈을 건축물에 설치하여 건축 부자재의 역할 및 기능과 전력생산을 동시에 할 수 있는 태양광설비
- 창호, 스팬드럴, 커튼월, 이중파사드, 외벽, 지붕재 등 건축물을 일부 또는 완전히 둘러싸는 벽, 창, 지붕 형태로 모듈이 제거될 경우 건물 외피의 핵심기능이 상실 또는 훼손될 수 있어 다른 건축자재로 대체되어야 하는 구조

③ **수상형** : 댐, 저수지 등 공유수면에 부유식으로 설치하는 태양광설비 유형

(2) 태양전지 모듈의 시공

① 정남향이고, 경사각이 30~45°가 적절

② 태양전지 모듈은 고온일수록 출력이 저하되므로 통풍이 중요한 요소

③ 태양전지 모듈의 온도가 1[℃] 상승함에 따라 변환효율은 0.5[%] 감소

④ 후면 환기가 없는 경우 10[%]의 발전량 손실, 자연 통풍 시 이격거리는 10[cm] 이상

⑤ 최대효율을 얻기 위해서는 태양전지 온도상승을 70[℃] 이하 유지

PART 01 태양광발전 기초이론

CHAPTER 06 태양광 인버터

01 | 태양광 인버터의 개요

(1) 태양광 인버터의 역할

직류전력을 교류전력으로 변환한다.

① 태양광 출력에 따른 자동운전, 정지기능

일출과 더불어 일사 강도가 증대하여 출력을 얻을 수 있는 조건이 되면 자동적으로 운전을 시작한다. 일단 운전을 시작하면 태양전지의 출력을 스스로 감시하고 자동적으로 운전한다.

② 최대전력 추종제어기능(MPPT ; Maximum Power Point Tracking)

㉠ 태양전지의 출력은 일사 강도와 태양전지의 표면온도에 따라 변동한다.

㉡ 최대 출력점의 95[%] 이상 추적

㉢ MPPT 제어 알고리즘의 종류

- P&O 방식(Perturbation & Observation)
  전력의 변화는 기준 동작전압을 변동시킴으로써 현재와 바로 앞 주기의 전압값의 비교에 의해서 결정
- Increment Conductance 알고리즘 방식
  기울기(전력값의 차이)의 크기와 부호에 따라 기준 동작점을 유지, 증가 혹은 감소하는 원리로 동작하는 방식
- 미분요소기법 알고리즘
  초기는 선형적으로 증가하다가 MPP값에 근접할수록 점점 작아짐

③ 단독운전 방지기능

㉠ 단독운전이 발생하면, 전기적으로 끊겨 있는 배전선로에서 태양광발전시스템으로 전력이 역으로 공급되는 경우, 보수점검자에게 감전의 위험이 있으므로 보수점검자 및 계통의 보호를 위한 정지기능

㉡ 단독운전 방지방식

- 수동적 방식 : 전압파형이나 위상 등의 변화를 잡아서 단독운전을 검출
  - 전압위상 도약 검출방식
  - 제3차 고조파 전압급증 검출방식

- 주파수 변화율 검출방식
- 능동적 방식 : 항상 인버터에 변동요인을 부여하여 두고 연계운전 시에는 그 변동요인이 나타나지 않고, 단독운전 시에만 나타나도록 하여 이상을 검출하는 방식
  - 무효전력 변동방식
  - 주파수 시프트 방식
  - 유효전력 변동방식
  - 부하 변동방식

④ 자동전압 조정 기능

계통에 접속하여 역송전 운전을 하는 경우 수전점의 전압이 상승하여 전력회사 운영범위를 넘을 가능성을 피하기 위한 자동전압 조정 기능

⑤ 직류 검출 기능

㉠ 인버터는 반도체 스위치를 고주파로 스위칭 제어하고 있기 때문에 소자의 불균형 등에 따라 그 출력에는 약간의 직류분이 중첩되는데, 지나치게 큰 직류분은 승압용 변압기에 악영향

㉡ 이를 방지하기 위해 고주파 절연방식이나 트랜스리스 방식에서는 출력전류에 중첩되는 직류분이 정격교류 출력전류의 0.5[%] 이하(IEC에서는 1[%] 이하)일 것을 요구하고 있다.

⑥ 직류 지락 검출 기능

㉠ 트랜스리스 방식의 인버터에서는 태양전지와 계통 측이 절연되어 있지 않기 때문에 태양전지의 지락에 대한 안전대책이 필요하다.

㉡ 태양전지에서 지락이 발생하면 지락전류에 직류성분이 중첩되어 통상의 누전차단기에서는 보호되지 않는 경우가 있다. 따라서 인버터에서는 내부에 직류의 지락검출기를 설치하여 그것을 검출, 보호하는 것이 필요하다.

⑦ 계통연계 보호장치

㉠ 계통연계 보호장치는 일반적으로 인버터에 내장되어 있는 경우가 많으나, 발전사업자용 대용량시스템에서는 인버터와 관계없이 별도로 계통보호용 보호계전시스템을 구성하고 있다.

㉡ 역송전이 있는 저압연계시스템에서는 과전압계전기(OVR), 부족전압계전기(UVR), 과주파수계전기(OFR), 부족주파수계전기(UFR)의 설치가 필요하다. 고압·특별고압 연계에서는 지락 과전압 계전기(OVGR)의 설치가 필요하다.

(2) 인버터의 설계 및 제작 기술기준

① 효율은 90[%] 이상

② 인버터 정격출력의 20[%] 운전범위에서도 인버터 효율이 95[%] 이상

(3) 태양광 인버터의 회로방식

① 상용주파 절연방식

㉠ PWM 인버터를 이용하여 상용주파수의 교류로 만들고 상용주파수의 변압기를 이용하여 절연과 전압변환을 하는 방식

㉡ 장단점

- 장점 : 내뢰성과 노이즈 컷이 뛰어남
- 단 점
  - 상용주파 변압기를 이용하기 때문에 중량이 무거움
  - 인버터 사이즈가 커지고, 변압기에 의한 효율이 떨어짐

㉢ 구 조

PV → 인버터(DC/AC) → 상용주파 변압기

② 고주파 절연방식

㉠ 태양전지의 직류출력을 고주파 교류로 변환한 후, 소형 고주파 변압기로 절연하고 그 후 직류로 변환하고 다시 상용주파수의 교류로 변환

㉡ 장단점

- 장점 : 소형이고 경량이다.
- 단점 : 회로가 복잡하고, 가격이 고가이다.

㉢ 구 조

PV → 고주파 인버터(DC/AC) → 고주파 변압기 → 컨버터(AC/DC) → 인버터(DC/AC)

③ 무변압기 방식(트랜스리스 방식)

㉠ 태양전지의 직류를 DC/DC 컨버터로 승압 후, DC/AC 인버터로 상용주파수의 교류로 변환하는 방식으로 2차 회로에 변압기를 사용하지 않는 방식

㉡ 장단점

- 장점 : 소형, 경량으로 가격적인 측면에서 유리, 신뢰성도 우수
- 단점 : 상용전원과의 사이에는 비절연

㉢ 구 조

PV → 컨버터(DC/DC) → 인버터(DC/AC), 3[kW] 이하 용량에 적용

④ 계통연계형 태양광 인버터 구성방식 비교

항 목 \ 종 류	상용주파 절연방식	고주파 절연방식	무변압기 방식
무게/크기	×	△	○
비 용	×	×	○
효 율	×	○	○
안정성	○	○	△
회로구성	○	×	○

(4) 태양광 인버터의 원리

① 인버터는 트랜지스터와 IGBT, MOSFET 등의 스위칭 소자로 구성되며, 스위칭 소자를 정해진 순서대로 On-off를 규칙적으로 반복함으로써 직류입력을 교류출력으로 변환한다.

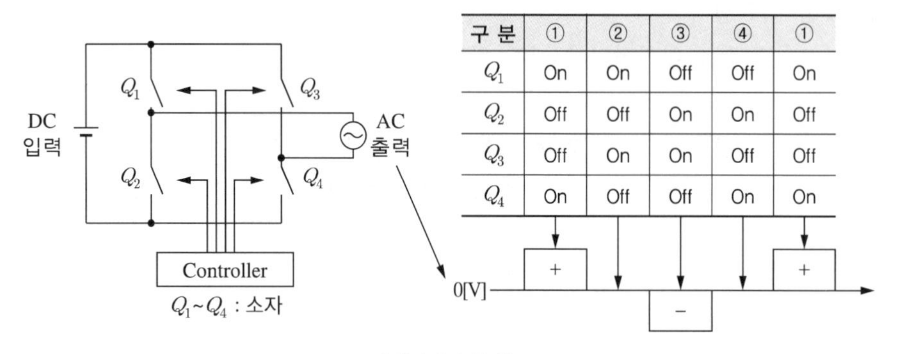

구 분	①	②	③	④	①
Q_1	On	On	Off	Off	On
Q_2	Off	Off	On	On	Off
Q_3	Off	On	On	Off	Off
Q_4	On	Off	Off	On	On

[인버터의 원리]

② 인버터 설치 원리

㉠ 소용량을 여러 대 설치 시

- 1대 고장 시 그 어레이만 발전이 정지되므로 고장 시 전력 손실이 적고 고장 시에 쉽게 대처 가능
- 고장 확률이 높고 보호 및 제어회로가 복잡, 유지보수비가 많이 들고 초기 설비비가 증가

㉡ 대용량 인버터 사용 시

- 소용량에 비해 고장 확률과 설비비가 낮고 유지보수비가 적음
- 반면 1대 고장 시에 소용량을 여러 대 사용하는 것보다 전력손실이 커짐

㉢ 인버터의 이득을 변화시키는 가장 효율적 방법 : 펄스폭변조(PWM) 제어 방식

㉣ MOSFET(소용량 5[kW]), IGBT(중대용량 1[MW] 미만), GTO(초대용량 1[MW] 이상)

(5) 태양광 인버터의 종류 및 특징

인버터는 정류방식, 출력제어방식, 부하 측 절연방식에 따라 여러 종류가 있다.

① 정류방식

㉠ 자려식 : 역률조정 가능

㉡ 타려식 : 역률조정 불가

② 출력제어방식

㉠ 전압제어형

- 자립 운전 가능
- 과전류 및 고장전류 억제에 불리

㉡ 전류제어형
- 자립운전 불리
- 과전류 및 고장전류 억제에 유리

③ 부하 측 절연방식 : 상용주파수 절연방식
㉠ 내뇌성 및 노이즈 방지 특성이 우수
㉡ 중량 및 부피가 큼

(6) 태양광발전용 인버터의 설치용량

① 인버터의 설치용량은 설계용량 이상이어야 하고 인버터에 연결된 모듈의 설치용량은 인버터 설치용량 105[%] 이내여야 한다. 단, 각 직렬군의 태양전지 개방전압은 인버터 입력전압 범위 안에 있어야 한다.

② 표시사항
㉠ 입력단(모듈 출력)의 전압, 전류, 전력
㉡ 출력단(인버터 출력)의 전압, 전류, 전력, 역률, 주파수
㉢ 누적발전량, 최대출력량

(7) 태양광 인버터의 구성방식

① 중앙집중식 인버터
㉠ 저전압 병렬식 방식의 인버터 전압범위는 V_{dc} < 120[V] 정도의 어레이 시스템
㉡ 음영의 영향을 덜 받는 장점
㉢ 전류값이 크기 때문에 케이블 단면적을 크게 해야 함
㉣ 어레이(Array) 설계 시에 배선작업에 유의

② 고전압 방식의 인버터
㉠ 모듈의 긴 스트링에 의해 구성되며 V_{dc} > 120[V] 정도의 고전압 어레이 시스템
㉡ 케이블의 단면적은 작지만, 모듈이 긴 스트링으로 연결되어 있어 음영손실은 증가

③ Master-Slave 제어형 인버터
㉠ 대규모 태양광발전시스템은 마스터-슬레이브 제어방식을 이용
㉡ 중앙집중식 인버터를 2~3개 결합
㉢ 총출력은 크기에 따라 인버터의 개수에 의해서 분리함으로써 한 개의 인버터로 중앙집중식으로 운전하는 것보다 효율은 향상
㉣ 초기 투자비용은 중앙집중식 인버터보다 증가하는 문제점

④ 어레이 인버터와 스트링 인버터
㉠ 태양광발전시스템에서는 어레이마다 또는 스트링마다 인버터를 사용 방안
㉡ 비슷한 방위조건 또는 음영조건을 갖는 모듈들이 한 개의 스트링에 함께 연결되어 있는가를 주의 깊게 확인

ⓒ 스트링 인버터를 채용한 태양광발전시스템의 설치는 초기 설치비용이 적음

⑤ 모듈 인버터(AC 모듈)

㉠ 부분 음영이 있는 곳에서도 높은 시스템 효율을 얻기 위해서는 모듈마다 제각기 연결하는 방식으로 모든 모듈이 제각기 최대출력점에서 작동하는 것으로 가장 유리

㉡ 확장이 쉬운 장점이 있으나 설치비용이 고가

[태양광시스템별 인버터 토폴로지의 특징과 장단점]

구 분	MIC	String	Multi-string	Central	Multi Central
구 조	AC modules, grid	string inverter, grid	multi - string inverter, west, south, east, PV - site 1, PV - site 2, PV - site 3, MPPT, DC - DC, DC - AC, grid	central inverter, grid	
특 징	• 모듈별 DC/AC 인버터 적용하는 방식 • 모듈별 MPPT 제어가 가능하여 최대 수확률 획득 • 별도의 DC 배선이 필요치 않음 • 소용량 태양광발전시스템에 적합	• 모듈별군별 DC/AC 인버터 적용하는 방식 • String별 MPPT 제어 가능 • 부분적인 Shading에 대해 효과적인 유형 • 중용량 태양광발전시스템에 적합	• 모듈별군별 DC/DC 변환기 사용 및 시스템 단일 DC/AC 인버터 사용 • String별 MPPT 제어 가능 • 2중 전력 변환방식으로 효율이 낮으며, 설치비용 높음 • 산업용 태양광발전시스템에 적합	• 전체 모듈을 하나의 군으로 취합하고 중앙에 단일 DC/AC 인버터 사용 • 구조가 간단하며 유지보수가 용이함 • 수확률이 다른 방식에 비해 다소 낮음 • 산업용 태양광발전시스템에 적합	• Central 구조를 보완한 형태로 시스템 효율 및 성능개선 • 모듈군별 MPPT 제어 가능 • 변압기 및 주변회로 최적 설계로 시스템 종합 효율 최적화 • 대규모 발전용 단지에 적용 적합
Cost	×	○	△	◎	◎
PCS 효율	△ (92[%], 변압기 제외)	○ (95[%], 변압기 제외)	△ (94[%], 변압기 제외)	◎ (98[%], 변압기 제외)	◎ (97[%], 변압기 포함)
Harvest	◎	○	○	△	△
대용량 발전	×	△	△	○	◎
유지비	×	△	△	◎	◎
계통 보호	×	△	○	○	◎

CHAPTER 07

PART 01 태양광발전 기초이론

관련기기 및 부품

01 | 바이패스 소자와 역류방지 소자

(1) 바이패스 다이오드

① 태양전지 모듈에서 일부 셀에 음영이 발생하면 그 부분의 셀은 저항이 증가하여 발열하게 된다. 셀이 고온이 되면 셀과 그 주변의 충진재(EVA) 및 뒷면 커버가 변색되고 모듈의 파손 등을 일으킬 수 있다. 이를 방지할 목적으로 저항이 된 셀들과 병렬로 접속하여 음영된 셀에 흐르는 전류를 바이패스하도록 하는 소자로 다이오드를 사용한다.

② 자신의 바이패스 소자를 이용할 필요가 있는 경우는 보호하도록 하는 스트링의 공칭 최대출력 동작전압의 1.5배 이상의 역내압을 가진, 단락전류를 충분히 바이패스할 수 있는 소자를 사용할 필요가 있다.

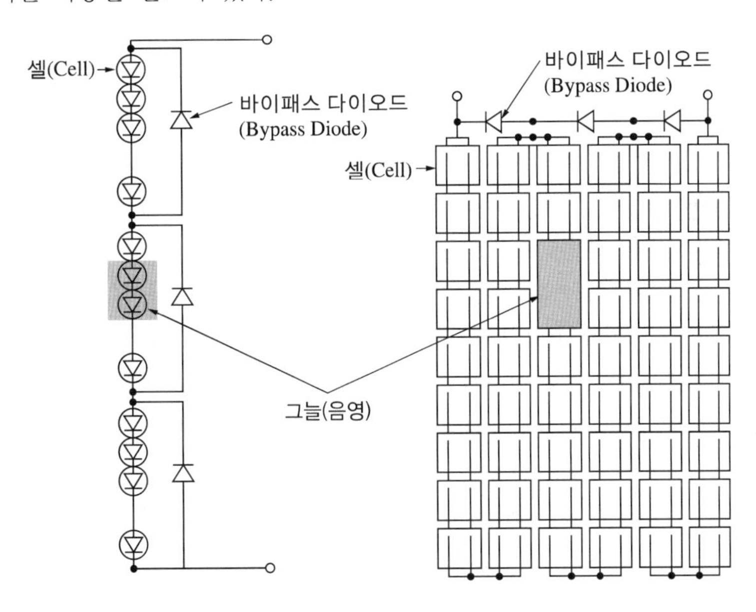

(2) 역류방지 다이오드

① 태양전지 어레이의 스트링별로 설치하며 모듈에 음영이 생긴 경우 그 스트링 전압이 낮아져 부하가 되는 것을 방지하는 것과 독립형 태양광발전시스템에서 축전지를 가진 시스템에서 야간에 태양광발전이 정지된 상태에서 축전지 전력이 태양전지 모듈 쪽으로 흘러들어 소모되는 것을 방지하는 목적

② 역류방지 다이오드 용량은 모듈 단락전류(I_{sc})의 1.4배 이상, 개방전압(V_{oc})의 1.2배 이상이어야 하며, 현장에서 확인할 수 있도록 표시하여야 함

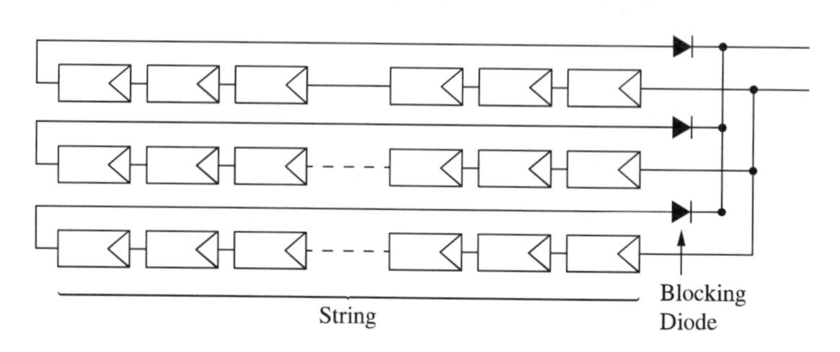

02 | 접속함

(1) 접속함 개요

① 접속함은 태양전지 어레이와 인버터 사이에 설치한다.

② 직사광선 노출이 적고, 소유자의 접근 및 육안확인이 용이한 장소에 설치하여야 한다.

③ 접속함 및 접속함 일체형 인버터는 KS 인증제품을 설치하여야 한다. 다만, 신제품·융합제품 활성화 등을 위해 센터장이 인정하는 경우에는 예외로 할 수 있다.

④ 접속함 일체형 인버터 중 인버터의 용량이 250[kW]를 초과하는 경우에는 접속함은 품질기준(KS)을 만족하고, 인버터는 품질기준(KS)에 따라 절연성능, 보호기능, 정상특성 등을 만족하는 시험결과가 포함된 시험성적서를 설비(설치)확인 신청 시 센터에 제출할 경우에는 사용할 수 있다.

⑤ 접속함은 지락, 낙뢰, 단락 등으로 인해 태양광설비가 이상현상이 발생한 경우 경보등이 켜지거나 경보장치가 작동하여 즉시 외부에서 육안 확인이 가능하여야 한다. 다만, 실내에서 확인 가능한 경우에는 예외로 한다.

⑥ 접속함 내부 설치기기

㉠ 태양전지 어레이 측 개폐기

㉡ 주개폐기

㉢ 서지보호장치(SPD ; Surge Protected Device)

㉣ 역류방지 소자

㉤ 단자대

㉥ 감시용 DCCT(직류계기용 변류기), DCPT(직류계기용 변압기), T/D(Transducer) 설치

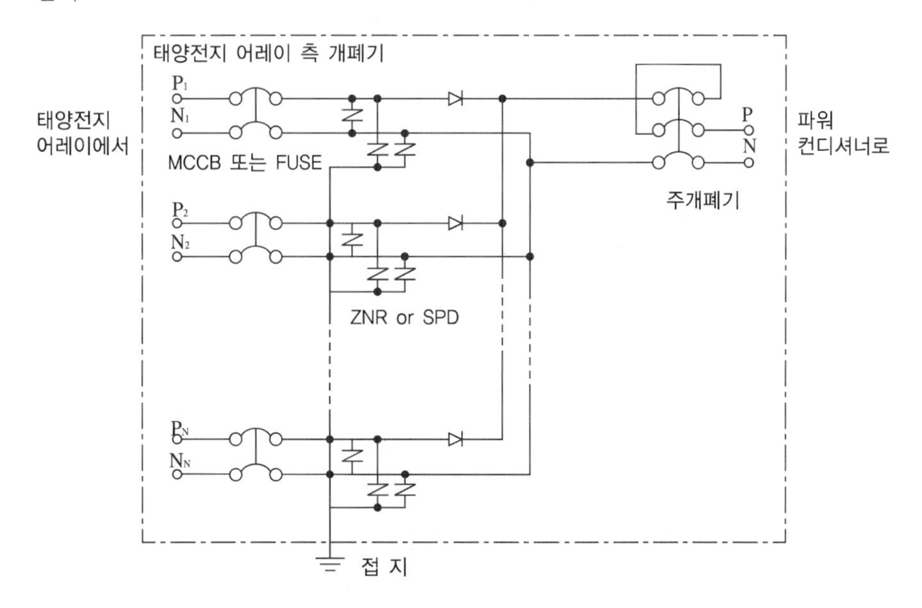

(2) 태양전지 어레이 측 개폐기

① 어레이의 점검·보수 또는 일부 태양전지 모듈의 고장 발생 시 스트링 단위로 회로를 분리시키기 위해 스트링 단위로 설치

② MCCB, Fuse, 단로기를 사용하고 있으며 특히 단로기나 Fuse를 통해 개폐하는 경우에는 반드시 인버터 측 주개폐기를 먼저 차단하고 조작해야 함

③ 직류전용 MCCB를 사용해야 하나, 직류, 교류 겸용 MCCB를 사용하게 되는 경우 3극 차단기를 이용

(3) 주개폐기

① 태양전지 어레이의 전체 출력을 하나로 모아 인버터 측으로 보내는 회로 중간에 설치

② 태양전지 어레이가 1개 스트링으로 구성된 경우 태양전지 어레이 측 개폐기와 같은 목적이므로 생략 가능

③ 태양전지 어레이 측 개폐기로 단로기나 Fuse를 사용하는 경우에는 반드시 주개폐기로 MCCB를 설치

④ 주개폐기는 태양전지 어레이의 최대사용전압, 태양전지 어레이의 합산된 단락전류를 개폐할 수 있는 용량의 것을 선정하여야 하며, 태양전지 어레이 측의 합산 단락전류에 의해 차단되지 않도록 선정

(4) 피뢰 소자

① 태양광발전시스템은 모듈을 비롯하여 파워컨디셔너 등 각종 전기·전자설비들로 순간적인 과전압이나 전류에 매우 취약한 반도체들로 구성되어 있다. 따라서 낙뢰나 스위칭 개폐 등에 의해 발생되는 순간 과전압은 이러한 기기들을 순식간에 손상시킬 수 있다. 따라서 태양광발전시스템의 특성상 순간의 사고도 용납될 수 없기 때문에 이를 보호하기 위하여 SPD 등을 중요지점에 설치하여야 한다.

② 서지보호장치(SPD)는 통상적인 상태에서는 절연물로 작용하지만, 뇌서지가 침입했을 때는 단락 상태가 되고 서지 전류를 접지 측으로 분류시켜 과전압을 기기의 임펄스 내전압 이하로 제한해 기기의 절연 파괴를 막는다.

③ 서지가 통과한 후 SPD는 다시 원래의 절연 상태로 복귀한다.

④ 접속함에는 태양전지 어레이의 보호를 위해서 스트링마다 서지보호 소자를 설치하며, 낙뢰 빈도가 높은 경우에는 주개폐기 측에도 설치한다.

⑤ 서지보호 소자의 접지 측 배선은 접지단자에서 최대한 짧게 배선한다.

⑥ 서지보호 소자의 접지 측 배선을 일괄해서 접속함의 주접지단자에 접속하면 태양전지 어레이 회로의 절연저항 측정을 위해 접지를 일시적 분리 시 편리하다.

구 분	파형 및 내량	적용 SPD
LPZ 1	10/350[μs] 파형 기준의 임펄스전류 I_{imp} 15~60[kA] (주로 SPD는 주배전반에 MB / ACB-Panel에 설치)	Class Ⅰ SPD
LPZ 2	8/20[μs] 파형 기준의 최대방전전류 I_{max} 40~160[kA] (주로 SPD는 2차 배전반 SB / 분전반에 설치)	Class Ⅱ SPD
LPZ 3	1.2/50[μs] (전압), 8/20[μs] (전류) 조합파 기준 (주로 SPD는 장비 또는 장비의 근접지역 : 콘센트)	Class Ⅲ SPD

※ LPZ : Lightning Protection Zone 뇌보호 영역

(5) 단자대

① 태양전지 어레이의 스트링별로 배선을 접속함까지 가지고 와서 접속함 내부의 단자대를 통해 접속한다.

② 단자대는 스트링 케이블의 굵기에 적합한 링형 압착단자를 선정하여야 한다.

03 | 교류 측 기기(수변전 설비)

교류 측 기기는 주택용이나 공공용의 경우에는 저압회로에 직접 연결하므로 분전반 등 간단한 설비로 충분하지만, 대용량 발전사업자용의 경우 별도로 변전실을 마련하고 그 곳에 특별고압 승압용 수변전설비 등을 갖추어야 하기 때문에 복잡해진다.

(1) 분전반

① 상용전력계통과 계통 연계하는 경우에 인버터의 교류출력을 계통으로 접속할 때 사용하는 차단기를 수납하는 함체

② 일반주택이나 빌딩의 경우 대부분 분전반이 설치되어 있으므로 태양광발전시스템의 정격출력전류에 적합한 차단기가 있으면 그것을 사용

③ 분전반에 여유가 없을 경우에는 별도의 분전반을 설치하여야 하며, 기존에 설치된 분전반 근처에 설치

④ 태양광발전시스템용으로 설치하는 차단기는 지락검출기능이 부착된 과전류 차단기(누전차단기)를 설치

(2) 적산전력량계

① 계통에 접속되는 경우 한전으로부터 수전된 전력량과 한전계통으로 송출된 전력량을 계측하여 전력회사와 요금정산을 위한 수단으로 계량법에 의한 검정을 받은 적산전력량계를 사용해야 한다.

② 역송전 계량용 적산전력량계는 수요전력 계량용과는 반대로 수용가 측을 전원 측으로 접속한다(또한 역송전 계량용 전력계량계의 비용부담은 수용가 부담).

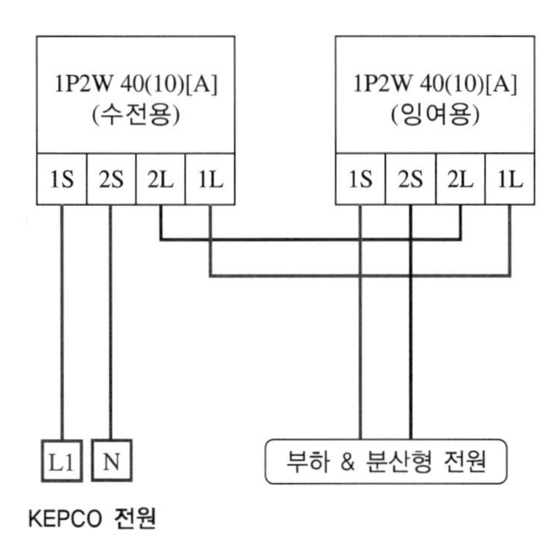

[결선 1 : 수전용 계기(1상), 잉여용 계기(1상)]

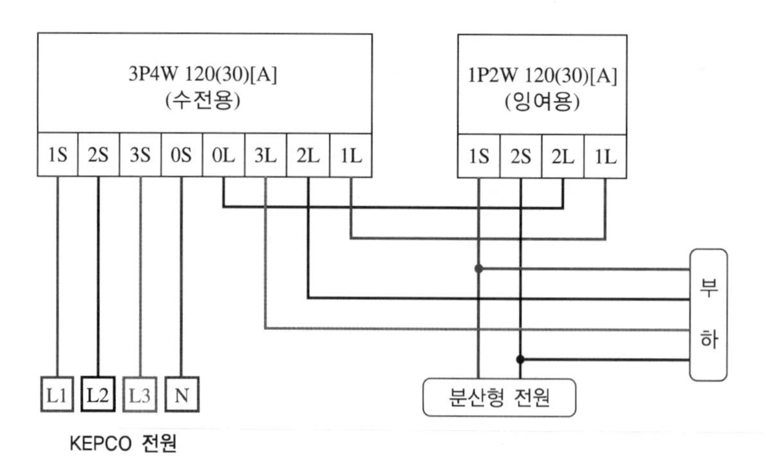

[결선 2 : 수전용 계기(3상), 잉여용 계기(1상)]

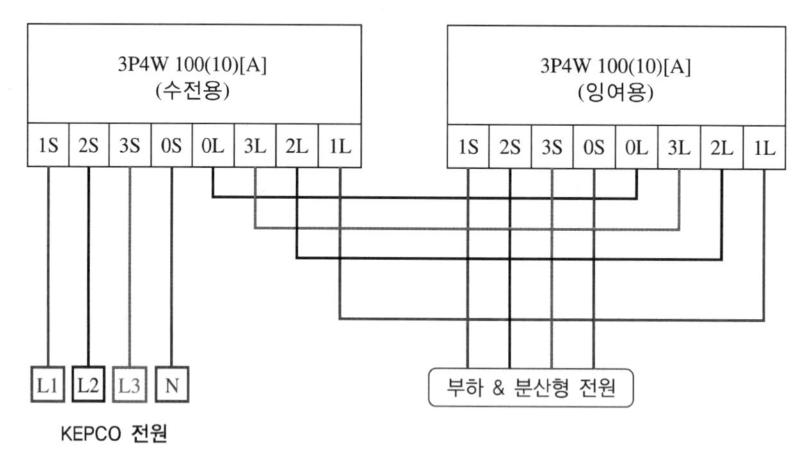

[결선 3 : 수전용 계기(3상), 잉여용 계기(3상)]

04 | 축전지

(1) 계통연계 시스템용 축전지

① 계통연계 시스템용 축전지의 용도

㉠ 방재 대응형

재해 등의 정전 시에는 인버터를 자립운전으로 전환함과 동시에 특정 재해대응 부하로 전력을 공급하도록 한 것이다.

㉡ 부하 평준화 대응형(Peak Shift형, 야간전력 저장형)

전력요금의 절감, 전력회사는 피크전력 대응의 설비투자를 절감할 수 있는 큰 장점이 있다.

- Peak Shift형 : 피크 전력을 2~3시간 늦추는 축전지를 구비한 것

• 야간전력 저장형 : 심야전력으로 충전하고 그 충전된 전력을 주간의 피크 시에 방전하여 주간전력을 축전지에서 공급하도록 하는 것

② 계통연계 시스템용 축전지의 설계 예

㉠ 방재 대응형 축전지의 설계

방재 대응형의 축전지에 대해서는 비상전원용 축전지의 설계법에 기초하여 용량을 산출한다.

• 방전시간

예측되는 최장 백업시간으로, 방재 대응형은 12~24시간 정도를 방전시간으로 함

• 방전전류

– 방전 개시에서 종료까지 부하전류의 크기와 경과시간변화를 산출

– 부하전류가 변동하는 경우에는 평균값

– 부하의 소비전력으로 산출하는 방법도 있음

• 예상 최저 축전지 온도

실내의 경우 25[℃], 옥외의 경우 -5[℃]

• 허용 최저 전압

부하기기의 최저 동작전압에 전압강하를 감안한 것으로 1셀당 1.8[V]

• 셀 수의 선정

부하의 최고 허용전압, 축전지 방전종지전압, 태양전지에서 충전할 경우 충전전압 등을 고려하여 셀 수를 선정한다.

$$N = \frac{V}{V_b}$$

여기서, N : 셀의 최소 소요수

V : 부하의 정격전압

V_b : 축전지 공칭전압 또는 축전지 방전종지전압

※ 방전종지전압(Final Discharge Voltage)

$$V_b = \frac{V_a - V_c}{N}$$

여기서, V_b : 단위 전지의 방전종지전압(최저 전압)

V_a : 부하의 최저 소요전압

V_c : 축전지 부하 간의 전압강하

• 용량산출의 일반식

방전전류가 일정한 경우 또는 평균적인 방전전류가 산출 가능할 때의 축전지 용량의 산출은 다음 식과 같다.

$$C = \frac{K \cdot I}{L} = \frac{1}{L}[K_1 I_1 + K_2(I_2 - I_1) + \cdots\cdots + K_n(I_n - I_{n-1})]$$

여기서, C : 온도 25[℃]에서 축전지의 표시용량[Ah]

K : 방전시간, 축전지 온도, 허용최저전압으로 결정되는 용량환산시간

I : 평균 방전전류[A]

L : 보수율(수명말기의 용량감소율 = 0.8)

※ 방전심도(DOD) : 전기저장장치의 방전상태 지표(정격용량의 사용 정도 표시[%])

- 방전심도 = $\dfrac{\text{실제 방전량}}{\text{축전지의 정격용량}} \times 100$
- 방전전류(A) = $\dfrac{\text{부하용량[VA]}}{\text{정격전압[V]}}$

예제 **피난장소로서 사용되는 학교 유도등에서의 예**

- 방전유지시간(T) : 24시간(1일)
- 축전지 최저동작온도 : 5[℃]
- 평균부하용량(P) : 3[kW]
- 인버터 최저동작 직류입력전압(V_i) : 250[V]
- 축전지 인버터 간의 전압강하(V_d) : 2[V]
- 축전지 방전종지전압 : 1.8[V/cell]
- 인버터 효율(E_f) : 90[%]

해설 부하의 평균용량[kW]으로 인버터의 직류입력전류(I_d)를 산출하면

$$I_d = \frac{P \times 1{,}000}{E_f \times (V_i + V_d)} = \frac{3 \times 1{,}000}{0.9 \times (250+2)} = 13.22[\text{A}]$$

이어서, 필요축전지 직렬개수(N)를 산출하면

$$N = \frac{V_i + V_d}{1.8} = \frac{250+2}{1.8} = 140\text{개}$$

6[V] 단위 축전지의 경우도 고려하여 6[V]의 배수를 채용하여 여기서는 144개를 선정한다. 용량환산시간(K)을 구하면 표에서 최대 10시간 밖에 없기 때문에 10시간 이상인 경우에는 10시간의 K값을 구하고, 나머지 시간을 더하여 구하면 된다.

K = 10.5 + 14 = 24.5

축전지용량 $C = \dfrac{K \cdot I}{L} = \dfrac{24.5 \times 13.22}{0.8} = 404.86 \fallingdotseq 400[\text{Ah}]$

이 계산결과에 의해 400[Ah], 144개가 선정된다.

※ MSE형 축전지의 용량환산시간(K값)

방전시간	온도[℃]	허용최저전압[V/cell]			
		1.9[V]	1.8[V]	1.7[V]	1.6[V]
60분 (1시간)	25	2.40	1.90	1.65	1.55
	5	3.10	2.05	1.80	1.70
	−5	3.50	2.26	1.95	1.80
90분 (1.5시간)	25	3.10	2.50	2.21	2.10
	5	3.80	2.70	2.42	2.25
	−5	4.35	3.00	2.57	2.42
120분 (2시간)	25	3.70	3.05	2.75	2.60
	5	4.50	3.30	3.00	2.80
	−5	5.10	3.70	3.15	3.00

방전시간	온도[℃]	허용최저전압[V/cell]			
		1.9[V]	1.8[V]	1.7[V]	1.6[V]
180분 (3시간)	25	4.80	4.10	3.72	3.50
	5	5.80	4.40	4.05	3.80
	−5	6.50	5.00	4.50	4.10
240분 (4시간)	25	5.90	5.00	4.60	4.40
	5	7.00	5.40	5.00	4.75
	−5	7.70	6.10	5.40	5.10
300분 (5시간)	25	7.00	5.95	5.50	5.20
	5	8.00	6.30	6.00	5.60
	−5	9.00	7.20	6.40	6.10
360분 (6시간)	25	8.00	6.80	6.30	6.00
	5	9.00	7.20	6.80	6.40
	−5	10.00	8.30	7.40	7.00
420분 (7시간)	25	8.90	7.60	7.10	6.70
	5	10.00	8.00	7.60	7.30
	−5	11.00	9.40	8.40	8.00
480분 (8시간)	25	9.90	8.40	7.90	7.50
	5	11.00	8.90	8.40	8.10
	−5	12.00	10.30	9.30	9.00
540분 (9시간)	25	10.80	9.20	8.70	8.20
	5	11.80	9.70	9.20	8.90
	−5	13.00	11.10	10.00	9.80
600분 (10시간)	25	11.50	10.00	9.40	8.90
	5	12.70	10.50	10.00	9.70
	−5	14.00	12.00	11.00	10.60

(참조 : 일본 전지협회공업회 표준 SBA S 0601-2001)

(2) 독립형 시스템용 축전지

① 독립형 시스템용 축전지의 기대수명 요소

방전심도, 방전횟수, 사용온도

② 독립형 전원시스템용 축전지 설계순서

㉠ 부하에 필요한 직류입력전력량을 상세하게 검토한다.

㉡ 인버터의 입력전력을 파악한다.

㉢ 설치 예정 장소의 일사량 데이터를 입수한다.

㉣ 설치장소의 일사조건이나 부하의 중요성에서 일조가 없는 시간을 설정한다(보통 5~14일 정도).

㉤ 축전지의 기대수명에서 방전심도(DOD)를 설정한다.

㉥ 일사 최저 월에도 충전량이 부하의 방전량보다 크게 되도록 태양전지 용량과 어레이 각도 등도 함께 결정한다.

㉦ 축전지 용량(C)을 계산한다.

$$C = \frac{\text{1일 소비전력량} \times \text{불일조일 수}}{\text{보수율} \times \text{방전심도} \times \text{축전지 공칭전압 또는 방전종지전압}} \, [\text{Ah}]$$

③ 독립형 전원시스템용 축전지의 설계 예

$$C = \frac{L_d \times D_r \times 1,000}{L \times V_b \times N \times \mathrm{DOD}}[\mathrm{Ah}]$$

여기서, L_d : 1일 적산 부하 전력량[kWh]

D_r : 일조가 없는 날

L : 보수율

V_b : 축전지 공칭전압(납축전지는 2[V], 알칼리축전지는 1.2[V])

N : 축전지 개수

DOD : 방전심도[%]

예제

- 1일 적산 부하 전력량(L_d) : 2.4[kWh]
- 일조가 없는 날(D_r) : 10일
- 보수율(L) : 0.8
- 축전지 공칭전압(V_b) : 2[V]
- 축전지 개수(N) : 48개
- 방전심도(DOD) : 0.65 (일조가 없는 날의 마지막 날에 축전지 용량의 65[%]까지 방전하는 설계를 한 경우는 DOD 65[%]로 한다)

해설

$$C = \frac{L_d \times D_r \times 1,000}{L \times V_b \times N \times \mathrm{DOD}}[\mathrm{Ah}]$$

$$= \frac{2.4 \times 10 \times 1,000}{0.8 \times 2 \times 48 \times 0.65} = 480.76[\mathrm{Ah}]$$

(3) 축전지 설계 시 고려사항

① 방재 대응형은 재해로 인한 정전 시에 태양전지에서 충전을 하기 때문에 충전전력량과 충전지 용량을 매칭할 필요가 있다.

② 축전지 직렬 개수는 태양전지에서도 충전가능한지, 인버터 입력전압 범위에 포함되는지 확인하여 선정한다.

③ 부동 충전방법을 충분히 검토하고, 항상 축전지를 양호한 상태로 유지하도록 한다.

④ 중량물이므로 설치장소는 하중에 견딜 수 있는 장소로 선정한다.

⑤ 지진에 견딜 수 있는 구조로 한다.

(4) 축전지 설비의 설치 기준

① 축전지 설치 시 확보해야 하는 이격거리

이격거리를 확보해야 할 부분	이격거리[m]
큐비클 이외의 발전설비와의 사이	1.0
큐비클 이외의 변전설비와의 거리	1.0
옥외에 설치할 경우 건물과의 사이	1.0
전면 또는 조작면	1.0
점검면	0.6
환기면	0.2

② 실제 적용의 예

㉠ 축전지와 벽면과의 치수 : 1[m] 이상

㉡ 축전지와 비보수 측 벽면과의 간격 : 0.1[m] 이상

㉢ 축전지와 점검 측 벽면과의 간격 : 0.6[m] 이상

㉣ 축전지와 부속 기기 사이의 간격 : 1[m] 이상

㉤ 축전지와 입구 사이 : 1[m] 이상

㉥ 천장의 높이 : 2.6[m] 이상

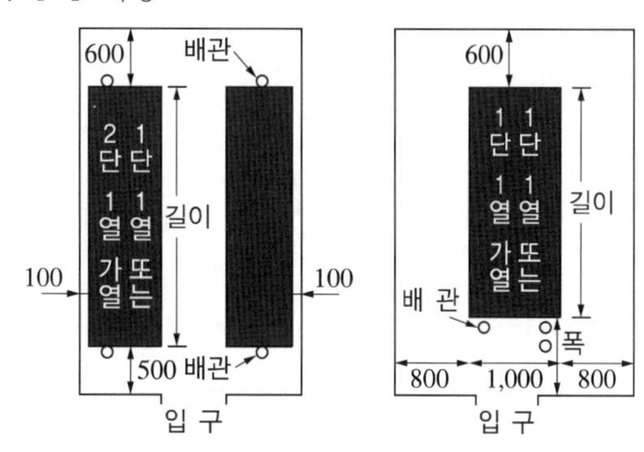

[축전지 가대 배열과 축전지실의 관계]

※ 설치 위치에 따른 기기별 확보 부분 및 이격거리

실 별	기 기	확보 부분	이격거리[m]	비 고
전용실	축전지	열상호 간	0.6 이상	열상호 간은 가대 등을 설치하여 높이가 1.6[m]를 넘는 경우는 1.0[m] 이상
		점검면	0.6 이상	–
		기타의 면	0.1 이상	–
	충전기, 큐비클	조작면	1.0 이상	–
		점검면	0.6 이상	–
		환기구 방향면	0.2 이상	–
기타실	큐비클	점검면	0.6 이상	기타실에서 큐비클식이 아닌 경우 발전, 변전설비 등과 마주 보는 경우 1.0[m] 이상
		환기구 방향면	0.2 이상	
옥외설치	큐비클	–	1.0 이상	–

05 | 낙뢰 대책

태양전지 어레이는 면적이 넓고 차폐물이 없는 옥외에 설치되므로 낙뢰로 인한 피해가 빈번하다. 직격뢰에 대한 보호는 피뢰침, 가공지선 등으로 실시하므로 낙뢰에 대한 대책은 일반적으로 유도뢰를 기준으로 하여 피뢰 대책을 수립하고 있다.

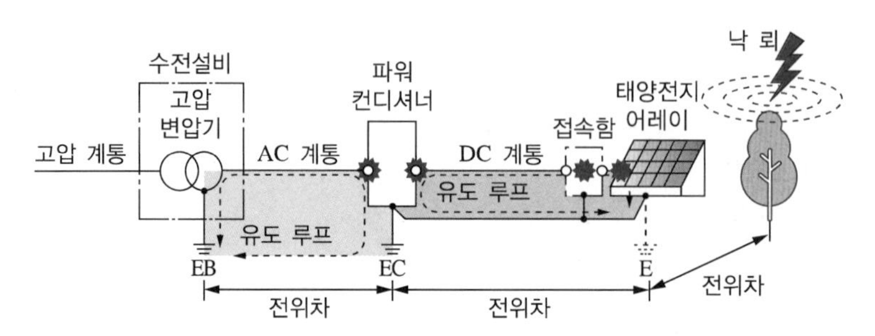

[태양광발전설비에서 뇌해가 발생하는 원인의 개요도(전원계)]

(1) 낙뢰의 종류

① 직격뢰

㉠ 태양전지 어레이, 저압배전선, 전기기기 및 배선 등으로의 직접 낙뢰 및 그 근방에 떨어지는 낙뢰

㉡ 전류 파고치가 15~20[kA] 이하가 거의 50[%] 차지, 200~300[kA]인 것도 관측

② 유도뢰

정전유도에 의한 것과 전자유도에 의한 것이 있다.

㉠ 정전유도에 의한 것은 뇌 구름에 따라, 즉 케이블에 유도된 플러스 전하가 낙뢰로 인한 지표면 전하의 중화에 의해서 뇌서지가 된다.

㉡ 전자유도에 의한 것은 케이블 부근에 낙뢰로 인한 뇌전류에 따라 케이블에 유도되어 뇌서지가 된다.

③ 여름뢰와 겨울뢰

겨울뢰는 대지로의 1회 방전으로 구름의 전체 전하가 방전되어 버리는 경우가 많다. 또한 여름뢰에 비하여 파고치는 수천[A]로 적지만, 계속시간이 1,000배 정도 길고 대지전류도 길게 먼 곳까지 흘러가기 때문에 여름뢰에 비해 넓은 범위까지 그 영향을 미친다.

(2) 피뢰설비

높이 20[m] 이상의 건물이나 구조물의 경우는 반드시 설치한다.

(3) 뇌서지 대책

뇌서지 등의 피해로부터 PV시스템을 보호하기 위해 다음과 같은 대책을 권장한다.

① 피뢰 소자를 어레이 주회로 내부에 분산시켜 설치하고 접속함에도 설치

② 저압배전선에서 침입하는 뇌서지에 대해서는 분전반에 피뢰 소자를 설치

③ 뇌우 다발지역에서는 교류전원 측으로 내뢰 트랜스를 설치하여 보다 안전한 대책을 세움

(4) 피뢰 소자의 선정

- 피뢰대책용 부품 : 크게 피뢰 소자와 내뢰 트랜스 2가지로 구분
- PV시스템 : 일반적으로 피뢰 소자인 어레스터 또는 서지업소버를 사용

① **어레스터** : 낙뢰에 의한 충격성 과전압에 대하여 전기설비의 단자전압을 규정치 이내로 저감시켜 정전을 일으키지 않고 원상태로 회귀하는 장치

② **서지업소버** : 전선로에 침입하는 이상 전압의 높이를 완화하고 파고치를 저하시키는 장치

③ **피뢰 소자**

- 접속함 내와 분전반 내에 설치하는 피뢰 소자는 어레스터(방전내량이 큰 것)
- 어레이 주회로 내에 설치하는 피뢰 소자는 서지업소버(방전내량이 적은 것)

㉠ 어레스터 선정방법

- 접속함에서는 최대허용전압란 또는 정격전압란에 기재되어 있는 전압이 어레스터를 설치하려는 단자 간의 최대전압 이상에서 가까운 전압을 선정
- 접지선은 가능한 한 짧게 배선
- 어레스터는 회로에서 쉽게 탈착이 가능한 구조가 좋음
- 어레스터는 뇌전류에 의해 열화하면 최악의 경우 단락상태가 되므로 열화했을 때 자동적으로 회로에서 분리하는 기능을 가진 제품을 선정하면 보수점검이 용이함

㉡ 서지업소버 선정방법

- 설치하고자 하는 단자 간의 최대전압을 확인하고 기기의 최대허용회로전압 DC[V] 값 이상인 형식을 선정
- 유도뢰 서지전류로서 1,000[A](8/20[μs])의 제한전압이 2,000[V] 이하인 것 선정
- 방전내량은 최저 4[kA] 이상인 것을 선정
- 회로에서 쉽게 탈착할 수 있는 구조인 것이 좋음

④ **내뢰 트랜스**

㉠ 실드부착 절연 트랜스를 주체로 이에 어레스터 및 콘덴서를 부가시킨 것

㉡ 뇌서지가 침입한 경우 내부에 넣은 어레스터에서의 제어 및 1차 측과 2차 측 간의 고절연화, 실드에 의한 뇌서지 흐름을 완전히 차단할 수 있도록 한 변압기

ⓒ 내뢰 트랜스의 선정방법

인버터의 교류 측에 내뢰 트랜스를 설치하면 태양광발전시스템이 상용계통과 완전히 절연성을 가질 수 있으며, 뇌서지에 대해서도 거의 안전한 차단이 가능하다. 어레스터와 서지업소버로는 보호할 수 없는 경우에 사용한다.

⑤ 서지보호장치(SPD)

ⓐ 서지보호장치(SPD)의 개요

- 서지로부터 각종 장비들을 보호하는 장치이다.
- SPD는 과도전압과 노이즈를 감쇄시키는 장치로서 TVSS(Transient Voltage Surge Suppressor)라고도 불린다.
- SPD는 전력선이나 전화선, 데이터 네트워크, CCTV회로, 케이블 TV회로 및 전자장비에 연결된 전력선과 제어선에 나타나는 매우 짧은 순간의 위험한 과도전압을 감쇄시키도록 설계된 장비이다.

ⓑ SPD 작동 원리

- 고압에서 사용하는 피뢰기(LA)와 유사하다.
- 이상전압이 발생하였을 때 이상전압이 부하 측으로 흘러가지 않도록 한다. 다만, 작동을 하지 않도록 고안한 제품이다. 이는 제한전압 소자를 사용하기에 가능하다.

※ 제한전압 소자 : 평상시에는 높은 임피던스를 유지하지만 일정 전압 이상의 전압이 주어지면 임피던스값이 매우 낮아지는 특성을 갖는 소자를 말한다.

ⓒ SPD 동작 시의 전류 흐름

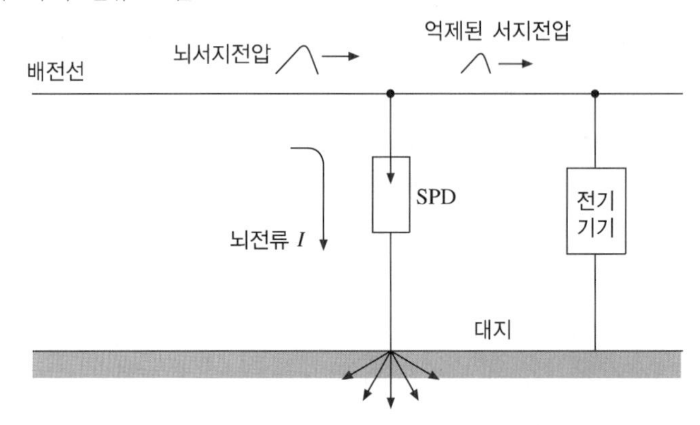

PART 01

태양광발전 기초이론

실전예상문제

01 신재생에너지의 중 재생에너지의 종류 4가지를 작성하시오.

-
-
-
-

정답

태양에너지, 풍력, 수력, 해양에너지, 지열에너지, 바이오에너지, 폐기물에너지, 수열에너지

02 태양광발전의 장점 3가지를 쓰시오.

-
-
-

정답

- 발전생산비용이 거의 들지 않는다.
- 무소음, 무진동으로 환경오염을 일으키지 않는다.
- 햇빛이 있는 곳이면 어느 곳이나 간단히 설치한다.
- 수명이 20년 이상 길다.

03 신재생에너지 중 해양에너지를 이용한 발전 종류 4가지를 쓰시오.

-
-
-
-

정답

조력발전, 파력발전, 조류발전, 온도차발전

04 수소와 산소의 화학반응으로 생기는 화학에너지를 직접 전기에너지로 변환하는 신재생에너지 기술은 무엇인가?

정답

(수소)연료전지

05 태양전지에서 어떤 반도체의 종류에 빛을 조사하면 조사된 부분과 조사되지 않은 부분 사이에 전위차를 발생시키는 효과를 무엇이라고 하는가?

정답

광기전력 효과

06 반도체에 대한 설명이다. ①~④에 알맞은 내용을 답란에 쓰시오.

> • N형 반도체 : (①) 등 5가 원소 첨가하며 이러한 불순물 원자를 (②)이라고 한다.
> • P형 반도체 : (③) 등 3가 원소 첨가하며 이러한 불순물 원자를 (④)이라고 한다.

①	②
③	④

정답

① 인(P), 비소(As), 안티모니(Sb)
② 도너(Donor)
③ 붕소(B), 갈륨(Ga), 알루미늄(Al)
④ 억셉터(Acceptor)

07 회로에서 P형 반도체에 (+)전압, N형 반도체에 (−)전압을 걸어주는 것을 무엇이라고 하는가?

정답

순방향 바이어스(정방향 바이어스)

해설

- 바이어스 : PN 접합에 전압을 걸어주는 것
- 순방향 바이어스 : P형 반도체에 (+)전압, N형 반도체에 (−)전압을 걸어주면 전위장벽이 얇아져 전류가 흐름
- 역방향 바이어스 : P형 반도체에 (−)전압, N형 반도체에 (+)전압을 걸어주면 공핍층이 넓어져 전류가 흐르지 못함

08 실리콘계 태양전지의 발전원리이다. ①~③에 알맞은 단어를 쓰시오.

광흡수 → (①) → (②) → (③) → 전류 발생

보기

전하 생성, 전하의 수집, 전하의 분리

①

②

③

정답

① 전하 생성
② 전하의 분리
③ 전하의 수집

09 태양전지의 효율을 측정하기 위한 표준시험조건 기준을 쓰시오.

• 일사 강도 :

• 온도 :

• 대기질량정수 :

정답

• 일사 강도 : 1,000[W/m^2]
• 온도 : 25[℃] ± 2[℃]
• 대기질량정수 : AM1.5

10 대기질량 정수값이 나타내는 의미를 쓰시오.

- AM0 :
- AM1 :
- AM1.5 :

정답

- AM0 : 대기권 밖에서의(우주) 기준값
- AM1 : 적도에서의 기준값
- AM1.5 : 우리나라와 같은 중위도 지역의 기준값

11 태양광발전시스템에서 태양을 추적하는 방법 3가지를 쓰시오.

-
-
-

정답

- 감지식(Sensor) 방식
- 프로그램 추적방식
- 혼합형 추적방식

해설

- 감지식 방식(Sensor Tracking) : 센서를 이용하여 최대 일사량을 추적해 가는 방식으로 다소 오차가 있다. 특히 구름에 가리거나 부분 음영이 발생하는 경우 감지부의 정확한 태양궤도 추적이 힘들다.
- 프로그램 추적방식 : 태양의 연중 이동궤도를 추적하는 프로그램에 따라 추적하므로 비교적 안정하게 추적할 수 있으나, 설치지역의 위치에 따라서 약간의 프로그램 수정이 필요하다.
- 혼합형 추적방식 : 프로그램 추적법을 중심으로 운용하되 설치 위치에 따른 미세적인 편차를 센서를 이용하여 수정해 주는 방식이다. 가장 이상적인 추적방식이다.

12 계통연계형 발전시스템에서 역송전이 있는 시스템과 없는 시스템의 가장 중요한 기준을 적으시오.

- 역송전이 있는 시스템 :
- 역송전이 없는 시스템 :

정답

- 역송전이 있는 시스템 : 태양광발전용량이 부하설비 용량보다 큰 경우
- 역송전이 없는 시스템 : 태양광발전용량이 부하설비 용량보다 작은 경우

13 독립형 태양광발전시스템에 꼭 필요한 장치를 적으시오.

정답

축전지(축전장치), 충·방전 제어장치

14 태양전지의 최소단위인 셀을 내후성 패키지에 수십장 모아 일정한 틀에 고정하여 만든 것을 무엇이라고 하는지 쓰시오.

정답

모 듈

15 태양전지 어레이의 전기적 구성품 4가지를 적으시오.

•	•
•	•

정답

역류방지 다이오드, 바이패스 다이오드, 서지보호장치, 직류차단기, 접속함

16 태양광발전시스템에서 태양전지 어레이의 스트링별로 설치되며, 태양전지 모듈에 다른 태양전지 회로와 축전지의 전류가 유입되는 것을 방지하기 위해 설치하는 소자를 무엇이라 하는지 쓰시오.

역류방지 다이오드

17 계통연계를 위해 인버터가 계통과 일치시켜야 하는 조건을 3가지만 쓰시오.

-
-
-

정답

전압, 주파수, 위상각

18 태양전지 모듈의 셀 일부분에 음영이 발생한 경우 전류 집중으로 인한 열점(Hot Spot)으로 인한 셀의 소손을 방지하기 위하여 설치하는 소자의 명칭을 쓰시오.

정답

바이패스 다이오드

19 다음의 조건일 때 태양전지 모듈의 변환효율[%]을 구하시오.

- 태양전지 모듈의 최대출력 : 200[W]
- 모듈의 면적 : 2[m^2]
- 일조 강도 : 1,000[W/m^2]

정답

$$변환효율\ \eta = \frac{P_{\text{output}}}{P_{\text{input}}} = \frac{I_{sc}V_{oc}}{P_{\text{input}}} \times \text{F.F} = \frac{P_{\max}}{A \cdot E} \times 100[\%]$$

$$= \frac{200}{2 \times 1{,}000} \times 100 = 10[\%]$$

20 태양전지의 개방전압과 단락전류의 곱에 대한 최대 출력값의 비율을 무엇이라고 하는가?

정답

충진율(F.F, 곡선인자)

해설

F.F(Fill Factor) : 개방전압과 단락전류의 곱에 대한 최대 출력(최대 출력전압과 최대출력전류)을 곱한 값의 비율로 통상 0.7~0.8

21 태양전지 어레이에서 모듈의 개방전압(V_{oc})을 기준하여 파워컨디셔너의 입력전압 범위 내에서 결정되는 모듈의 직렬회로 집합의 명칭을 쓰시오.

정답

스트링

22 계통연계형 인버터의 기능 4가지만 쓰시오.

•	•
•	•

정답

- 최대전력 추종제어기능
- 자동운전 및 정지기능
- 자동전압 조정기능
- 단독운전 방지기능

해설

- 태양광 출력에 따른 자동운전, 정지기능 : 일출과 더불어 일사 강도가 증대하여 출력을 얻을 수 있는 조건이 되면 자동적으로 운전을 시작한다. 일단 운전을 시작하면 태양전지의 출력을 스스로 감시하고 자동적으로 운전한다.
- 최대전력 추종제어기능(MPPT)
  - 태양전지의 출력은 일사 강도와 태양전지의 표면온도에 따라 변동한다.
  - 최대 출력점의 95[%] 이상 추적
- 자동전압 조정기능 : 계통에 접속하여 역송전 운전을 하는 경우 수전점의 전압이 상승하여 전력회사 운영범위를 넘을 가능성을 피하기 위한 자동전압 조정기능이다.
- 단독운전 방지기능 : 단독운전이 발생하면, 전기적으로 끊겨 있는 배전선로에서 태양광발전시스템으로 전력이 역으로 공급되는 경우, 보수점검자에게 감전의 위험이 있으므로 보수점검자 및 계통의 보호를 위한 정지기능이다.

23 태양전지 모듈에서 생산되는 직류전력을 교류전력으로 변환하는 장치를 무엇이라고 하는지 쓰시오.

정답

인버터

24 전력저장장치인 납축전지에 과충전이 될 경우 발생되는 현상을 쓰시오.

정답

극에서 부식이 일어나고 가스가 발생하여 축전지의 수명이 단축된다.

25 전력저장장치의 수명에 가장 큰 영향을 미치는 3가지 요인을 쓰시오.

-
-
-

정답

온도, 방전심도, 방전횟수

해설

축전지의 정격용량 중에서 자주 사용하고 다시 충전하는 그 시점에서의 남은 용량[%]을 방전심도(깊이)라고 한다.

26 태양전지 모듈의 $I-V$ 특성곡선이다. ①~⑤에 알맞은 것을 적으시오.

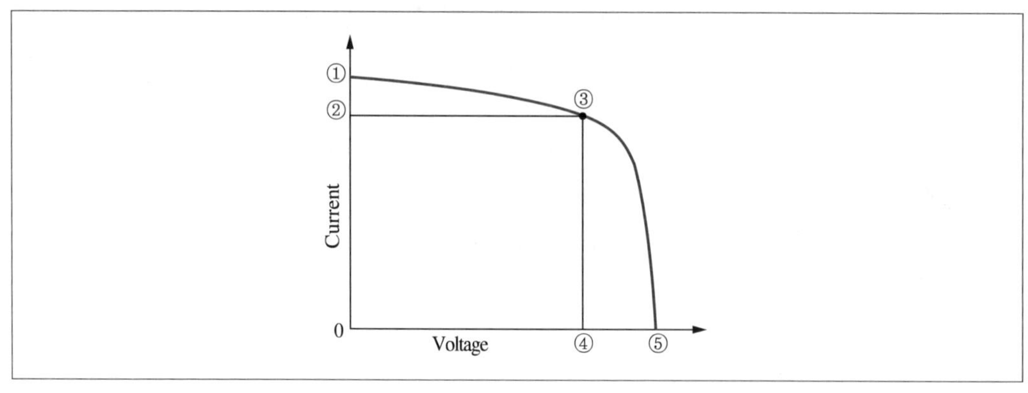

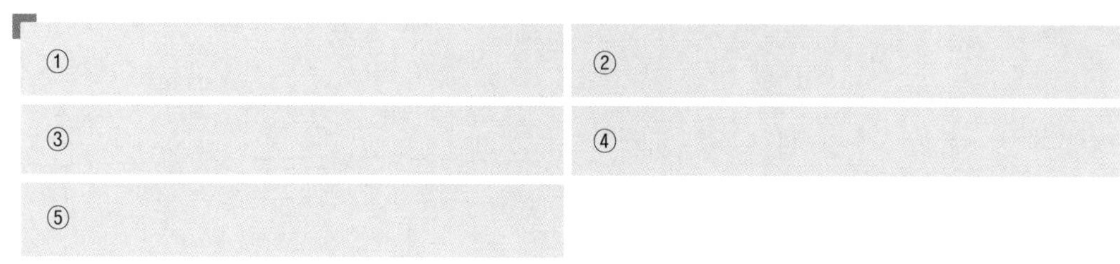

정답

① 단락전류(I_{sc})

② 최대출력 동작전류(I_{max})

③ 최대출력(P_{max})

④ 최대출력 동작전압(V_{max})

⑤ 개방전압(V_{oc})

27 태양전지 모듈의 출력에 영향을 미치는 가장 큰 요소 2가지는 무엇인가?

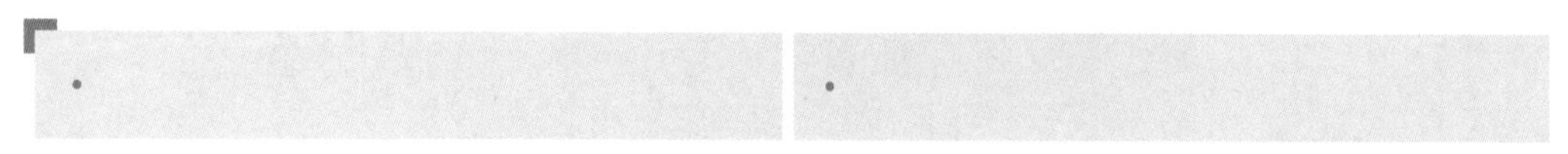

정답

빛의 강도, 태양전지의 표면온도

해설

태양전지 모듈의 출력은 입사하는 빛의 세기(방사조도)에 비례하여 증가하고, 태양전지의 표면온도가 상승 시에는 출력이 감소한다.

28 태양전지 모듈의 입지별 설치유형에 따라 3가지로 구분하시오.

•

•

•

정답

지상형, 건물형, 수상형

해설

- 지상형 : 일반 지상형, 산지형, 농지형
- 건물형 : 건물설치형, 건물부착형, 건물일체형
- 수상형 : 부유식만을 인정

29 건물의 지붕에 태양전지 모듈 시공 시 후면 환기가 없는 경우 10[%] 정도의 발전량 손실이 발생한다. 자연 통풍 시 지붕과 모듈과의 이격거리는?

정답

10[cm] 이상

30 태양광 인버터의 가장 중요한 역할을 쓰시오.

정답

직류전력을 교류전력으로 변환한다.

31 태양광 인버터의 단독운전 방지방식 중 수동적 방식 3가지를 쓰시오.

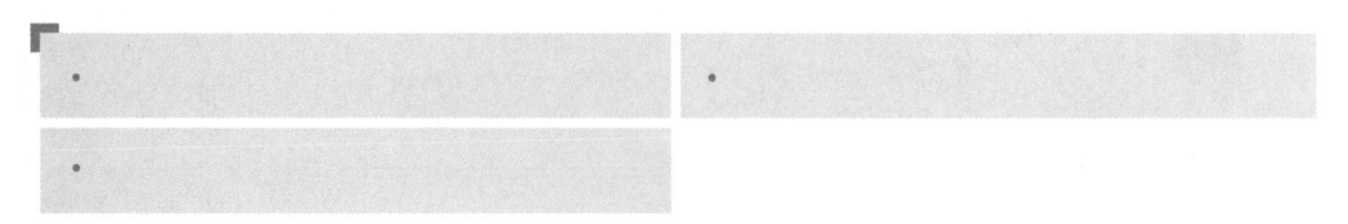

정답

- 전압위상 도약 검출방식
- 제3차 고조파 전압급증 검출방식
- 주파수 변화율 검출방식

해설

단독운전 방지방식

- 수동적 방식 : 전압파형이나 위상 등의 변화를 잡아서 단독운전을 검출
  - 전압위상 도약 검출방식
  - 제3차 고조파 전압급증 검출방식
  - 주파수 변화율 검출방식
- 능동적 방식 : 항상 인버터에 변동요인을 부여하여 두고 연계운전 시에는 그 변동요인이 나타나지 않고, 단독운전 시에만 나타나도록 하여 이상을 검출하는 방식
  - 무효전력 변동방식
  - 주파수 시프트 방식
  - 유효전력 변동방식
  - 부하 변동방식

32 **인버터의 직류 검출기능에 대한 설명이다. ①~③에 알맞은 내용을 쓰시오.**

> 인버터는 반도체 스위치를 고주파로 스위칭 제어하고 있기 때문에 소자의 불균형 등에 따라 그 출력에는 약간의 직류분이 중첩되는데, 지나치게 큰 직류분에 승압용 변압기에 악영향을 미친다. 이를 방지하기 위해 (①) 절연방식이나 (②) 절연방식에서는 출력전류에 중첩되는 직류분이 정격교류 출력전류의 (③)[%] 이하일 것을 요구하고 있다.

①

②

③

정답

①, ② 고주파, 트랜스리스(무변압기)

③ 0.5

33 **계통연계 보호장치 중 역송전이 있는 저압 연계시스템에서 설치되는 계전기 3가지를 쓰시오.**

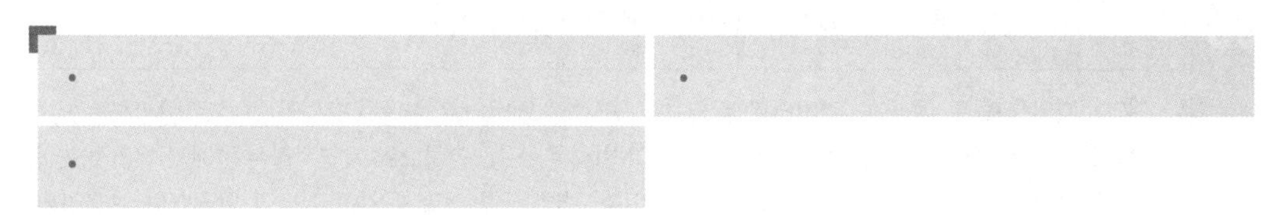

정답

과전압계전기(OVR), 부족전압계전기(UVR), 과주파수계전기(OFR), 부족주파수계전기(UFR)

해설

역송전이 있는 저압 연계시스템에서는 과전압계전기(OVR), 부족전압계전기(UVR), 과주파수계전기(OFR), 부족주파수계전기(UFR)의 설치가 필요하다. 고압 또는 특별고압 연계에서는 지락과전압계전기(OVGR)의 설치가 필요하다.

34 태양광 인버터의 회로방식 3가지를 쓰시오.

•

•

•

정답

상용주파 절연방식, 고주파 절연방식, 트랜스리스(무변압기) 방식

35 다음 설명과 같은 특징을 가지는 태양광 인버터 회로방식은?

> 태양전지의 직류를 DC/DC 컨버터로 승압 후, DC/AC 인버터로 상용주파수의 교류로 변환하는 방식으로 2차 회로에 변압기를 사용하지 않는 방식이다. 이 방식은 소형, 경량으로 가격적인 측면에서 유리하고, 신뢰성도 우수하지만 상용전원과의 사이에는 비절연이며, 변압기 방식과 동일한 기능과 안전성을 보장하기 위해 다양한 제어 회로 및 감지 회로가 포함되어 있어 복잡하다는 단점이 있다.

정답

트랜스리스(무변압기) 방식

36 인버터에 사용되는 스위칭 소자 3가지를 쓰시오.

정답

트랜지스터, IGBT, MOSFET

37 파형에 맞게 On/Off를 선택하여 쓰시오.

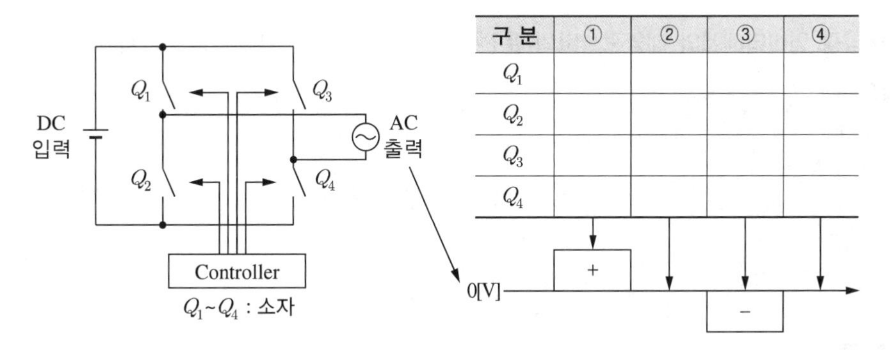

정답

구 분	①	②	③	④
Q_1	On	On	Off	Off
Q_2	Off	Off	On	On
Q_3	Off	On	On	Off
Q_4	On	Off	Off	On

38 태양광발전용 인버터의 대한 설명이다. (　　)에 알맞은 내용을 쓰시오.

인버터의 설치용량은 설계용량 이상이어야 하고 인버터에 연결된 모듈의 설치용량은 인버터 설치용량 (　　)[%] 이내여야 한다. 단, 각 직렬군의 태양전지 개방전압은 인버터 입력전압 범위 안에 있어야 한다.

정답

105[%]

39 태양광 인버터에서의 태양광설비의 운전 상태를 알기 위한 표시사항 5가지만 쓰시오.

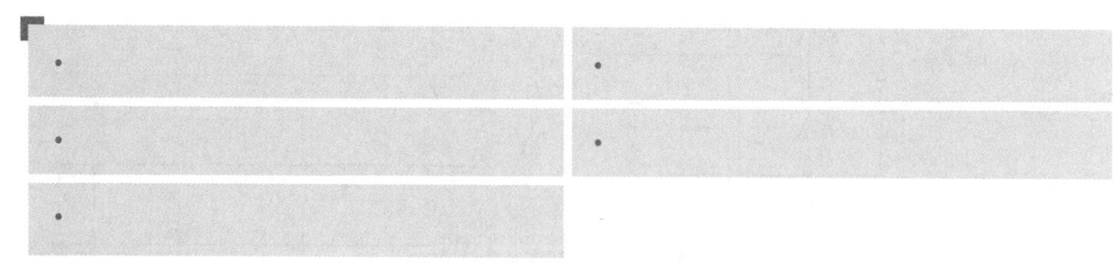

정답

전압, 전류, 전력, 역률, 주파수, 최대출력량, 누적발전량

해설

인버터 표시사항

- 입력단(모듈 출력)의 전압, 전류, 전력
- 출력단(인버터 출력)의 전압, 전류, 전력, 역률, 주파수
- 누적발전량, 최대출력량

40 **다음의 설명과 같은 특징을 가지는 인버터의 구성방식은 무엇인지 쓰시오.**

- 부분 음영이 있는 곳에서도 높은 시스템 효율을 얻기 위해서는 모듈마다 제각기 연결하는 방식으로 모든 모듈이 제각기 최대 출력점에서 작동하는 것으로 가장 유리하다.
- 확장이 쉬운 장점이 있으나 설치비용이 고가이다.

정답

모듈 인버터 방식(AC 모듈)

41 **태양전지 모듈에서 일부 셀에 음영이 발생하면 그 부분의 셀은 저항이 증가하여 발열하게 된다. 셀이 고온이 되면 셀과 그 주변의 충진재(EVA) 및 뒷면 커버가 변색되고 모듈의 파손 등을 일으킬 수 있다. 이를 방지할 목적으로 저항이 된 셀들과 병렬로 접속하여 음영된 셀에 흐르는 전류를 우회하도록 하는 소자는?**

정답

바이패스 소자(바이패스 다이오드)

42 **태양광발전시스템에서 역전류방지 다이오드를 설치하는 목적 2가지를 간단히 쓰시오.**

정답

- 태양전지 어레이의 스트링별 전압 차이로 한쪽이 부하가 되는 것을 방지한다.
- 독립형 태양광발전시스템에서 축전지를 가진 시스템에서 야간에 태양광발전이 정지된 상태에서 축전지 전력이 태양전지 모듈 쪽으로 흘러들어 소모되는 것을 방지한다.

43 역류방지 다이오드의 설치 용량에 대한 설명이다. ①, ②에 알맞은 내용을 쓰시오.

> 역류방지 다이오드 용량은 모듈 단락전류(I_{sc})의 (①)배 이상, 개방전압(V_{oc})의 (②)배 이상이어야 하며, 현장에서 확인할 수 있도록 표시하여야 한다.

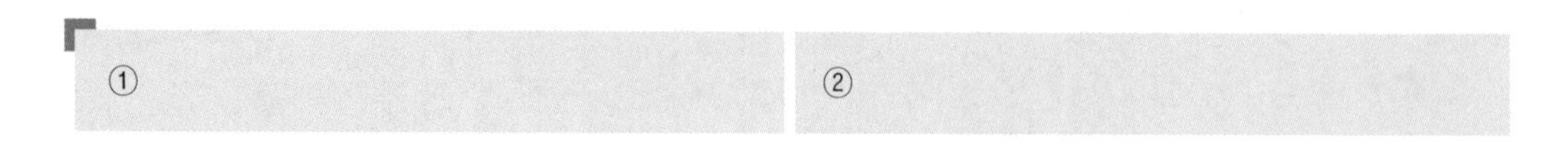

정답

① 1.4
② 1.2

44 태양광발전시스템의 접속함 내부에 설치되는 기기 5가지를 쓰시오.

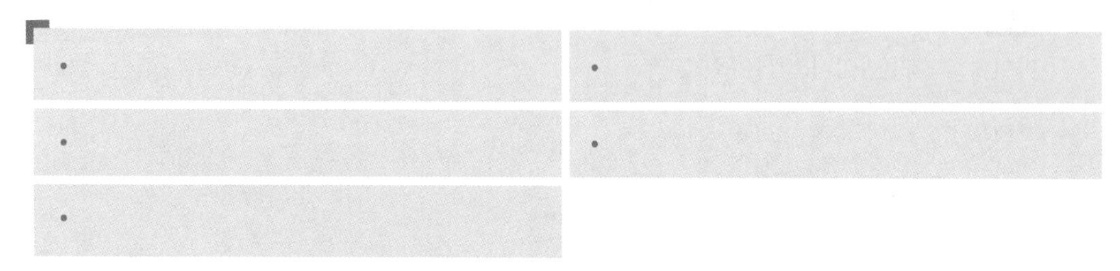

정답

태양전지 어레이 측 개폐기, 주개폐기, 서지보호장치(SPD), 역류방지 소자, 단자대

해설

접속함 내부 설치기기

- 태양전지 어레이 측 개폐기(MCCB, Fuse, 단로기)
- 주개폐기
- 서지보호장치(SPD ; Surge Protected Device)
- 역류방지 소자
- 단자대
- 감시용 DCCT(직류계기용 변류기), DCPT(직류계기용 변압기), T/D(Transducer)

45 태양광발전시스템은 모듈을 비롯하여 파워컨디셔너 등 각종 전기·전자 설비들로 순간적인 과전압이나 전류에 매우 취약한 반도체들로 구성되어 있다. 따라서 낙뢰나 스위칭 개폐 등에 의해 발생되는 순간 과전압은 이러한 기기들을 순식간에 손상시킬 수 있다. 이를 보호하기 위하여 설치하는 소자의 명칭을 쓰시오.

정답

서지보호장치(SPD ; Surge Protected Device)

46 접속함에 설치하는 서지보호장치의 설치 방법 2가지를 쓰시오.

•

•

정답

• 스트링마다 서지보호 소자를 설치한다.
• 낙뢰 빈도가 높은 경우에는 주개폐기 측에도 설치한다.
• 서지보호 소자의 접지 측 배선은 접지단자에서 최대한 짧게 배선한다.

47 계통연계형 태양광발전시스템의 적산전력량계이다. 결선을 하시오.

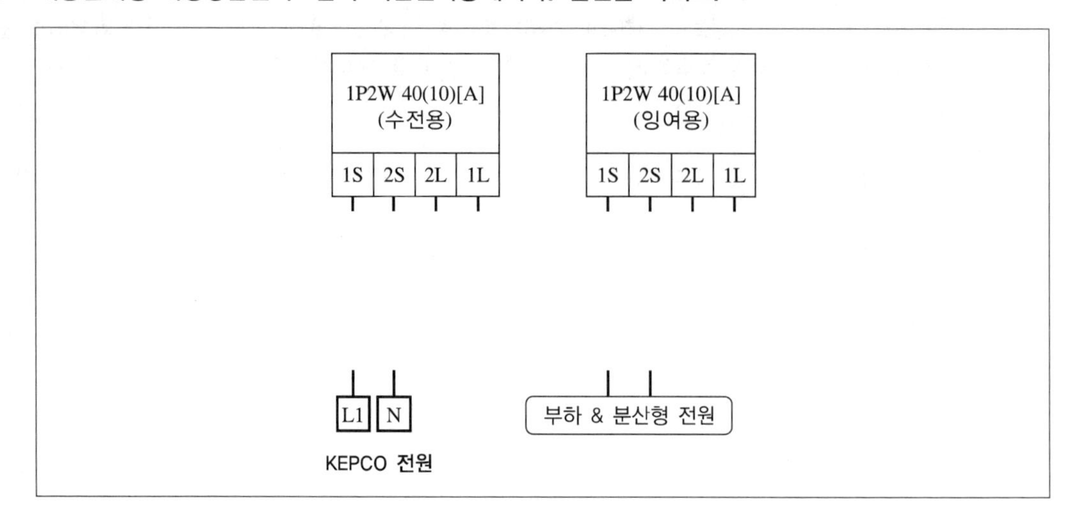

정답

결선 1 : 수전용 계기(1상), 잉여용 계기(1상)

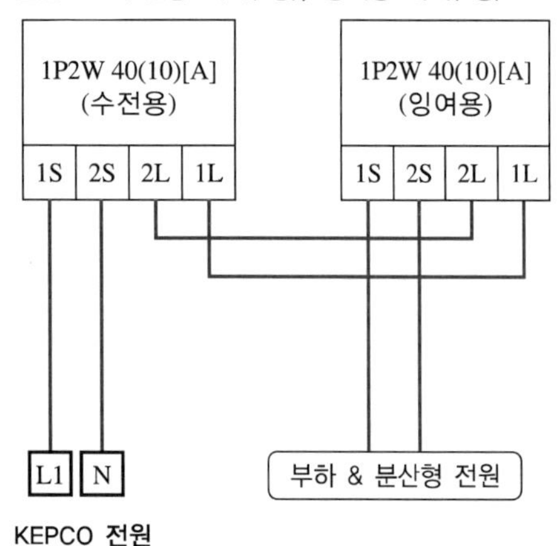

48 계통연계 시스템용 축전지의 용도를 2가지로 구분하시오.

•	•

정답

방재 대응형, 부하 평준화 대응형

해설

방재 대응형

재해 등의 정전 시에는 인버터를 자립운전으로 전환함과 동시에 특정 재해대응 부하로 전력을 공급하도록 한 것이다.

부하 평준화 대응형(Peak Shift형, 야간전력 저장형)

전력요금의 절감, 전력회사는 피크전력 대응의 설비투자를 절감할 수 있는 큰 장점이 있다.

- Peak Shift형 : 피크전력을 2~3시간 늦추는 축전지를 구비한 것
- 야간전력 저장형 : 심야전력으로 충전하고 그 충전된 전력을 주간의 피크 시에 방전하여 주간 전력을 축전지에서 공급하도록 하는 것

49 축전지의 셀 수를 선정하고자 한다. DC 전압이 110[V]일 때 알카라인 축전지의 셀 수는?(단, 알카라인 전지의 공칭전압 : 1.2[V])

정답

92개

해설

$$N = \frac{V}{V_b} = \frac{\text{부하 DC전압}}{\text{알카라인 전지 공칭전압}} = \frac{110}{1.2} \fallingdotseq 91.667 \fallingdotseq 92\text{개}$$

50 다음의 경우일 때 축전지의 용량을 산정하시오.

- 축전지의 용량환산시간 : 24.5[h]
- 평균 방전전류 : 13.2[A]
- 보수율(수명 말기의 용량감소율) : 0.8

정답

$$C = \frac{K \cdot I}{L} = \frac{\text{용량환산시간} \times \text{방전전류}}{\text{보수율}} = \frac{24.5 \times 13.2}{0.8} = 404.25[\text{Ah}]$$

51 축전지의 기대수명을 결정하는 주요 요소 3가지를 적으시오.

-
-
-

정답

방전심도, 방전횟수, 사용온도

52 축전지설비를 설치할 때 일정거리를 확보해야 한다. ①~④에 알맞은 내용을 답란에 쓰시오.

이격거리를 확보해야 할 부분	이격거리[m]
큐비클 이외의 발전, 변전설비와의 거리	(①) 이상
전면 또는 조작면	(②) 이상
점검면	(③) 이상
환기면	(④) 이상

①	②
③	④

정답

① 1.0
② 1.0
③ 0.6
④ 0.2

해설

실 별	기 기	확보부분	이격거리[m]	비 고
전용실	축전지	열상호 간	0.6 이상	열상호 간은 가대 등을 설치하여 높이가 1.6[m]를 넘는 경우는 1.0[m] 이상
		점검면	0.6 이상	-
		기타의 면	0.1 이상	-
	충전기, 큐비클	조작면	1.0 이상	-
		점검면	0.6 이상	-
		환기구 방향면	0.2 이상	-
기타실	큐비클	점검면	0.6 이상	기타실에서 큐비클식이 아닌 경우 발전, 변전설비 등과 마주보는 경우 1.0[m] 이상
		환기구 방향면	0.2 이상	
옥외설치	큐비클		1.0 이상	-

53 독립형 태양광발전시스템의 축전지 용량을 계산하시오.

• 1일 부하 전력량[kWh] : 2.4[kWh]	• 부조일수 : 4일
• 보수율 : 0.8	• 축전지 공칭전압 : 2[V]
• 축전지 개수 : 36개	• 방전심도 [%] : 0.65

정답

$$\text{축전지 용량 } C = \frac{\text{1일 소비전력량} \times \text{부조일수}}{\text{보수율} \times \text{방전심도} \times \text{축전지 공칭전압 또는 방전종지전압}}$$

$$= \frac{2{,}400 \times 4}{0.8 \times 0.65 \times 36 \times 2}[\text{Ah}]$$

$$\fallingdotseq 256.41[\text{Ah}]$$

54 낙뢰 대책에 대한 설명이다. ①~③에 알맞은 내용을 답란에 쓰시오.

태양전지 어레이는 면적이 넓고 차폐물이 없는 옥외에 설치되므로 낙뢰로 인한 피해가 빈번하기 때문에 (①)에 대한 보호는 피뢰침, 가공지선 등으로 실시하므로 낙뢰에 대한 대책은 일반적으로 (②)를 기준하여 피뢰 대책을 수립하고 있다.
피뢰설비는 높이 (③) 이상의 건물이나 구조물의 경우는 반드시 설치한다.

정답

① 직격뢰
② 유도뢰
③ 20[m]

55 피뢰대책용 부품 3가지를 쓰시오.

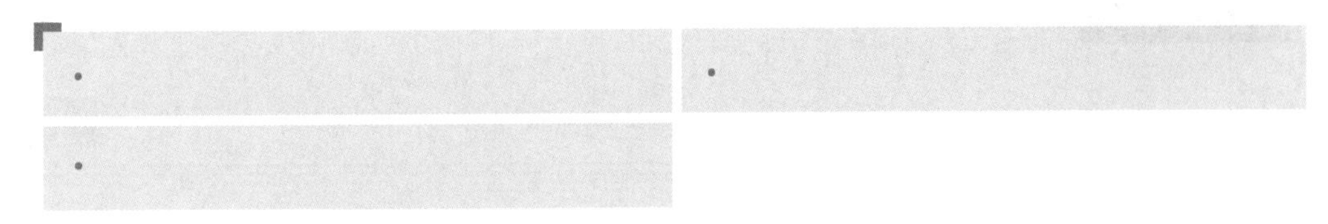

정답

어레스터, 서지업소버, 내뢰 트랜스

해설

- 어레스터 : 낙뢰에 의한 충격성 과전압에 대하여 전기설비의 단자전압을 규정치 이내로 저감시켜 정전을 일으키지 않고 원상태로 회귀하는 장치
- 서지업소버 : 전선로에 침입하는 이상 전압의 높이를 완화하고 파고치를 저하시키는 장치
- 내뢰 트랜스
  - 실드부착 절연 트랜스를 주체로 이에 어레스터 및 콘덴서를 부가시킨 것
  - 뇌서지가 침입한 경우 내부에 넣은 어레스터에서의 제어 및 1차 측과 2차 측 간의 고절연화, 실드에 의한 뇌서지 흐름을 완전히 차단할 수 있도록 한 변압기

56 피뢰 소자 중 하나인 어레스터를 선정하는 방법 2가지만 쓰시오.

•

•

정답

- 접속함에서는 최대 허용전압란 또는 정격전압란에 기재되어 있는 전압이 어레스터를 설치하려는 단자 간의 최대 전압 이상에서 가까운 전압을 선정한다.
- 접지선은 가능한 한 짧게 배선한다.
- 어레스터는 회로에서 쉽게 탈착이 가능한 구조가 좋다.

교육이란 사람이 학교에서 배운 것을
잊어버린 후에 남은 것을 말한다.

–알버트 아인슈타인–

PART 02

태양광발전설비 시공

신재생에너지발전설비기능사(태양광) [실기] 한권으로 끝내기

www.sdedu.co.kr

PART 02 태양광발전설비 시공

CHAPTER 01

설계 기초

01 | 설계도서

(1) 설계도서 검토 목적

① 태양광발전시스템 설계도서의 검토, 확인업무는 가장 중요한 업무로 건설공사의 품질 확보와 발전량 향상에도 미치는 중요한 사항이다.

② 시공과정에서 기술적인 견해 차이로 발주자와 시공자 사이에 불필요한 마찰 및 설계도서의 부실 문제를 미연에 방지한다.

③ 전문지식과 집중력을 요구하기 때문에 사업 주체의 설계지침과 설계기준, 조건에 따라 자세히 검토하고 확인하여야 한다.

(2) 설계도서 검토 관련도서 목록

설계도면 및 시방서, 구조계산서 및 각종 계산서, 계약내역서 및 산출 근거, 공사계약서, 사업계획승인조건 등

(3) 설계도서 검토

(4) 공사시방서의 작성

① 공사시방서에는 중간설계 및 실시설계도면에 구체적으로 표시할 수 없는 내용과 공사 수행을 위한 시공방법, 재재의 성능, 규격 및 공법, 품질관리, 안전관리, 환경관리 등에 관한 사항을 기술한다.

② 공사시방서는 표준시방서와 전문시방서를 기본으로 작성하되, 공사의 특수성, 지역여건, 공사방법 등으로 고려하여 작성한다.

(5) 설계도서 해석의 우선순위

① 공사시방서
② 설계도면
③ 전문시방서
④ 표준시방서
⑤ 산출내역서
⑥ 승인된 상세시공도면
⑦ 관계법령의 유권해석
⑧ 감리자의 지시사항

CHAPTER 02

PART 02 태양광발전설비 시공

공사발주

01 | 건설의 주요 개념

(1) 건설업

토목, 건축, 산업설비, 조경 및 환경시설공사 등 시설물을 설치, 유지, 보수하는 공사, 기계설비, 기타 구조물의 설치 및 해체공사를 건설업이라 한다.

※ 다음 공사는 제외

- 전기공사업법에 의한 전기공사
- 정보통신공사업법에 의한 정보통신공사
- 소방시설공사업법에 따른 소방시설공사
- 문화재 보호법에 의한 문화재수리공사

(2) 건설용역업

① 건설공사에 관한 조사, 설계, 감리, 유지관리 등 건설공사와 관련된 용역

② 건설사업관리(CM ; Construction Management) : 건설공사에 관한 전반적인 업무 또는 일부를 수행하는 것

(3) 건설생산

① 건설생산의 3S : 단순화, 규격화, 전문화

② 건설생산의 주체 : 발주자, 공사감리자(설계도서대로 시공확인), 공사관리자(시공업무 관리), 도급자, 건설사업관리자(건설 전과정에 CM업무를 수행)

02 | 공사발주

(1) 공사도급방식

① 일괄도급

㉠ 공사 전체를 한 도급자에게 주어 일괄 시행하는 방식

ⓛ 장단점

- 장점 : 계약, 감독 간단, 공사비가 확정되고 관리 편리, 공사비 절감
- 단점 : 건축주의 의도와 설계도서 취지의 충분한 이행이 미비, 도급자의 이윤가산으로 공사비 증가, 말단 노무자의 지불금 과소 우려

② 분할도급

㉠ 공사를 유형별로 구분하여 각각 전문적인 업자에게 분할 도급

ⓛ 장단점

- 장점 : 전문업자 시공, 발주자와 시공자 간 의사소통 원활, 업자 간 경쟁으로 공사비 절감
- 단점 : 계약·감독이 복잡, 공사감독자 노무비 증가, 경비 가산

③ 기타 도급방식

공동도급, 정액도급, 단가도급, 턴키도급(설계시공 일괄계약), 성능발주방식, 건설사업관리방식

03 | 도급계약

(1) 필수서류

도급계약서, 도급계약약관, 설계도, 시방서

(2) 참고서류

공사내역서, 공정표, 현장설명서, 질의응답서

04 | 시방서

설계도면에 표현할 수 없는 내용과 공사의 전반적인 사항, 지침이 되도록 설계자가 작성하는 설계도서 중 하나이다.

(1) 시방서의 종류

① **표준시방서** : 모든 공사의 공통적인 사항을 국토교통부가 제공하는 공통시방서

② **특기시방서** : 표준시방서에 기재되지 않는 특기사항, 공법 등을 규정한 시방서

(2) 설계도면과 시방서상의 상이점 발생 시 우선순위

① 설계도면과 공사시방서 상이 : 공사시방서

② 표준시방서와 전문시방서 상이 : 전문시방서

③ 기본도면과 상세도면 상이 : 상세도면

05 | 입찰 절차

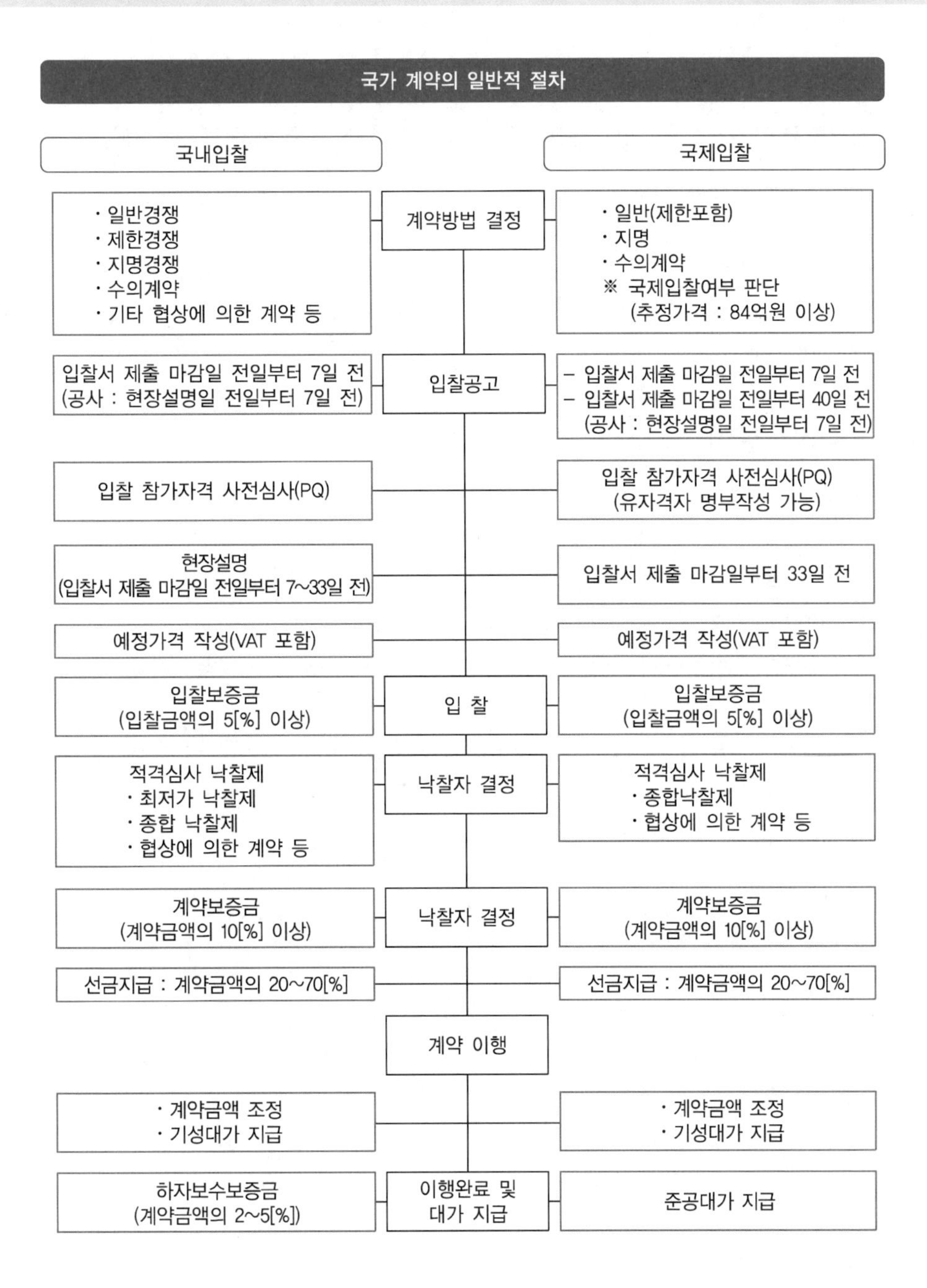

CHAPTER 03

PART 02 태양광발전설비 시공

측량 및 지반조사

01 | 측 량

(1) 지적측량의 종목

지적측량은 경계복원측량, 분할측량, 지적현황측량, 등록전환측량, 신규등록 전환측량

(2) 지적공부

토지대장, 임야대장, 공유지연명부, 대지권등록부, 지적도, 임야도 및 경계점좌표등록부 등 지적측량 등을 통하여 조사된 토지의 표시와 해당 토지의 소유자 등을 기록한 대장 및 도면

(3) 기준점(수준점)

높이의 기준점

(4) 측량의 종류

① **평판측량** : 작은 부지의 측량, 거리, 면적, 방위에 편리
  ㉠ 장점 : 현장에서 직접 작도하므로 시간 절약, 정확한 지형, 기계가 간단하고 운반 편리, 지형도 작성시간 신속
  ㉡ 단점 : 기후의 영향, 높은 정밀도를 얻을 수 없다. 축적이 다른 지도를 만들기 곤란

② 거리측량

③ 레벨측량

④ 각도측량

02 | 지반조사

(1) 선정부지의 정지작업

① 흙의 기본 구성 : 공기, 물, 흙 입자

② 흙의 역학적 성질 : 전단강도, 압밀, 투수성 등

③ 전단강도는 흙의 가장 중요한 역학적 성질로서 기초의 하중이 그 흙의 전단강도 이상이 되면 흙이 붕괴되고, 기초는 침하, 전도된다. 기초의 극한 지지력을 알 수 있다.

(2) 지반조사의 종류

① 지하탐사법

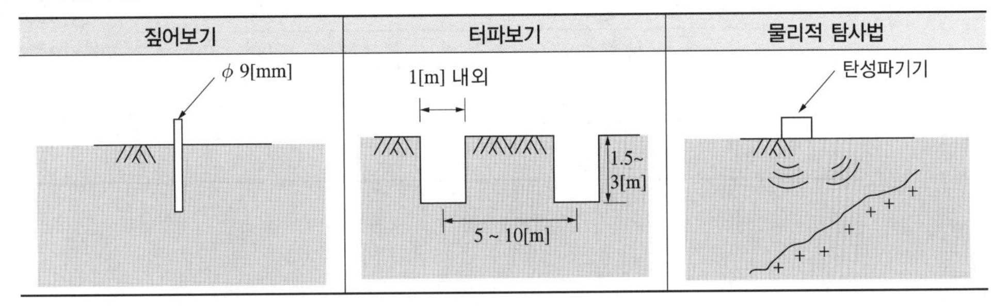

㉠ 짚어보기 : 지름 9[mm] 철봉을 땅에 박아 저항 정도 파악

㉡ 터파보기 : 소규모 공사에 적용, 수직으로 깊이 2[m] 내외의 구덩이 파기

㉢ 물리적 탐사법 : 전기저항식(주로 사용), 탄성파식, 강제진동식

② 사운딩(Sounding, 관입시험)

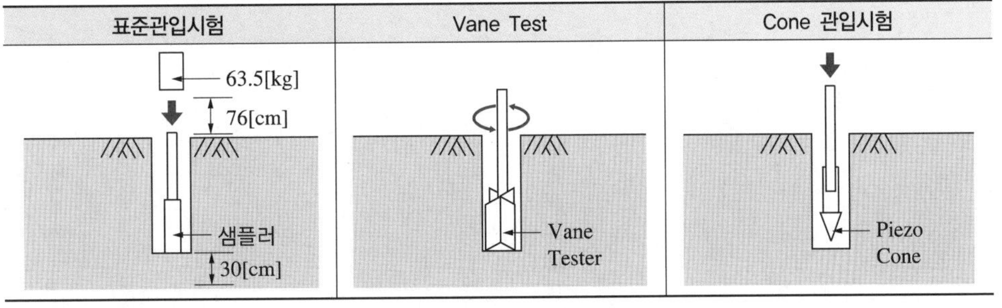

㉠ 표준관입시험 : 63.5[kg] 해머를 76[cm] 높이에서 자유낙하시켜 30[cm] 관입시킬 때 타격횟수 산정

㉡ Vane Test : 보링구멍에 +자형 베인 테스터를 박고, 회전시켜 점토의 점착력 판별

㉢ Cone 관입시험 : 원추형 Cone을 지중에 관입할 때의 저항력 측정

③ 보링(Boring) : 깊은 지층까지 조사할 때 땅속에 철관을 박고 관 속 흙을 채취하여 토질과 지층상태를 파악한다.

④ 샘플링(시료채취)

⑤ 토질시험

㉠ 물리적 시험 : 함수비, 비중, 액성한계, 소성한계 시험

㉡ 역학적 시험 : 전단시험, 일축압축시험, 삼축압축시험, 압밀시험

⑥ 지내력시험

㉠ 평판재하시험 : 기초저면에 재하판을 놓고 하중을 가하여 침하량을 측정

㉡ 말뚝박기시험 : 시험말뚝을 10회 타격할 때 평균값으로 사용, 허용지내력 추정

⑦ 허용지내력

<table>
<tr><th colspan="2">지 반</th><th>장기응력에 대한 허용지내력</th><th>단기응력에 대한 허용지내력</th></tr>
<tr><td>경암반</td><td>화강암・섬록암・편마암・안산암 등의 화성암 및 굳은 역암 등의 암반</td><td>4,000</td><td rowspan="7">각각 장기응력에 대한 허용지내력값의 1.5배로 함</td></tr>
<tr><td rowspan="2">연암반</td><td>판암・편암 등의 수성암의 암반</td><td>2,000</td></tr>
<tr><td>혈암・토단반 등의 암반</td><td>1,000</td></tr>
<tr><td colspan="2">자 갈</td><td>300</td></tr>
<tr><td colspan="2">자갈과 모래와의 혼합물</td><td>200</td></tr>
<tr><td colspan="2">모래 섞인 점토 또는 롬토</td><td>150</td></tr>
<tr><td colspan="2">모래 또는 점토</td><td>100</td></tr>
</table>

PART 02 태양광발전설비 시공

CHAPTER 04

지반공사 및 구조물 시공

01 | 태양광발전설비의 시공절차

지반공사 및 구조물 시공 → 반입자재 검수 → 태양광기기 설치공사 → 전기배선공사 → 점검 및 검사

(1) 토목공사

① 지반공사 및 구조물 공사

② 접지공사

(2) 반입자재 검수

① 책임감리 승인된 자재 반입 및 검수

② 필요시 공장검수 실시

(3) 기기설치공사

어레이, 접속함, 파워컨디셔너(PCS), 분전반 설치공사

(4) 전기배관배선공사

① 태양전지 모듈 간 배선공사

② 어레이와 접속함의 배선공사

③ 접속함과 인버터(PCS) 간 배선공사

④ 인버터(PCS)와 분전반 간 배선공사

(5) 점검 및 검사

① 어레이 검사

② 어레이 출력 확인

③ 절연저항 측정

④ 접지저항 측정

02 | 태양광발전설비 시공 시 필요한 장비 목록 및 안전사항

(1) 시공 시 필요한 공구 및 장비

① 공 구

레벨기, 해머드릴, 임팩트드릴, 파괴해머드릴(독일브랜드 Kress의 파괴드릴, 일명 뿌레카라고도 함), 터미널압착기, 앵글천공기, 각종 수공구

② 소형장비

컴프레서, 발전기, 사다리 외

③ 대형장비

굴삭기, 크레인, 지게차

(2) 태양광 전기설비공사 시 필수 보유 장비 목록

① 접지저항계

② 절연저항계(메거)

③ 전류계

④ 전압계

⑤ 검전기

⑥ 상회전 측정기

⑦ 각도계

⑧ 일사량 측정기

⑨ 오실로스코프

03 | 토목공사 및 반입자재 검수

(1) 지반공사

① 부지 정지작업

㉠ 토공장비 선정 시 고려요소 : 굴토할 흙의 굴착 깊이, 굴착된 흙의 처리, 흙의 종류, 토공사 기간

㉡ 배토 정지용 장비 : 불도저, 앵글도저, 그레이더, 스크레이퍼

㉢ 상차작업 : 로더

㉣ 흙의 다짐장비 : 래머(협소한 곳), 롤러, 콤팩터

(2) 구조물 기초공사

① 기초의 구비 조건

㉠ 최소 기초 깊이를 유지할 것

㉡ 상부 하중을 안전하게 지지할 것

㉢ 모든 기초는 침하가 허용치를 초과하지 않을 것

㉣ 기초공사의 시공이 가능할 것

㉤ 내구적이고 경제적일 것

② 기초 구조

㉠ 기초 : 지정의 윗부분을 말함

㉡ 지정 : 지반이 연약하여 건물의 하중을 견디지 못할 경우 기초를 보강하거나 지반의 지지력을 증가시키기 위한 부분을 말함

※ 지정의 종류

- 보통지정 : 잡석지정, 모래지정, 자갈지정, 밑창콘크리트
- 말뚝지정 : 나무말뚝, 기성콘크리트말뚝, 제자리콘크리트말뚝

[도면 작성 시 재료 구조 표기 기호(단면용)]

지 반	잡석다짐	자 갈	모 래

㉢ 푸팅(Footing) : 기둥 또는 벽의 힘을 지중에 전달하기 위하여 기초가 펼쳐진 부분을 말함

㉣ 피어(Pier) : 상부의 하중을 지중에 전달하기 위하여 푸팅, 기둥 등의 밑에 설치한 독립 원통기둥 모양의 구조체

③ 기초의 분류

㉠ 지정형식상 분류

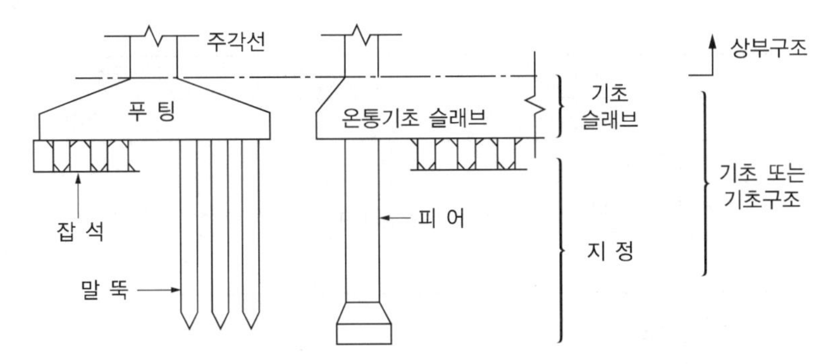

- 직접기초 : 기초판이 직접 지반에 전달하는 형식의 기초(얕은 기초, 온통기초)
- 말뚝기초 : 기초판에 말뚝을 박은 기초(깊은 기초)
- 피어기초 : 피어(Pier)로써 지지되는 기초(깊은 기초)

• 잠함기초 : 피어기초의 일종(케이슨 공법)

㉡ 기초판의 형식에 따른 분류

• 독립기초 : 단일 기둥을 받치는 기초
• 복합기초 : 2개 이상의 기둥을 한 개의 기초판으로 받치는 기초
• 연속기초(줄기초) : 벽 또는 1열 기둥을 받치는 기초
• 온통기초 : 건물하부 전체를 받치는 기초

[기초의 종류(예)]

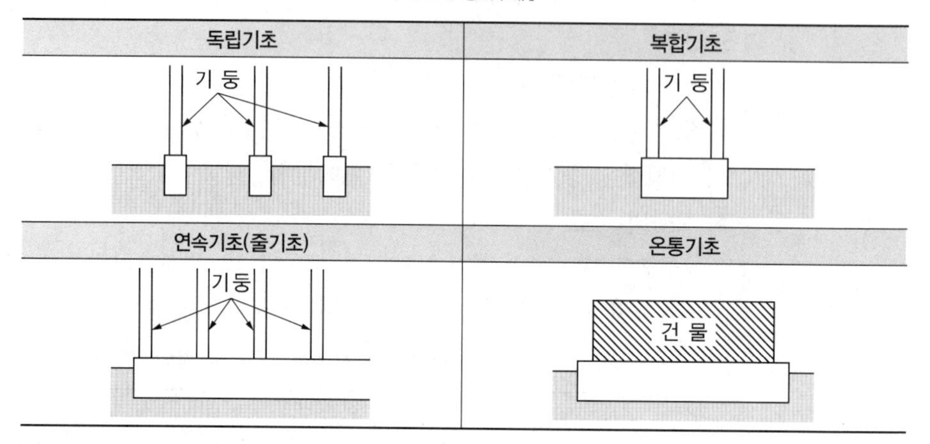

㉢ 직접기초와 깊은 기초의 분류 : 폭보다 깊이가 크면 깊은 기초로 분류

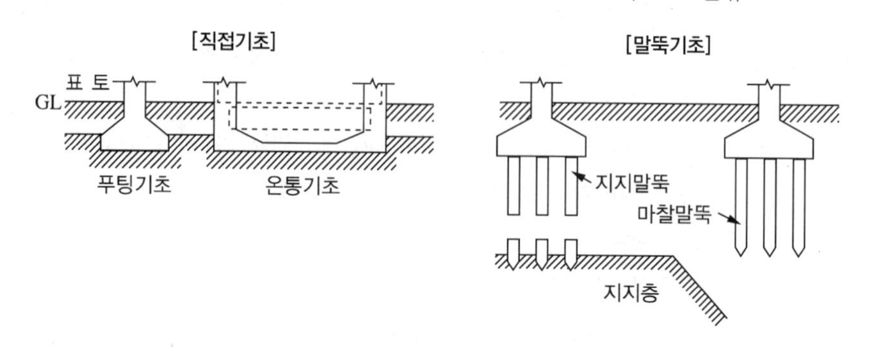

기 초				
직접기초(얕은)		깊은 기초		
푸팅 기초 독립 푸팅 기초 복합 푸팅 기초 연속 푸팅 기초	온통기초(전면기초)	말뚝기초	피어기초	케이슨 기초 (하천 내 교량)

④ 기초의 구조 선정

㉠ 요구 조건

• 설계하중에 대한 구조적 안전성 확보
• 구조물의 허용 침하량 이내

• 환경이나 지반조건에 따른 최소의 깊이 유지
• 현장 여건을 고려한 시공 가능성

㉡ 기초의 형식 결정을 위한 고려 사항

• 지반 조건 : 지반, 지하수, 암반의 깊이
• 상부구조물의 특성 : 침하량, 구조물 중요도, 특수 조건
• 구조물의 하중
• 기초형식에 따른 경제성

㉢ 직접기초의 지지력과 지내력

• 지지력 : 지반이 전단파괴를 일으킬 때 이에 저항하는 평균 단면적당 강도
• 허용지내력 : 지반의 허용지지력에 허용침하량을 고려한 응력, 허용지지력과 허용침하량으로부터 결정되는 지지력 중 작은 쪽으로 기초 설계에 이용됨

⑤ 태양광 구조물 시스템 설계기준에 따른 시공

㉠ 구조시공의 기본방향 : 안정성, 경제성, 시공성, 사용성 및 내구성

㉡ 상정하중 계산

• 고정하중(수직) : 어레이 + 프레임 + 서포트
• 적설하중(수직) : S
  S[N] = 경사도 계수 × 노출 계수(0.8~1.2) × 기본지붕적설하중 × 적설면적
• 풍하중(수평) : W
  W[N] = 풍압 계수 × 임의 높이에서의 설계속도압[$\mathrm{N \cdot m^2}$] × 유효수압면적
• 지진하중(수평) : E
  E[N] = 지지층 전단력 계수 × 고정하중

㉢ 기초공사의 시공기준

• 토질 상태와 지반 여건 등을 고려하여 현장에 적합한 기초공법을 선정하여야 한다.
• 지지대 기초는 기본적으로 콘크리트 기초로 시공하여야 하며, 이 경우 베이스판, 볼트류, 볼트 캡 등 자재는 부식을 방지하기 위하여 지표면 이상 높이에 위치하여야 한다. 다만, 주차장 등 입지 여건에 따라 지표면에 노출이 곤란할 경우에는 매립할 수 있으며, 이 경우 매립을 확인할 수 있는 사진을 설비(설치)확인 신청 시 센터에 제출하여야 한다.
• 콘크리트는 현장 타설에 의하며 설계도상의 비율로 배합하고 부어 넣을 때는 진동기 또는 적당한 기구로 충분히 다지고 철근, 기타 매설물의 둘레와 거푸집의 구석까지 차도록 한다.
• 반드시 3일 이상 양생하고 급격한 건조나 동결을 방지하여야 한다.

• 콘크리트 기초로 시공이 곤란한 경우에는 스파이럴, 스크루, 래밍 파일, 보링그라우팅 공법 등으로 할 수 있으며 기초의 깊이는 설계 굴착심도 이상으로 계획하여 시공하여야 한다. 이 경우 안전성 및 적정성이 확보되었음을 관계전문기술자로부터 확인을 받아야 하며, 확인받은 바에 따라 시공하여야 한다.

※ 굴착심도 : 땅속 깊게 파 들어가는 정도

㉣ 콘트리트 기초로 시공이 곤란한 경우 기초공사 방법

• 스파이럴(Spiral) 공법 : 콘크리트 기초와 다르게 토지에 직접 스파이럴 파일(나선형 구조물)을 삽입하는 공법

• 스크루(Screw) 공법 : 토지에 직접 스크루 파일을 삽입하는 공법

• 래밍 파일(Ramming Pile) 공법 : 토지에 직접 U형, C형, H형 단면 등의 파일 기초를 삽입하는 공법

• 보링그라우팅 공법 : 지반이 연약하여 흙과 흙 사이에 시멘트 풀을 넣어서 지반을 튼튼하게 하는 공법

- 보링(Boring) : 땅에 기계로 구멍을 내면서 땅의 지질 상태를 조사하는 것
- 그라우팅(Grouting) : 자갈과 자갈 사이 또는 흙의 공극을 시멘트 풀로 채워 주는 것

⑥ 배수로 공사

배수관로를 포함한 배수시설은 유량, 유속, 도달 시간 등을 고려하여 규모를 산정하고 배수에 문제가 없도록 계획하고 설치하여야 한다.

(3) 태양광발전설비 관련기기 반입 및 검사

① 책임 관리원이 승인된 기자재에 한해 현장반입

② 공장검수 확인자재 반입

③ 전수검사(공급원 승인 제품, 품질적합, 내역물량수량, 손상 여부 등)

④ 공급원 승인 자재(모듈, PCS, 분전반, 축전지반, 자동제어시스템, 배관자재, 케이블)

CHAPTER 05

PART 02 태양광발전설비 시공

태양광기기 설치공사

01 | 태양광발전설비 구조물 시공

(1) 태양전지 어레이용 가대 및 지지대 설치 시 고려사항

① 태양전지 어레이용 지지대 및 가대의 설치순서, 양중방법 등의 설치계획을 결정

② 순서 : 어레이용 가대 → 모듈고정용 가대, 케이블 트레이용 채널

③ 지지물은 안전 구조일 것

④ 조립상태, 방수안배, 녹 방지 처리, 볼트 캡 착용

⑤ 유지보수 공간 확보와 안전시설 설치

(2) 구조물의 이격거리 계산

① 이격거리 계산 시 고려사항

㉠ 전체설치 가능면적

㉡ 어레이 1개 면적

㉢ 어레이의 길이

㉣ 위 도

㉤ 동지 시 태양의 고도

② 이격거리 계산

㉠ 장애물과 이격거리(d)

$$\tan\beta = \frac{h}{d}$$

$$\therefore d = \frac{h}{\tan\beta}[\text{m}](\beta : \text{태양의 고도각})$$

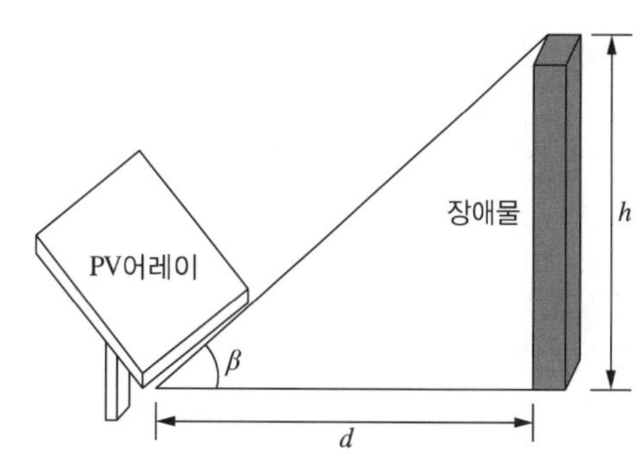

㉡ 태양전지 어레이 간 이격거리(d)

$$d = L \times \frac{\sin(\alpha+\beta)}{\sin\beta}[\text{m}]$$

여기서, L : 어레이 길이

α : 어레이의 경사각

β : 그림자 경사각(동지에 발전한계 태양고도)

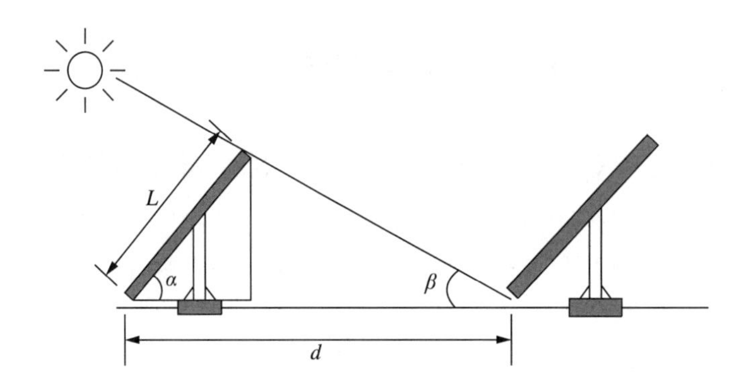

02 | 태양전지 어레이 설치

(1) 준비 및 주의사항

① 태양전지 어레이 기초면 확인용 수평기, 수평줄, 수직추를 확보한다.

② 태양전지 어레이 지지대, 고정용 앵커볼트, 설계도 등을 준비한다.

③ 가대 및 지지대는 현장 용접을 절대 피한다.

④ 앵커볼트의 장력이 균일하게 되도록 하고 너트의 불림방지는 이중너트를 사용하며 스프링와셔를 체결한다.

(2) 태양전지 어레이의 방위각과 경사각 시공

① 방위각

㉠ 태양전지 어레이가 정남향과 이루는 각

㉡ 발전시간 내 음영이 생기지 않도록 배치할 것

㉢ 최소의 설치 면적

② 경사각

㉠ 어레이가 지면과 이루는 각

㉡ 발전전력량이 연간 최대가 되도록 최적 경사각 설정(그 지방의 위도 고려)

㉢ 적설을 고려하여 결정

㉣ 경사각에 따른 이격거리 확보

㉤ 경사각을 낮출수록 대지 이용률이 증가하지만 발전전력량이 감소

③ 남중고도

㉠ 하루 중 태양이 정남쪽에 있을 때의 고도

㉡ 남중고도 = 90° - 관측자의 위도(ϕ) ± 태양의 적위(δ)

- 춘추분일 때 남중고도 = 90° - ϕ
- 동지일 때 남중고도 = 90° - ϕ - 23.5°
- 하지일 때 남중고도 = 90° - ϕ + 23.5°

㉢ 태양의 적위 : 지구의 자전축이 약 23.5° 정도 기울어져 있기 때문에 발생한다.

(3) 태양전지 어레이 가대 시공

① 가대의 종류

㉠ 가대 재질 : 강제 + 도장, 강제 + 용융아연도금, 스테인리스(SUS), 알루미늄 합금재

㉡ 설치방식에 따라 분류 : 고정식, 경사가변식, 추적식

㉢ 설치장소에 따른 분류

- 지상형 : 일반형, 산지형, 농지형
- 건물형 : 설치형, 부착형(BAPV), 일체형(BIPV)
- 수상형 : 부유식만을 인정

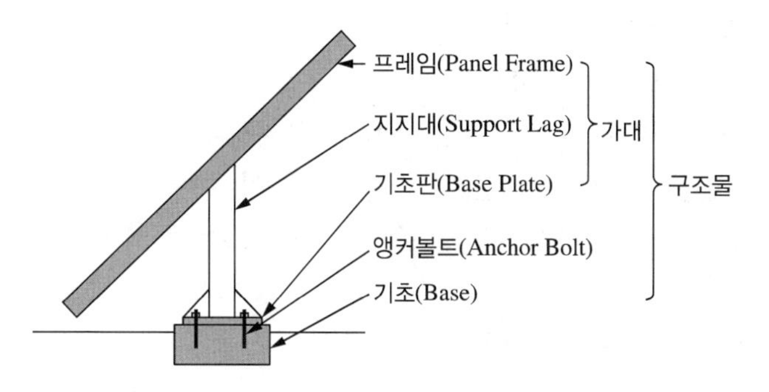

② 어레이용 가대 시공

㉠ 가대의 구성

프레임, 지지대, 기초판으로 구성

㉡ 가대 및 지지대 설치

- 태양전지 어레이용 가대, 모듈 고정용 가대 및 케이블 트레이용 채널 순으로 조립한다.
- 태양전지 모듈의 지지물은 자중, 적재하중 및 구조하중은 물론 풍압, 적설 및 지진 기타의 진동과 충격에 견딜 수 있는 안전한 구조의 것이어야 한다.

• 볼트조립은 헐거움이 없이 단단히 조립하여야 하며, 모듈과 지지대의 고정볼트에는 스프링와셔 또는 풀림방지너트 등으로 체결해야 한다.
• 지지대의 재질 : 용융아연 또는 용융아연-알루미늄-마그네슘합금 도금된 형강, 스테인리스 스틸(STS), 알루미늄합금의 재질로 제작하여야 한다.
• 지지대 간 연결 및 모듈-지지대 연결은 가능한 볼트로 체결하되, 절단가공 및 용접 부위(도금처리제품 한정)는 용융아연도금처리를 하거나 에폭시-아연페인트를 2회 이상 도포하여야 한다.
• 체결용 볼트, 너트, 와셔(볼트 캡 포함)
• 용융아연도금(단, 수상형은 제외), STS, 알루미늄합금 재질(볼트 캡은 플라스틱 재질도 가능)로 하고 볼트규격에 맞는 스프링와셔 또는 풀림방지너트로 체결하여야 한다.

㉢ 상정하중

시공 시 설계할 때 검토된 하중인 고정하중(자중), 적설하중, 활하중, 풍하중, 지진하중 등을 고려한다.
• 수직하중 : 고정하중, 적설하중, 활하중
• 수평하중 : 풍하중, 지진하중
• 하중의 크기 : 폭풍 시 > 적설 시 > 지진 시

(4) 태양전지 모듈의 설치

① 태양전지 모듈 설치용량

신재생에너지 설비의 지원 등에 관한 지침에 따른 설비의 경우 모듈의 설치용량은 사업계획서 상의 모듈 설계용량과 동일하여야 한다. 다만, 단위 모듈당 용량에 따라 설계용량과 동일하게 설치할 수 없는 경우에는 설계용량의 110[%] 범위 내에서 설치할 수 있다.

② 태양전지 모듈의 일반적인 설치 상태

㉠ 모듈의 일조면은 원칙적으로 정남향으로 설치하여야 한다.

㉡ 정남향으로 설치가 불가능할 경우에 한하여 정남향을 기준으로 동쪽 또는 서쪽 방향으로 45° 이내(RPS의 경우 60° 이내)로 설치하여야 한다.

㉢ BIPV, 방음벽 태양광 등의 경우에는 정남향을 기준으로 동쪽 또는 서쪽 방향으로 90° 이내에 설치할 수 있다.

㉣ 모듈의 일조시간은 장애물로 인한 음영에도 불구하고 1일 5시간[춘계(3~5월), 추계(9~11월) 기준] 이상이어야 한다.

㉤ 전선, 피뢰침, 안테나 등 경미한 음영은 장애물로 보지 않는다.

③ 태양전지 모듈의 설치 방법

㉠ 충전부가 노출되지 않도록 시설하여야 한다.

㉡ 태양전지 모듈의 프레임은 지지물과 전기적으로 완전하게 접속하여야 한다.

㉢ 모듈접속용 케이블은 반드시 극성 표시를 확인한 후 결선한다.

㉣ 고정식 태양광발전설비는 일사량에 따라 전류변동이 크게 되므로 모듈각도는 30°가 가장 적합하다.

㉤ 태양전지 모듈 뒷면으로 태양광 유입 최소화 및 통풍(10[cm] 이상)이 가능하도록 시설하는 것이 좋다. 태양전지판의 온도 상승은 발전량 감소의 원인이 된다.

㉥ 배선 접속부는 전용 커넥터를 사용하고 필요시 접속할 경우 빗물이 유입되지 않도록 ~~용융~~접착테이프와 보호테이프를 감는다.

㉦ 태양전지 모듈의 설치는 가대의 하단에서 상단으로 순차적으로 조립한다.

㉧ 태양전지 모듈과 가대의 접합 시 전식방지를 위해 개스킷을 사용하여 조립한다.

㉨ 태양전지 모듈배선은 바람에 흔들리지 않도록 하고 130[cm] 이내 간격으로 고정하고, 가장 늘어진 부분이 모듈면으로부터 30[cm] 이내로 들어가도록 한다. 또한 최소 곡률반경은 6배 이상이 되도록 한다.

㉩ 모듈 간 직렬군은 동일한 단락전류를 가진 모듈로 구성하여야 하며, 1대의 인버터에 연결된 태양전지 모듈 직렬군이 2개 병렬 이상일 경우에는 각 직렬군의 출력전압 및 출력전류가 동일하게 형성되도록 배열하여야 한다.

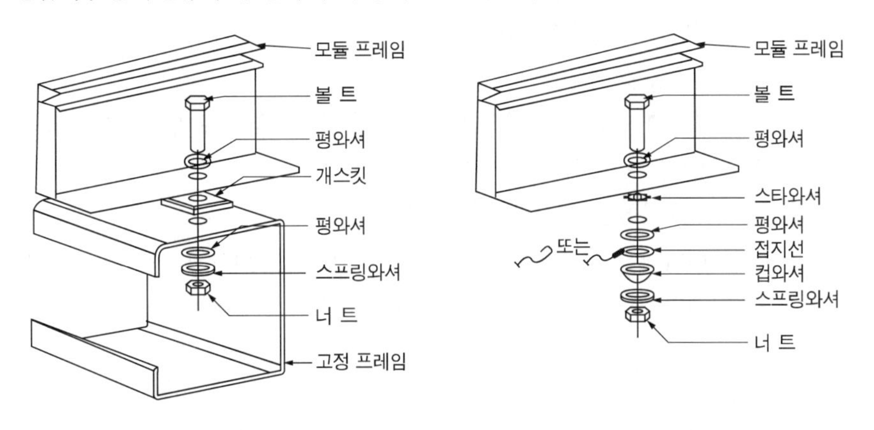

병렬연결	직렬연결
병렬연결 시 전류가 증가	직렬연결 시 전압이 증가
− + − + + −	− + − + − +

④ 태양전지 모듈 및 어레이 설치 후 확인 · 점검사항

배선 후 각 모듈의 극성 확인, 전압 확인, 단락전류 확인, 비접지 확인

㉠ 전압 · 극성의 확인

태양전지 모듈이 바르게 시공되어 시공한 전압이 나오고 있는지, 양극과 음극의 극성이 바른지의 여부 등을 테스터, 직류전압계로 확인한다.

㉡ 단락전류의 측정

태양전지 모듈의 설명서에 기재된 단락전류가 흐르는지 직류전류계로 측정한다. 타 모듈과 비교해 측정치가 현저히 다른 경우는 배선을 재차 점검한다.

㉢ 비접지 확인

태양전지 모듈의 양극 중 어느 하나라도 접지되어 있지는 않은지 확인한다.

⑤ 태양광발전설비 시공안전 대책

㉠ 복장 및 추락방지 대책

- 안전모 : 낙하물로부터의 보호
- 안전대 : 추락방지
- 안전화 : 중량물에 의한 발 보호 및 미끄럼방지
- 안전허리띠 : 공구, 공사 부재 낙하 방지

㉡ 감전방지 대책

- 모듈에 차광막을 씌워 태양광을 차폐
- 저압 절연장갑을 착용
- 절연공구 사용
- 강우 시에는 감전사고뿐만 아니라 미끄러짐으로 인한 추락사고로 이어질 우려가 있으므로 작업을 금지한다.

㉢ 태양광발전설비 전기시공 체크리스트

어레이 설치 방향, 기후(날씨), 시스템 제조회사명, 설치용량(모듈, 인버터), 계통연계여부, 모듈번호표, 직렬 · 병렬 확인, 출력전압, 출력전류 등

년 월 일 시공

태양광발전시스템 전기시공 공사 체크리스트

시설명칭

어레이 설치방향	기후	시공회사명		
북 북동 동 동남 남 남서 서 북서		전화번호	담당자명	
시스템 제조사명		용량 kW	연계	유 무

모듈 No.	개방전압 (V)	단락전류 (A)	지락확인	인버터 입력전압(V)	인버터 출력전압(V)	모듈 No.	개방전압 (V)	단락전류 (A)	지락확인	인버터 입력전압(V)	인버터 출력전압(V)
1	V	A		V	V	1	V	A		V	V
2	V	A		V	V	2	V	A		V	V
3	V	A		V	V	3	V	A		V	V
⋮	⋮	⋮	⋮	⋮	⋮	⋮	⋮	⋮	⋮	⋮	⋮
33	V	A		V	V	33	V	A		V	V
34	V	A		V	V	34	V	A		V	V
35	V	A		V	V	35	V	A		V	V

모듈번호표 직렬 병렬 V A	비고

[태양전지 모듈의 출력전압 체크리스트 예시]

03 | 태양광발전용 접속함 설치공사

(1) 접속함 구성

① 단자대 : 태양전지 모듈로부터 직류전원을 공급받기 위해 설치된다.

② 차단기 : 입력부의 전원을 차단할 수 있는 용량으로 설치되어야 한다.

③ Fuse : 태양전지 모듈로부터 과도한 전류의 흐름에 대해 보호기능을 갖는다.

④ 역류방지 다이오드

태양전지에 역전류 방지를 위하여 설치된다. 태양전지 모듈의 직렬군이 2병렬 이상일 경우에는 역류방지 다이오드를 각 직렬군의 접속함에 설치해야 하며, 이 접속함은 발생하는 열을 외부로 방출할 수 있도록 환기구 또는 방열판 등을 갖추어야 한다.

⑤ 신호변환기(TD ; Transducer) : 일사량계, 온도계의 신호를 인버터에 공급 시 신호를 변환하는 장치이다.

⑥ 서지보호장치(SPD ; Surge Protected Device) : 낙뢰에 대해 보호하기 위해 설치된다.

⑦ 감시용 DCCT(직류 계기용 변류기), DCPT(직류 계기용 변압기) 설치

(2) 접속함 설치 및 결선

① 접속함의 모든 스트링 입력 회로마다 DC용 퓨즈를 시설하고, 출력 모선회로에 근접하여 DC차단기(또는 개폐기)를 접속함에 시설하여야 한다.

② 접속함은 지락, 낙뢰, 단락 등으로 인해 태양광설비가 이상(異常)현상이 발생한 경우 경보등이 켜지거나 경보장치가 작동하여 즉시 외부에서 육안확인이 가능하여야 한다(실내에서 확인 가능한 경우에는 예외).

③ 접속함 일체형 인버터 중 인버터의 용량이 250[kW]를 초과하는 경우에는 접속함은 품질기준을 만족하고, 인버터는 품질기준에 따라 절연성능, 보호기능, 정상특성 등을 만족하는 시험결과가 포함된 시험성적서를 설비(설치)확인 신청 시 센터에 제출할 경우에는 사용할 수 있다.

④ 직사광선 노출이 적고, 소유자의 접근 및 육안확인이 용이한 장소에 설치하여야 한다.

⑤ 접속함 내에 역류방지 다이오드가 설치되는 경우 역류방지 다이오드 용량은 접속함 회로의 정격전류보다 1.4배 이상의 전류정격과 정격전압보다 1.2배 이상의 전압정격을 가져야 한다.

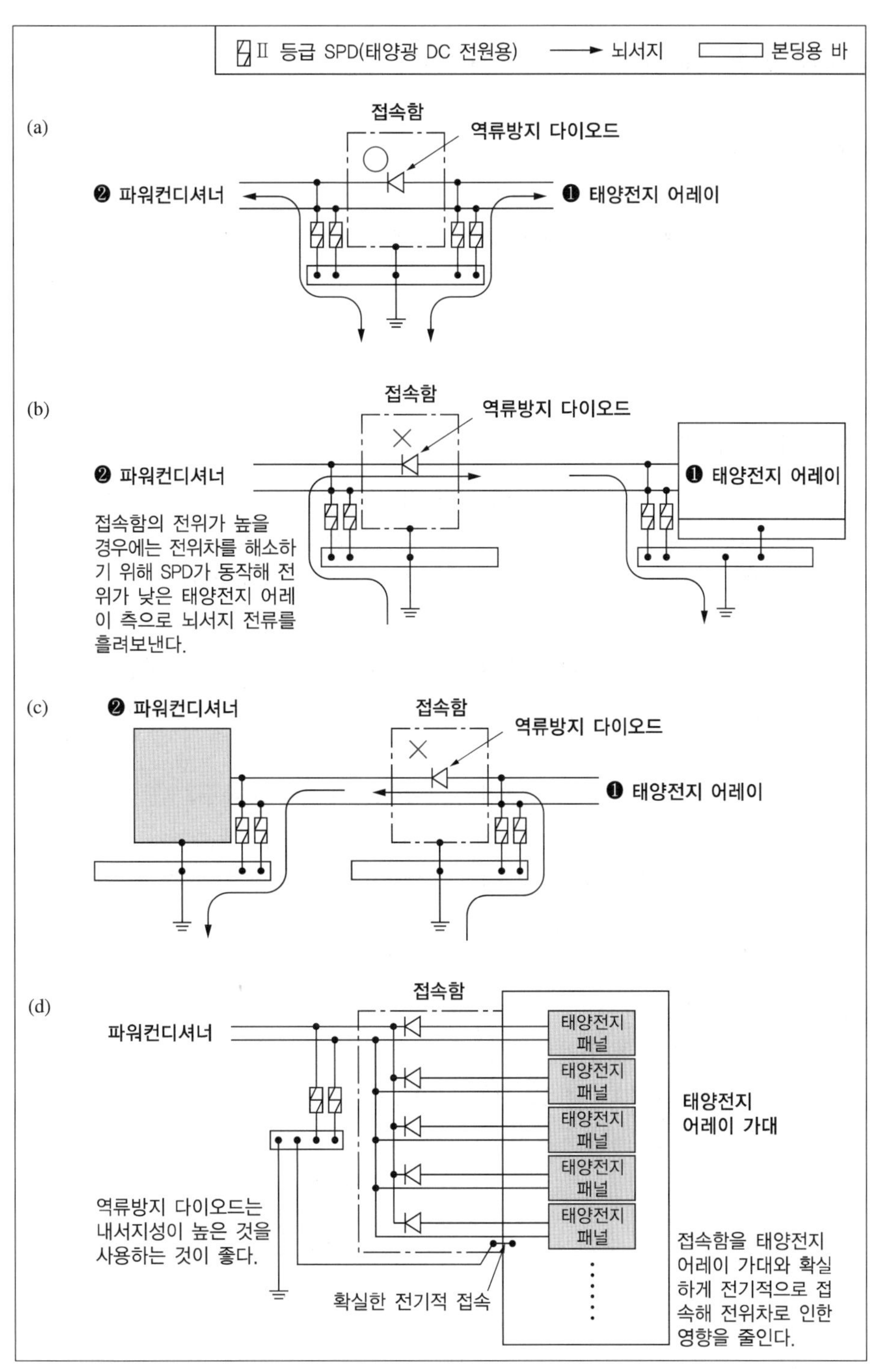

[접속함에 설치하는 SPD]

04 | 태양광발전설비 인버터 설치공사

(1) 인버터 제품기준

① 태양광발전용 인버터는 KS 인증제품을 설치하여야 한다.

② 신제품·융합제품 활성화 등을 위해 센터장이 인정하는 경우에는 예외로 할 수 있다.

③ 인버터의 용량이 250[kW]를 초과하는 경우에는 품질기준에 따라 절연성능, 보호기능, 정상특성 등을 만족하는 시험결과가 포함된 시험성적서를 설비확인신청 시 센터에 제출할 경우에는 사용할 수 있다.

(2) 인버터 설치용량 및 설치

① 신재생에너지 설비의 지원 등에 관한 지침에 따른 설비의 경우 인버터의 설치용량은 사업계획서상의 인버터 설계용량 이상이어야 한다.

② 인버터에 연결된 모듈의 설치용량은 인버터 설치용량의 105[%] 이내이어야 하며, 각 직렬군의 태양전지 개방전압은 인버터 입력전압 범위 안에 있어야 한다.

③ **계통에 연계되는 수용가의 태양광발전원의 상시 주파수** : 59.8~60.2[Hz] 내 유지

④ 인버터는 실내 및 실외용을 구분하여 설치하여야 한다. 다만, 실외용은 실내에 설치할 수 있다.

⑤ 태양광발전원을 설치하는 수용가의 공통접속점에서의 역률은 원칙적으로 지상 역률 90[%] 이상으로 하며, 진상 역률이 되지 않도록 한다.

⑥ 역조류가 없는 경우 발전장치 내의 인버터는 역률 100[%] 운전을 원칙으로 하며, 발전설비의 종합 역률은 95[%] 이상이 되도록 한다.

(3) 인버터 표시사항

① 입력단(모듈 출력)의 전압, 전류, 전력

② 출력단(인버터 출력)의 전압, 전류, 전력, 주파수, 누적발전량, 최대출력량

PART 02 태양광발전설비 시공

CHAPTER 06 배선배관공사

01 | 배선공사

- 배선공사의 순서에 따라 태양전지 어레이로부터 인버터까지의 직류 배선공사, 인버터로부터 계통연계점에 이르는 교류 배선공사로 구분한다.
- 모듈에서 인버터에 이르는 배선에 사용되는 케이블은 모듈 전용선 또는 단심(1C) 난연성 케이블(TFR-CV, F-CV, FR-CV 등)을 사용하여야 하며, 케이블이 지면 위에 설치되거나 포설되는 경우에는 피복에 손상이 발생되지 않게 가요전선관, 금속 덕트 또는 몰드 등을 시설하여야 한다(수상형 제외).

(1) 태양전지 모듈과 인버터 간의 배선(직류배선공사)

① 태양전지 뒷면의 케이블 두 가닥은 반드시 극성 확인 후 작업

② 스트링 필요 개수를 직렬연결하고 어레이 지지대 위에서 조립

③ 케이블을 스트링(번호기입)으로부터 접속함까지 배선하여 접속함 내에서 병렬결선

④ 태양전지판 배선은 바람에 흔들림이 없도록 Cable Tie로 단단히 고정하여야 하며 태양전지판의 출력배선은 군별, 극성별로 확인할 수 있도록 표시하여야 함

⑤ 옥상 등에서 처마 밑 접속함으로 배선 시 물 침입방지를 위한 물 빼기를 위해 반드시 차수시공을 하고, 이때 전선의 굴곡은 관 내경의 6배 이상으로 함

⑥ 접속함은 어레이 근처에 설치하고 직류와 교류전원은 격벽이 없거나 함께 접속 외에는 동일한 전선관, 케이블트레이, 접속함 내에 설치하지 않음

⑦ 접속함에서 인버터까지 배선은 전압강하율 2[%] 이하로 산정하며, 강하에 대비한 전선의 최대길이를 산정

(2) 태양광 파워컨디셔너에서 옥내분전반 간의 배선

① 인버터의 출력 전기방식은 단상 2선식, 3상 3선식 등이고 교류 측의 중성선을 구별하여 결선

② 시공기준은 3상 4선식의 계통에 단상 2선식 220[V]를 접속할 경우 한국전기설비규정(KEC)에 따라 시설

③ 부하 불평형으로 중성선에 최대전류가 발생할 우려가 있으면 수전점에 3극과 전류차단 소자를 갖는 차단기 설치

④ 태양전지 모듈에서 인버터 입력단 간 및 인버터 출력단과 계통연계점 간의 전압강하는 각 3[%]를 초과하지 말아야 함
단, 60[m] 초과 시 다음과 같다.

전선길이	120[m] 이하	200[m] 이하	200[m] 초과
전압강하	5[%]	6[%]	7[%]

⑤ 회로의 전기방식

회로의 전기방식	전압강하	전선의 단면적
직류 2선식, 교류 2선식	$e = \frac{35.6 \times L \times I}{1,000 \times A}$	$A = \frac{35.6 \times L \times I}{1,000 \times e}$
3상 3선식	$e = \frac{30.8 \times L \times I}{1,000 \times A}$	$A = \frac{30.8 \times L \times I}{1,000 \times e}$

⑥ 주개폐기는 3극 개폐기를 사용하며, 결선은 다음과 같이 한다.

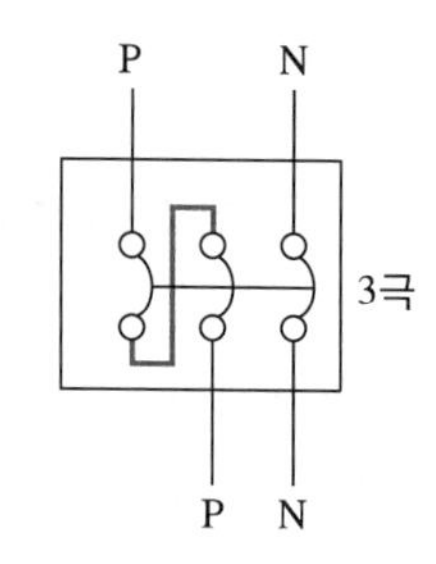

(3) 태양전지 모듈의 배선

① 태양전지 모듈의 배선은 바람에 흔들리지 않도록 스테이플, 스트랩 또는 행거나 이와 유사한 부속품으로 130[cm] 이내 간격으로 견고하게 고정하여 가장 늘어진 부분이 모듈면으로부터 30[cm] 내에 들도록 함

② 어레이가 추적형인 경우 배선은 옥외용 가용전선이나 케이블을 사용

③ 태양전지 모듈 간의 배선은 단락전류에 충분히 견딜 수 있도록 2.5[mm^2] 이상의 전선을 사용

④ 배선 접속부는 빗물 등이 유입되지 않도록 용융접착테이프와 보호테이프로 감는다.

⑤ **태양전지 모듈의 설치가 완료된 후** : 전압, 극성 확인, 단락전류 측정, 접지 확인(직류 측 회로의 비접지 여부 확인)

02 | 금속관공사

(1) 배 관

① 금속관은 직접 지중에 매설하여서는 안 된다.

② 금속관 및 그 부속품은 녹이나 부식이 발생할 우려가 있는 부분에는 방청도료를 칠하여 보호한다.

(2) 관 및 부속품의 연결과 지지

① 금속관 상호는 같은 재질의 커플링으로 접속하며, 이 경우 조임 등은 확실하게 한다.

② 금속관과 박스, 그 밖의 이와 유사한 것과 접속하는 경우로서 틀에 끼우는 방법에 의하지 아니할 때는 다음에 의하며, 박스 또는 캐비닛 접속부분의 양 끝은 견고하게 조인다. 다만, 부싱 등으로 견고하게 부착할 경우에는 로크너트를 생략할 수 있다.

㉠ 박스나 캐비닛은 녹아웃의 지름이 금속관의 지름보다 큰 경우는 박스나 캐비닛의 내·외 양측에 링 리듀서(Ring Reducer)를 사용한다.

㉡ 박스나 캐비닛이 에나멜 등의 절연성 도료를 칠한 것일 때는 접속 부분의 도료를 완전히 제거한 후에 로크너트로 조이고 관과 박스 또는 캐비닛과의 전기적 접속을 완전하게 한다. 다만, 본드가 있는 경우는 그렇지 않다.

㉢ 금속관에 사용하는 금속관, 박스 기타 이와 유사한 것은 적당한 방법으로 조영재 등에 확실하게 지지하여야 한다. 다만, 점검할 수 있는 경우는 예외로 한다.

(3) 전선관 말단에서 전선의 보호금속관 배선

① 관의 끝 부분에는 부싱을 사용한다.

② 옥외에서 수평배관의 말단에는 터미널 캡 또는 엔트런스 캡을 사용한다.

③ 옥외에서 수직배관의 상단에는 엔트런스 캡을 사용한다.

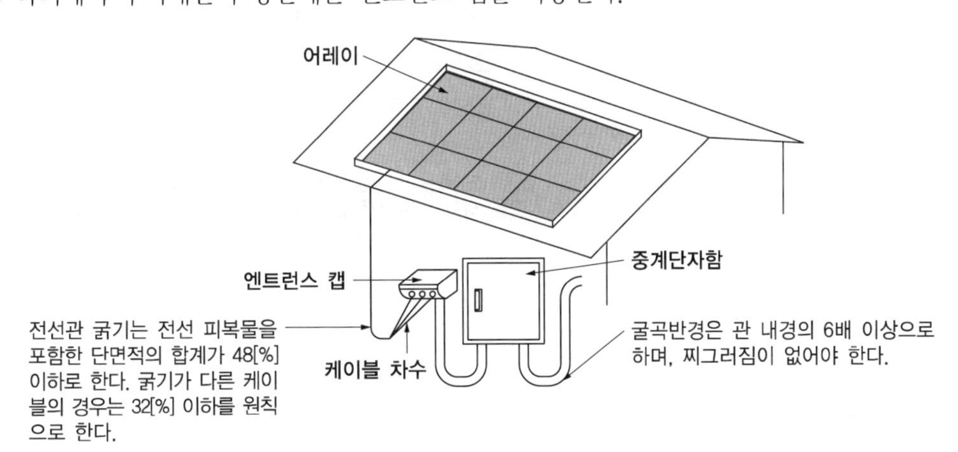

(4) 노출배관

노출배관 시 2[m] 이내마다 전선관을 고정하여야 한다. 다만, 관과 박스와의 접속점에서는 30[cm] 이내에서 전선관을 고정하여야 한다.

(5) 관의 굴곡

① 금속관을 구부릴 때 금속관의 단면이 심하게 변형되지 않도록 구부려야 하며, 그 안쪽의 반지름은 관경의 6배 이상으로 한다.

② 아웃렛 박스 사이 또는 전선인입구를 가지는 기구 사이의 금속관에는 3개소를 초과하는 직각 또는 직각에 가까운 굴곡개소를 만들지 않는다. 굴곡개소가 많은 경우 또는 관의 길이가 30[m]를 초과하는 경우에는 풀 박스를 설치한다.

③ 유니버설 엘보(Universal Elbow), 티, 크로스 등은 구조물에 은폐시켜서는 안 된다. 다만, 그 부분을 점검할 수 있는 경우는 예외로 한다.

④ 전선 : 금속관 내에는 전선에 접속점이 없도록 한다.

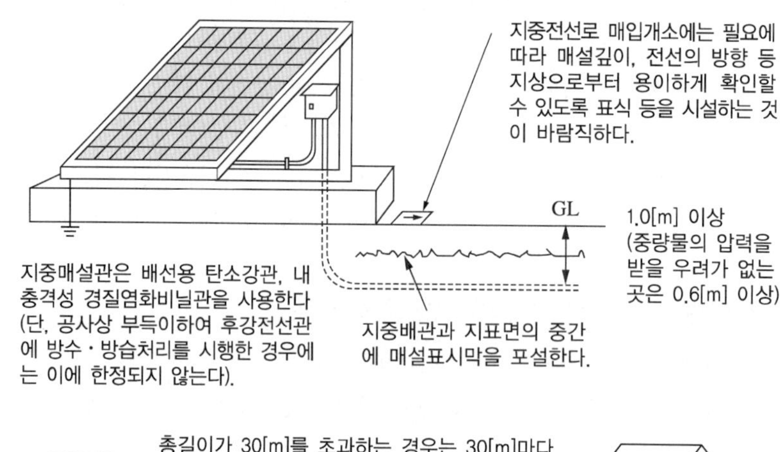

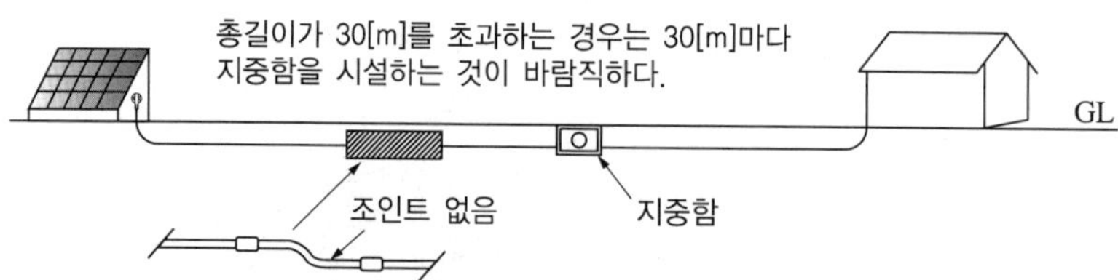

※ 지반 침하 등이 발생해도 배관이 도중에 손상, 절단되지 않도록 배관 도중에 조인트가 없는 시공을 하고 또한 지중함 내에는 케이블 길이에 여유를 둘 것

03 | 케이블 배선 및 단말처리

(1) 일반적인 시설방법

① 중량물의 압력 또는 심한 기계적 충격을 받을 우려가 있는 장소에는 케이블을 시설하지 않는다. 단, 그 부분의 케이블을 금속관, 가스관, 합성수지관 등에 넣는 등 적당한 방호방법을 강구할 경우에는 예외로 한다.

② 마룻바닥, 벽, 천장, 기둥 등에 직접 매입하지 않는다. 단, 케이블을 충분한 굵기의 금속관, 가스관, 합성수지관 등에 넣어 시설하는 경우에는 예외로 한다.

③ 방호에 사용하는 금속관, 가스관, 합성수지관 등의 끝부분을 매끈하게 하는 등 케이블의 인입이나 교체 시에 피복이 손상되지 않도록 한다.

④ 케이블을 금속제의 박스 등에 삽입하는 경우에는 고무부싱, 케이블 접속기 등을 사용하여 케이블의 손상을 방지한다.

⑤ 케이블을 수용장소의 구내에 매설하는 경우에는 직접 매설식 또는 관로식으로 시설한다.

⑥ 케이블 설치용 배관의 굵기는 설계 도면에 따르고, 케이블 인출 시 전선관의 양단은 손상을 입지 아니하도록 처리한 후 부싱 또는 캡을 끼워서 케이블을 보호한다.

⑦ 케이블 규격이 큰 단심 케이블을 동상으로 여러 개 설치 시 전자적 평형을 고려하여 시설한다.

(2) 케이블의 지지

① 케이블을 시설하는 경우의 지지는 해당 케이블에 적합한 클리트(Cleat), 새들, 스테이플 등으로 케이블을 손상할 우려가 없도록 견고하게 고정한다.

② 케이블을 건축구조물의 아랫면 또는 옆면에 따라 고정하는 경우에는 전선의 지지점 간의 거리를 케이블은 2[m](사람이 접촉할 우려가 없는 곳에서 수직으로 붙이는 경우에는 6[m]) 이하, 캡타이어케이블은 1[m] 이하로 한다.

③ 케이블은 은폐배선의 경우에 있어서 케이블에 장력을 가하여지지 않도록 시설한다.

④ 케이블 트레이 등에 시설할 경우에는 다음에 적합하여야 한다.

㉠ 케이블 트레이 등은 케이블 중량에 충분히 견디는 구조로서 또한 견고하게 시설할 것

㉡ 케이블 트레이 등에 케이블을 시설하는 경우의 지지점 간의 거리는 케이블이 이동하지 않도록 적당하게 지지할 것

⑤ 케이블을 건축구조물에 따라서 시설하지 아니하는 경우의 지지점 간의 거리는 2[m] 이하로 하고, 2[m]를 넘는 경우에는 원칙적으로 다음에 의한다.

㉠ 건축구조물 상호 간의 간격이 2[m]를 넘을 경우에는 상호 간에 판자 등을 설치한 후 이 판자에 고정하거나 또는 케이블을 조가용선(메신저 와이어)으로 조가해야 한다.

㉡ 조가용선(메신저 와이어)에 케이블을 조가하여 시설하는 경우에는 경간을 15[m] 이하로 한다.

㉢ 조가용선(메신저 와이어)은 지름 3.2[mm] 이상의 아연도철선 또는 이와 동등 이상의 굵기 및 세기의 것으로 또한 케이블의 중량에 충분히 견디는 것일 것

㉣ 조가용선에 의해 설치하는 경우 케이블에는 장력이 가하여지지 않도록 시설할 것

㉤ 조가용선에 의해 설치하는 경우 케이블에 적합한 행거 또는 바인드선으로 조가하고, 또한 지지점 간의 거리를 50[cm] 이하로 할 것

⑥ 습기가 있는 장소 등에 케이블을 고정할 때에는 케이블 고정재, 너트, 볼트, 나사 및 와셔 등과 케이블이 고정되는 건축구조물 등이 부식하여 케이블이 노후화되어 떨어지지 않도록 적절한 조치를 강구한다.

(3) 케이블의 굴곡

케이블을 구부리는 경우에는 피복이 손상되지 아니하도록 하고, 그 굴곡부의 곡률반경은 원칙적으로 케이블 완성품 외경의 6배 이상으로 한다.

(4) 케이블의 접속

① 케이블을 접속하는 경우에는 도체 및 피복물이 손상되지 않도록 하고 다음에 적합하여야 한다.

㉠ 케이블 상호의 접속은 캐비닛, 아웃렛 박스 또는 접속함 등의 내부에서 하거나 적당한 접속함을 사용하여 접속 부분이 노출되지 않도록 한다. 다만, 에폭시계 수지로 몰드한 경우 또는 절연튜브('절연튜브'라 함은 접속 부분의 케이블 피복과 일체화되어 파괴하지 않고는 해체할 수 없는 것을 말한다)를 사용하여 충분히 피복하여 보호한 경우는 접속함을 사용하지 않을 수 있다.

㉡ 케이블을 기구단자와 접속하는 경우에는 캐비닛, 아웃렛 박스 등의 내부에서 한다. 다만, 벽의 빈 부분, 천장 내부 또는 이들과 유사한 장소에서 기구단자를 견고한 난연성 절연물로 밀폐하고 케이블의 도체 절연물이 건축구조물에서 충분히 이격된 장소에서는 접속할 수 있다.

㉢ 단면적이 큰 케이블 상호를 접속하는 경우 등에서 앞의 규정에 따르기가 어려울 경우에는 자기접착성 절연테이프 등을 사용하여 충분하게 피복하거나 절연용 플라스틱튜브 등을 끼워 보호한다.

㉣ 케이블과 절연전선을 접속하는 경우, 옥외에서는 케이블 끝을 아래쪽으로 구부려 피복 내에 빗물이 스며들지 않도록 한다.

㉤ 케이블 접속개소는 온도변화에 따른 신축성을 고려하여 소정의 여유길이를 확보한다.

② 전선은 접속 전에 완전히 불순물을 제거한 후 시행하며, 동선과 알루미늄 전선을 접속할 때에는 부식방지를 위하여 전용의 압착 슬래브를 사용하여 완전히 접속한다.

(5) 태양광발전시스템에서의 사용 케이블과 및 접속

① 태양전지에서 옥내에 이르는 전선은 모듈전용선(XLPE 케이블)이나 직류용 전선 사용
② 옥외 케이블은 UV케이블
③ 병렬접속 시 단락전류에 견딜 수 있는 굵기의 케이블 선정
④ 지면 접촉 시에는 피복손상 방지조치
⑤ 옥내에 시설할 경우에는 합성수지관공사, 금속관공사, 가요전선관공사 또는 케이블 공사
⑥ 옥외에 시설할 경우에는 합성수지관공사, 금속관공사, 가요전선관공사 또는 케이블 공사
⑦ 기기 단자와 케이블 접속방법은 볼트의 크기에 맞는 토크렌치를 사용하여 규정된 힘으로 조여줄 것(조임은 너트를 돌려서 조여줌)

(6) 케이블 단말처리

① XLPE 케이블은 내후성이 약해 비닐시스가 벗겨져 절연체가 노출된 채로 장기간 사용하면 절연불량을 야기하는 원인이 되므로 자기융착 절연테이프 및 보호테이프를 절연체에 감아 내후성을 향상시킬 것
② 자기융착 절연테이프는 시공 시 테이프 폭이 2/3로부터 3/4 정도로 중첩해 감아 놓으면 시간이 지남에 따라 융착하여 일체화됨
③ 자기융착 절연테이프의 열화를 방지하기 위해 자기융착 절연테이프 위에 다시 한 번 보호테이프를 감는다. 비닐절연테이프는 장기간 사용하면 점착력이 떨어질 가능성이 있음

04 | 방화구획 선정 및 관통부의 처리

(1) 목 적

화재가 발생할 경우 전선배관의 관통 부분을 통하여 다른 설비로의 화재 확산방지(내연성과 내열성을 갖춤)

(2) 배선을 옥외에서 옥내로 끌어들인 관통 부분 처리방법

① **난연성** : 관통 부분의 충전재, 배관재의 변형 탈락, 파손, 소실 등으로 인해 뒷면에 화염이나 연기가 발생하지 않을 것
② **내열성** : 관통 부분의 충전재, 내열실재의 전열에 의해 뒷면이 연소할 위험이 있는 온도가 되지 않을 것

③ 방화구획 관통부 처리방법 예시

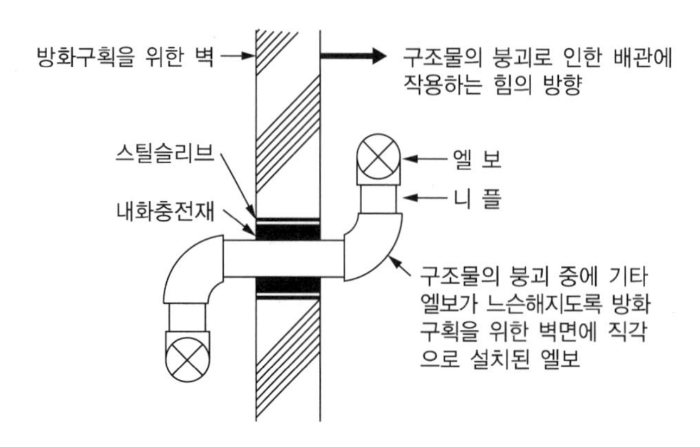

05 | 배선과 다른 배선 등과의 이격

저압배선과 다른 저압배선(관등회로의 배선을 포함한다) 또는 약전류전선, 광섬유 케이블 등이 접근 또는 교차하는 경우 이격하여 시설한다.

(1) 전선의 상별 표시

각종 간선에는 다음과 같은 색상의 절연튜브로 변압기로부터 부하까지 일괄되게 상별 표시를 하여야 한다.

교류(AC) 도체		직류(DC) 도체	
상(문자)	색 상	극	색 상
L1	갈 색	L+	빨간색
L2	검은색	L−	흰 색
L3	회 색	중점선	파란색
N	파란색	N	
보호도체	녹색-노란색	보호도체	녹색-노란색

[참고] KS C IEC 60445

접지공사

01 | 접지시스템

(1) 접지시스템의 구분

① 계통접지 : 전력계통의 이상현상에 대비하여 대지와 계통을 접속
② 보호접지 : 감전보호를 목적으로 기기의 한 점 이상을 접지
③ 피뢰시스템접지 : 뇌격전류를 안전하게 대지로 방류하기 위한 접지

(2) 접지시스템의 시설 종류

① 단독접지

특·고압 계통의 접지극과 저압 접지계통의 접지극을 독립적으로 시설하는 접지방식

② 공통/통합접지

㉠ 공통접지 : 특·고압 접지계통과 저압 접지계통을 등전위 형성을 위해 공통으로 접지 하는 방식

㉡ 통합접지 : 계통접지, 통신접지, 피뢰접지의 접지극을 통합하여 접지하는 방식

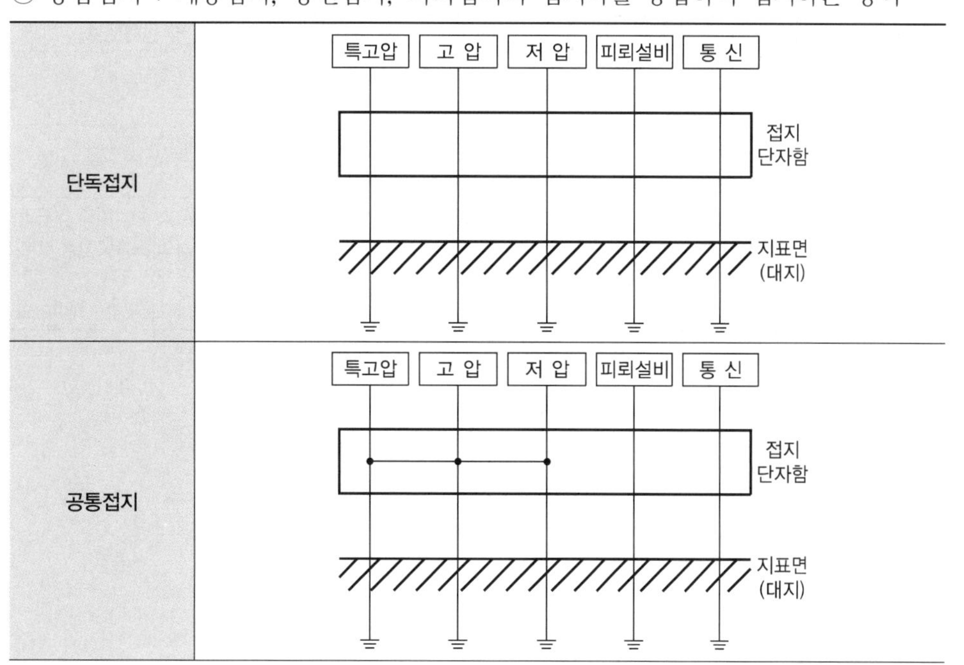

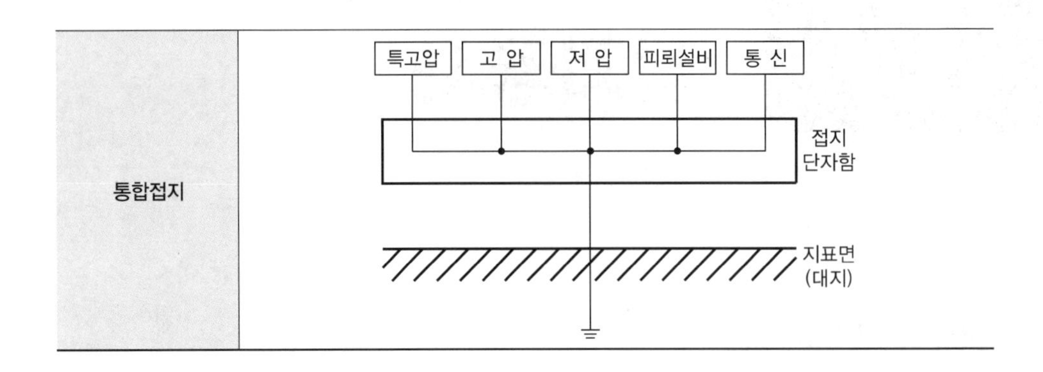

02 | 접지방식

(1) 접지선의 구분

① 보호도체(PE ; ProtEctive Conductor or Protective Earthing) : 인체 감전에 대한 보호, 안전을 목적으로 하는 도체 전선

예 부하(전기기기)에서부터 주접지단자(함)까지 연결되는 접지 전선

② 접지도체(Grounded Conductor) : 대지에 접지된 낮은 임피던스를 가진 도체 전선

예 주접지단자(함)에서 대지까지 연결되는 접지전선, 일반적으로 접지도체를 보호도체보다 굵게 산정해야 함

(2) 접지방식의 배경

구 분	영어 단어	의 미	첫 번째 문자	두 번째 문자	세 번째 문자
T	Terra	땅, 대지, 흙	T	N	S
					C
N	Neutral	중성선	T	T	–
I	Insulation/Impedance	절연/임피던스	I	T	
S	Separator	구분, 분리	• 첫 번째 문자 : 계통/전원 측 변압기와 대지와의 관계/접지 상태 • 두 번째 문자 : 설비/부하의 노출도전성 부분(외함)과 대지와의 관계/접지 상태 • 세 번째 문자 : 중성선(N)과 보호도체(PE)의 관계		
C	Combine	결 합			

(3) 접지방식의 구분

구 분	특 징	모형(결선형태)
TN-S	• 계통 전체에 걸쳐서 중성선과 보호도체를 분리하여 시설 • 정보통신설비, 전산센터, 병원 등의 노이즈에 예민한 설비가 갖춰진 곳에 시설 • 설비비 고가	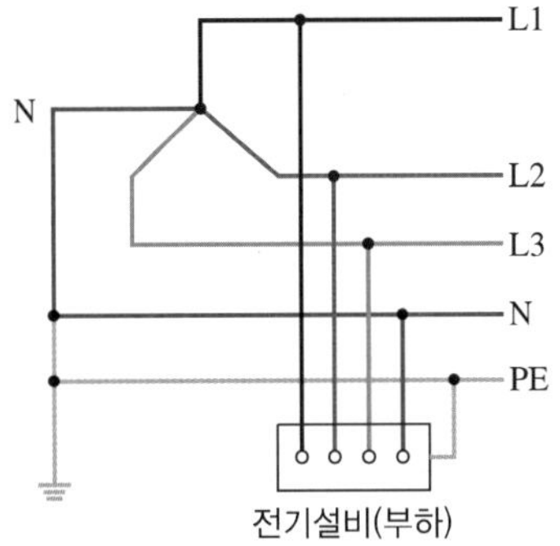 L1, L2, L3, N, PE, N 전기설비(부하)
TN-C	• 계통 전체에 걸쳐서 중성선과 보호도체를 하나의 도선으로 시설 • 우리나라 배전계통에 적용되고 있음 • 누전차단기 설치가 불가능하지만, 지락 보호용 과전류차단기는 사용 가능	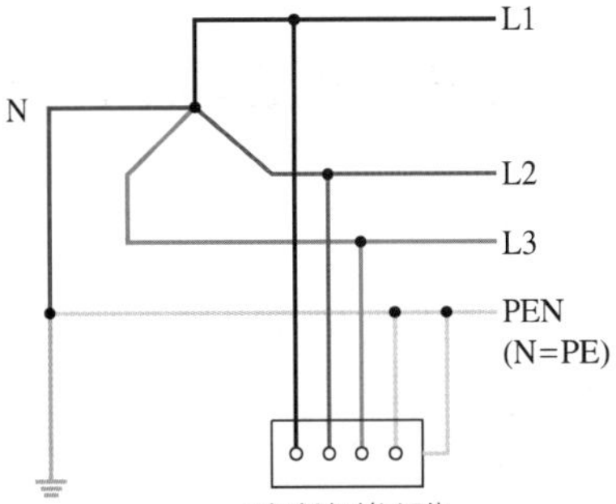 L1, L2, L3, PEN (N=PE), N 전기설비(부하) (PE+N=PEN)
TN-C-S	• TN-S와 TN-C 방식을 결합한 형태 • 수변전실을 갖춘 대형 건축물에서 사용 • 전원부는 TN-C 방식(중성선과 보호도체를 함께 사용 = PEN) • 간선계통은 TN-S 방식(중성선과 보호도체 분리 사용)	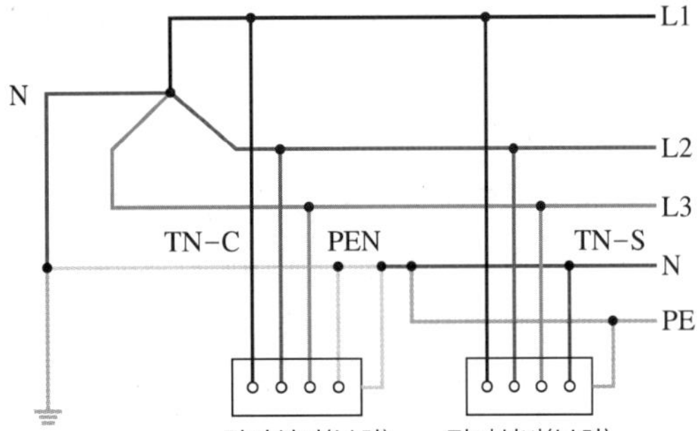 L1, L2, L3, N, PE, N TN-C, PEN, TN-S 전기설비(부하) 전기설비(부하)
TT	• 계통과 전기설비(부하) 측을 개별적으로 접지 시설 예 전주 주상변압기 접지선과 각 수용가의 접지선이 따로 있는 형태 • 전력계통에서 보호도체를 분기하지 않고, 전기설비(부하) 자체를 단독 접지하는 방식 • 전기설비(부하) 개별 접지방식이므로 누전차단기(ELB)로 보호 • 2개의 전압을 사용하기 위해서는 N상이 존재해야 함	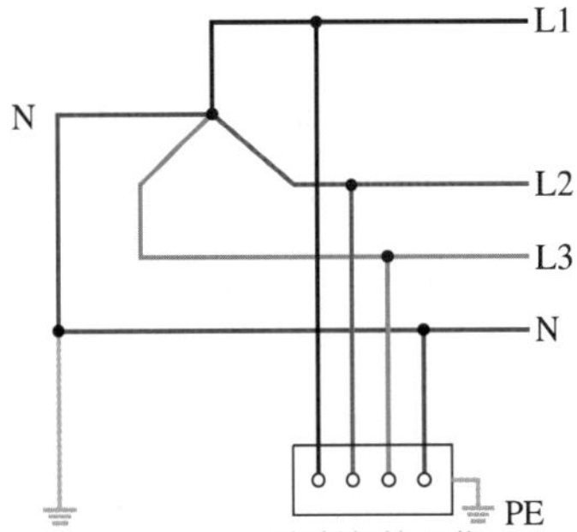 L1, L2, L3, N, N PE 전기설비(부하)

구 분	특 징	모형(결선형태)
IT	• 계통은 비접지 또는 임피던스를 삽입하여 접지, 전기설비(부하)의 노출도전성 부분은 개별 접지 시설 • 병원과 같이 무정전이 필요한 곳에 사용함	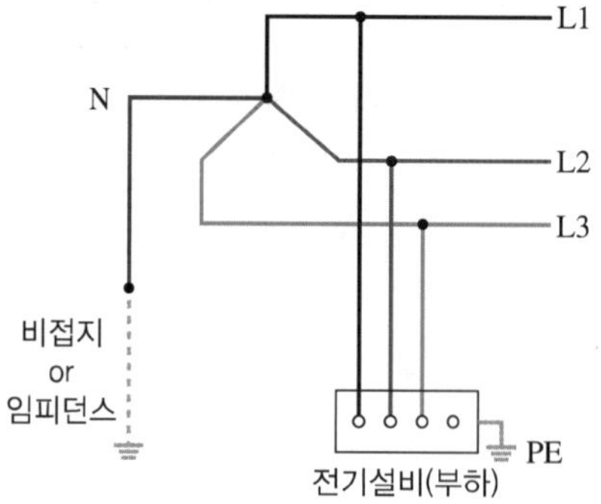 N, L1, L2, L3, 비접지 or 임피던스, PE, 전기설비(부하)

03 | 저압전로의 등전위 본딩(감전 보호용 등전위 본딩)

(1) 본 딩

건축 공간에 있어서 금속도체들을 서로 연결하여 전위를 동일하게 하는 것

(2) 등전위 본딩

접촉 가능한 도전성 부분(노출 및 계통 외 도전성 부분) 사이에 동시 접촉한 경우에서도 위험한 접촉 전압이 발생하지 않도록 하는 것

(3) 주등전위 본딩

① 주등전위 본딩(보호등전위 본딩) 설치방법

건축물 내부 전기설비의 안전상 가장 중요한 사항이며, 계통 외의 도전부를 주접지단자에 접속하여 등전위를 확보할 수 있다.

㉠ 건축물의 외부에서 인입하는 각종 금속제 인입설비의 배관은 최대 단면적을 갖는 배관 부분에서 서로 접속

㉡ 가능한 인입구 부분에서 접속하여야 하며, 건축물 안에서 수도관과 가스관의 배관은 건축물이 유입하는 방향의 최초 밸브 후단에서 등전위 본딩

㉢ 건축물에서 접지도체, 주접지단자와 다음의 도전성 부분은 등전위 본딩(바)에 접속함

- 수도관, 가스관과 같이 건축물로 인입되는 금속관
- 접촉할 수 있는 건축물의 계통 외 도전부, 금속제 중앙 난방설비
- 철근 콘크리트 금속보강재

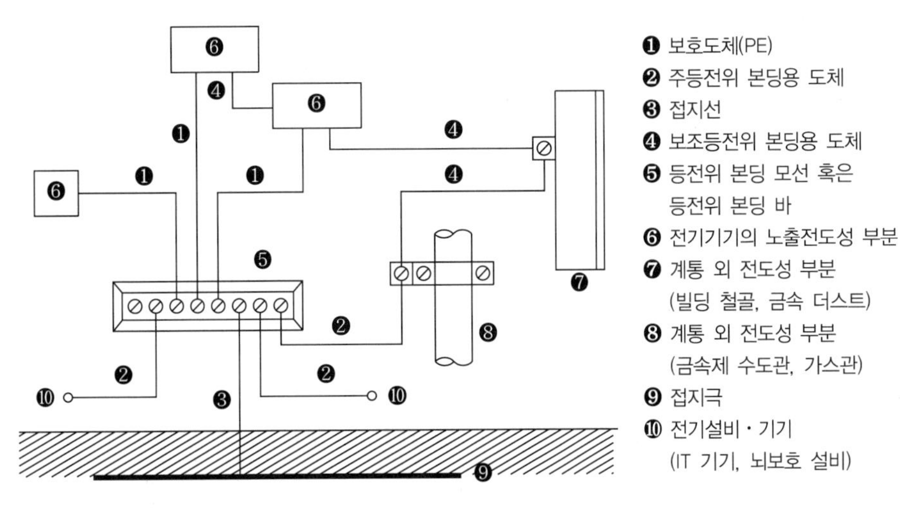

② 주등전위 본딩(보호등전위 본딩)도체 굵기

㉠ 주접지단자에 접속하기 위한 등전위 본딩 도체는 설비 내에 있는 가장 큰 보호접지 도체 단면적의 1/2 이상의 단면적을 가져야 하고 다음의 단면적 이상이어야 한다.

- 구리(Cu)도체 : 6[mm^2]
- 알루미늄(Al)도체 : 16[mm^2]
- 강철도체 : 50[mm^2]

㉡ 25[mm^2] 주접지단자(등전위 본딩 바)에 접속하기 위한 보호본딩도체의 단면적은 구리도체 또는 다른 재질의 동등한 단면적을 초과할 필요는 없다.

(4) 보조등전위 본딩

① 보조등전위 본딩(보조보호등전위 본딩)

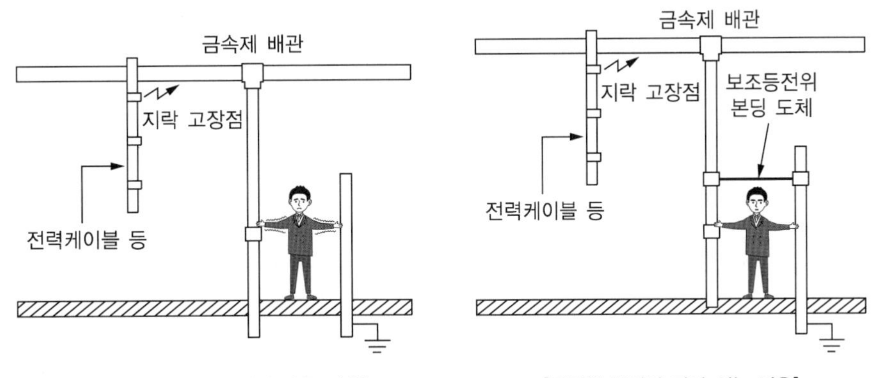

[등전위 본딩이 되어 있지 않은 경우] [등전위 본딩이 되어 있는 경우]

㉠ 고장에 대한 추가 보호대책으로서 화재, 기기의 응력에 대한 보호 등 다른 이유에 의한 전원 차단이 필요한 경우도 포함되며, 설비 전체 또는 일부분, 특정 기기에 적용할 수 있다.

㉡ 전기설비에서 고장이 발생한 경우나 계통 차단 조건이 충족되지 않은 경우는 보조등전위 본딩을 하며, 보조등전위 본딩을 실시한 경우에도 전원 차단은 필요하다.

㉢ 주등전위 본딩에 대한 보조적인 역할이므로 유효성이 의심되는 경우에는 동시에 접촉될 수 있는 노출도전부와 계통 외 도전부 사이의 전기저항이 다음 조건을 충족하여야 한다.

교류 계통	직류 계통
$R \leq \frac{50[V]}{I_a}[\Omega]$	$R \leq \frac{120[V]}{I_a}[\Omega]$

단, I_a는 보호장치의 동작전류[A]이다.
(누전차단기의 경우 정격감도전류, 과전류차단가의 경우 5초 이내에 작동하는 전류)
교류 50[V], 직류 120[V]는 특별저압전원(ELV ; Extra Low Voltage) 기준

㉣ 건축물 구성부재인 계통 외 도전성 부분은 다음의 경우 보조등전위 본딩을 실시한다.

- 욕조 또는 샤워욕조가 설치된 장소의 설비
- 수영풀장 또는 기타 욕조가 설치된 장소의 설비
- 농업 및 원예용 전기설비
- 이동식 숙박차량 또는 정박지의 전기설비
- 피뢰설비 등

② 보조보호등전위 본딩 도체

㉠ 두 개의 노출도전부를 접속하는 보호본딩도체의 도전성은 노출도전부에 접속된 더 작은 보호도체의 도전성보다 커야 한다.

㉡ 노출도전부를 계통 외 도전부에 접속하는 보호본딩도체의 도전성은 같은 단면적을 갖는 보호도체의 1/2 이상이어야 한다.

㉢ 케이블의 일부가 아닌 경우 또는 선로도체와 함께 수납되지 않은 본딩도체는 다음 값 이상이어야 한다.

- 기계적 보호가 된 것 : 구리도체 2.5[mm^2], 알루미늄도체 16[mm^2]
- 기계적 보호가 없는 것 : 구리도체 4[mm^2], 알루미늄도체 16[mm^2]

04 | 접지도체와 보호도체

(1) 접지도체

① 접지도체 선정

㉠ 접지도체의 단면적

구분	기준
접지도체 최소 단면적	• 구리 6[mm^2] 이상 • 철제 50[mm^2] 이상
피뢰시스템이 접속되는 경우 접지도체	• 구리 16[mm^2] 이상 • 철제 50[mm^2] 이상
특고압·고압 전기설비용 접지도체	6[mm^2] 이상 연동선
중성점 접지용 접지도체	16[mm^2] 이상 연동선
중성점 접지용 접지도체 중 다음의 것 • 7[kV] 이하의 전로 • 사용전압이 25[kV] 이하인 특고압 가공전선로 중 중성선 다중접지방식의 것으로서 전로에 지락이 생겼을 때 2초 이내에 자동적으로 이를 전로로부터 차단하는 장치가 되어 있는 것	6[mm^2] 이상 연동선

㉡ 이동하여 사용하는 전기기계기구의 금속제 외함의 접지시스템의 경우

구분	기준
특고압·고압 전기설비용 접지도체 및 중성점 접지용 접지도체	클로로프렌 캡타이어케이블(3종 및 4종) / 클로로설포네이트폴리에틸렌 캡타이어케이블(3종 및 4종)의 1개 도체 / 다심 캡타이어케이블의 차폐 또는 기타의 금속체로 단면적이 10[mm^2] 이상
저압 전기설비용 접지도체	다심 코드 또는 다심 캡타이어케이블의 1개 도체의 단면적이 0.75[mm^2] 이상. 다만, 기타 유연성이 있는 연동연선은 1개 도체의 단면적이 1.5[mm^2] 이상

② 접지도체와 접지극의 접속

㉠ 접속은 견고하고 전기적인 연속성이 보장되도록 접속부는 발열성 용접, 압착접속, 클램프 또는 그 밖에 적절한 기계적 접속장치에 의해야 한다.

㉡ 클램프를 사용하는 경우, 접지극 또는 접지도체를 손상시키지 않아야 한다. 납땜에만 의존하는 접속은 사용해서는 안 된다.

㉢ 접지도체가 매입되는 지점에는 "안전 전기 연결" 라벨이 영구적으로 고정되도록 시설하여야 한다.

- 접지극의 모든 접지도체 연결지점
- 외부도전성 부분의 모든 본딩도체 연결지점
- 주개폐기에서 분리된 주접지단자

㉣ 접지도체는 지하 0.75[m]부터 지표상 2[m]까지 부분은 합성수지관(두께 2[mm] 미만의 합성수지제 전선관 및 가연성 콤바인덕트관은 제외) 또는 이와 동등 이상의 절연효과와 강도를 가지는 몰드로 덮어야 한다.

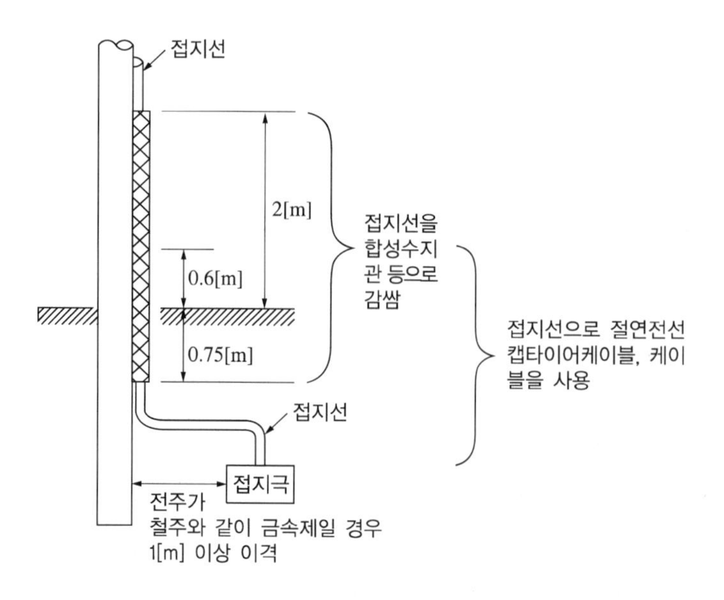

(2) 보호도체

① 보호도체의 단면적

㉠ 보호도체의 최소 단면적 계산

선도체의 단면적 S ([mm^2], 구리)	보호도체의 최소 단면적([mm^2], 구리)	
	보호도체의 재질이 선도체와 같은 경우	보호도체의 재질이 선도체와 다른 경우
$S \le 16$	S	$\frac{k_1}{k_2} \times S$
$16 < S \le 35$	16^a	$\frac{k_1}{k_2} \times 16$
$S > 35$	$\frac{S^a}{2}$	$\frac{k_1}{k_2} \times \frac{S}{2}$

여기서, k_1 : 도체 및 절연의 재질에 따라 선정된 선도체에 대한 k값

k_2 : 케이블에 병합되지 않고 다른 케이블과 묶여 있지 않은 절연 보호도체의 k값, 제시된 온도에서 모든 인접 물질에 손상 위험성이 없는 경우 나도체의 k값

a : PEN 도체의 최소단면적은 중성선과 동일하게 적용한다.

차단시간이 5초 이하인 경우에만 다음 계산식을 적용한다.

$$S = \frac{\sqrt{I^2 t}}{k}$$

여기서, S : 단면적[mm^2]

I : 보호장치를 통해 흐를 수 있는 예상 고장전류 실횻값[A]

t : 자동차단을 위한 보호장치의 동작시간[s]

k : 보호도체, 절연, 기타 부위의 재질 및 초기온도와 최종온도에 따라 정해지는 계수

㉡ 보호도체가 케이블의 일부가 아니거나 선도체와 동일 외함에 설치되지 않으면 단면적은 다음의 굵기 이상으로 하여야 한다.

기계적 손상에 대해 보호가 되는 경우	구리 2.5[mm^2], 알루미늄 16[mm^2] 이상
기계적 손상에 대해 보호가 되지 않는 경우	구리 4[mm^2], 알루미늄 16[mm^2] 이상

㉢ 케이블의 일부가 아니라도 전선관 및 트렁킹 내부에 설치되거나, 이와 유사한 방법으로 보호되는 경우 기계적으로 보호되는 것으로 간주한다.

② 보호도체의 종류

㉠ 보호도체는 다음 중 하나 또는 복수로 구성하여야 한다.

- 다심 케이블의 도체
- 충전도체와 같은 트렁킹에 수납된 절연도체 또는 나도체
- 고정된 절연도체 또는 나도체
- 일정(전기적 연속성, 단면적) 조건을 만족하는 금속케이블 외장, 케이블 차폐, 케이블 외장, 전선묶음(편조전선), 동심도체, 금속관

㉡ 보호도체 또는 보호본딩도체로 사용해서는 안 되는 금속 부분

- 금속 수도관
- 가스·액체·분말과 같은 잠재적인 인화성 물질을 포함하는 금속관
- 상시 기계적 응력을 받는 지지 구조물 일부
- 가요성 금속배관(보호도체의 목적으로 설계된 경우 예외)
- 가요성 금속전선관
- 지지선, 케이블트레이 및 이와 비슷한 것

05 | 접지시공

(1) 접지시공 일반사항

① 금속관 배관의 접지공사는 설계도면에 의한다.

② 접지선으로부터 금속관 배관의 최종단에 이르는 배관 경로상에는 목재 및 절연재를 삽입하지 않는다. 다만, 불가피하게 시설하는 경우에는 접지 본딩설비 등을 설치하여 접지의 연속성을 부여한다.

③ 금속관과 접지선과의 접속은 접지 클램프를 사용하거나 또는 기타 적당한 방법에 의하여야 한다.

④ 함이나 박스 등에 절연성 도료가 칠하여져 있는 경우에는 이들을 완전히 벗겨낸 다음 로크너트, 부싱 또는 접지장치를 부착하여 접지의 연속성을 확보하여야 하며, 부착 후 절연도료를 재도장하여야 한다.

06 | 접지저항의 측정

(1) 전위차계식 접지저항계

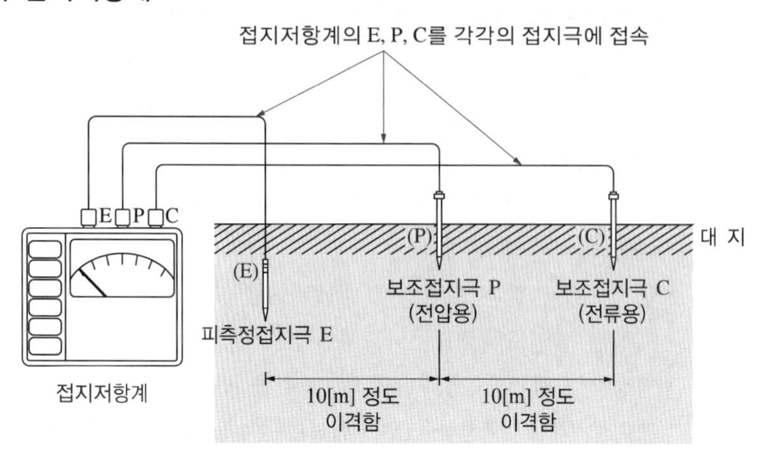

(2) 클램프 온 접지저항계

① 전위차계식 접지저항계 대체

② 다중접지시스템 측정에 사용

③ 접지시스템을 장비와 분리하지 않고 측정 가능하고, 통합접지저항을 측정할 수 있음

④ 간편, 취급용이

CHAPTER 08

태양광발전설비의 낙뢰 대책

01 | 뇌서지

(1) 뇌서지 침입경로

① 태양전지 어레이에서의 침입

② 배전선이나 접지선에서의 침입

③ 위 두 가지의 조합에 의한 침입 등

(2) 뇌서지에 대비하는 법

① 광역피뢰침뿐만 아니라 서지보호장치를 설치한다.

② 피뢰 소자를 어레이 주회로 내부에 분산시켜 설치하고 접속함에도 설치한다.

③ 저압배전선에서 침입하는 뇌서지에 대해서는 분전반에 피뢰 소자를 설치한다.

④ 뇌우 다발지역에서는 교류 전원 측으로 내뢰 트랜스를 설치하여 보다 완전한 대책을 세운다.

02 | 피뢰대책용 부품 및 시설

(1) 부 품

① 어레스터

낙뢰에 의한 충격성 과전압에 대하여 전기설비의 단자전압을 규정치 이내로 저감시켜 정전을 일으키지 않고 원상태로 회귀하는 장치이다.

② 서지업소버

전선로에 침입하는 이상전압의 높이를 완화하고 파고치를 저하시키는 장치이다.

③ 내뢰 트랜스

실드부착 절연 트랜스를 주체로 이에 어레스터 및 콘덴서를 부가시킨 것으로, 절연 트랜스에 의해 뇌서지의 흐름을 완전히 차단할 수 있도록 한 장치이다.

(2) 시 설

낙뢰 우려가 있는 건축물 또는 높이 20[m] 이상의 건축물에는 피뢰설비를 설치한다.

03 | 서지보호장치(SPD)

SPD는 전력선이나 전화선, 데이터 네트워크, CCTV회로, 케이블 TV회로 및 전자장비에 연결된 전력선과 제어선에 나타나는 매우 짧은 순간의 위험한 과도 전압을 감쇄시키도록 설계된 장비이다.

(1) 서지보호장치(SPD)의 작동 원리

① 고압에서 사용하는 피뢰기(LA)와 유사하다.

② 이상전압이 발생하였을 때 이상전압이 부하 측으로 흘러가지 않도록 한다. 다만, 작동을 하지 않도록 고안한 제품으로 이는 제한전압 소자를 사용하기에 가능하다.

※ 제한전압 소자 : 평상시에는 높은 임피던스를 유지하지만 일정 전압 이상의 전압이 주어지면 임피던스값이 매우 낮아지는 특성을 갖는 소자를 말한다.

CHAPTER 09

PART 02 태양광발전설비 시공

발전설비 테스트

01 | 태양전지 어레이의 검사

(1) 검사사항

태양전지 모듈의 설치가 완료된 후에는 전압, 극성 확인, 단락전류 측정, 접지 확인(직류 측 회로의 비접지 여부 확인)을 한다.

① 전압・극성 확인 : 멀티테스터, 직류전압계를 사용

② 단락전류 측정 : 직류전류계로 측정

③ 비접지의 확인 : 태양광발전설비 중 인버터는 절연변압기를 시설하는 경우가 드물기 때문에 일반적으로 직류 측 회로를 비접지로 하고 있다.

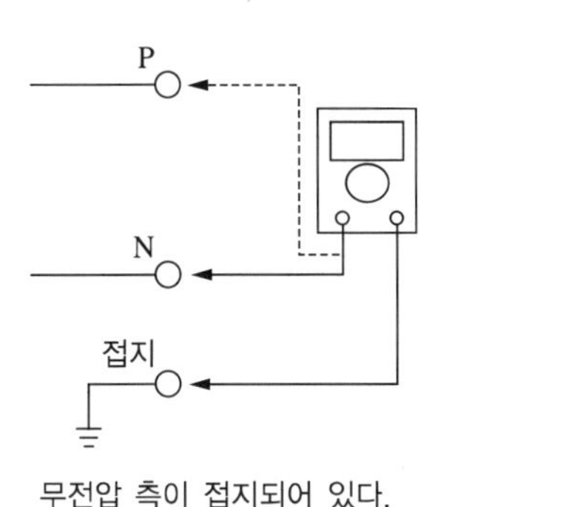

[테스터 확인방법]

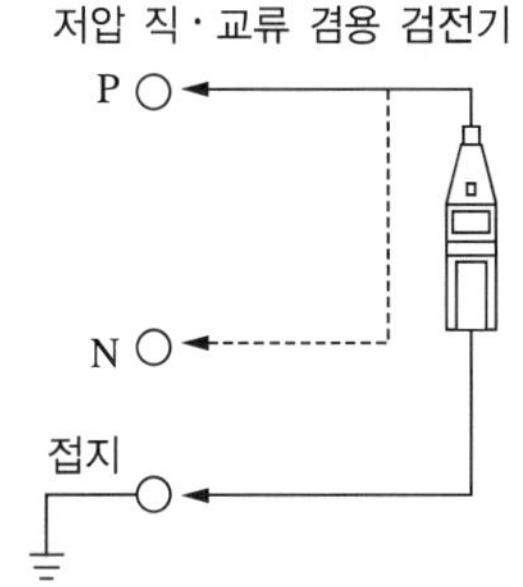

[검전기 확인방법]

02 | 태양전지 어레이의 출력 확인

태양광발전시스템은 소정의 출력을 얻기 위해 다수의 태양전지 모듈을 직・병렬로 접속하여 태양전지 어레이를 구성한다. 따라서 설치장소에서 접속작업을 하는 개소가 있고 이런 접속이 틀리지 않았는지 정확히 확인할 필요가 있다. 또한 정기점검의 경우에도 태양전지 어레이의 출력을 확인하여 불량한 태양전지 모듈이나 배선 결함 등을 사전에 발견해야 한다.

(1) 개방전압의 측정

태양전지 어레이의 각 스트링의 개방전압을 측정하여 개방전압의 불균일에 따라 동작 불량의 스트링이나 태양전지 모듈의 검출 및 직렬 접속선의 결선 누락사고 등을 검출하기 위해 측정해야 한다. 예를 들면 태양전지 어레이 하나의 스트링 내에 극성을 다르게 접속한 태양전지 모듈이 있으면 스트링 전체의 출력전압은 올바르게 접속한 경우의 개방전압보다 상당히 낮은 전압이 측정된다. 따라서 제대로 접속된 경우의 개방전압은 카탈로그나 설명서에서 대조한 후 측정값과 비교하면 극성이 다른 태양전지 모듈이 있는지를 쉽게 확인할 수 있다. 일사조건이 나쁜 경우 카탈로그 등에서 계산한 개방전압과 다소 차이가 있는 경우에도 다른 스트링의 측정결과와 비교하면 오접속의 태양전지 모듈의 유무를 판단할 수 있다.

① 개방전압 측정 시 유의사항

㉠ 태양전지 어레이의 표면을 청소할 필요가 있다.

㉡ 각 스트링의 측정은 안정된 일사 강도가 얻어질 때 실시한다.

㉢ 측정시각은 일사 강도, 온도의 변동을 극히 적게 하기 위해 맑은 날 남쪽에 있을 때, 전후 1시간에 걸쳐 실시하는 것이 바람직하다.

㉣ 태양전지 셀은 비오는 날에도 미소한 전압을 발생하고 있으므로 매우 주의하여 측정해야 한다.

㉤ 개방전압은 직류전압계로 측정한다.

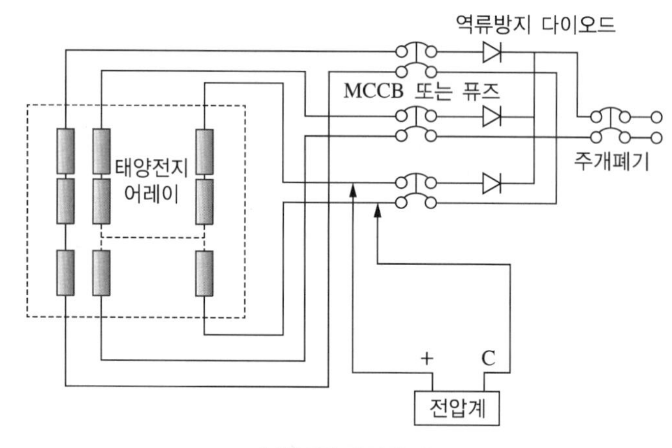

[개방전압 측정회로]

② 개방전압의 측정순서

㉠ 접속함의 주개폐기를 개방(Off)한다.

㉡ 접속함 내 각 스트링의 MCCB 또는 퓨즈를 개방(Off)한다(있는 경우).

㉢ 각 모듈이 그늘져 있지 않은지 확인한다.

㉣ 측정하는 스트링의 MCCB 또는 퓨즈를 개방(Off)하여(있는 경우), 직류전압계로 각 스트링의 P-N 단자 간의 전압을 측정한다.

㉤ 테스터 이용 시 실수로 전류 측정 레인지에 놓고 측정하면 단락전류가 흐를 위험이 있으므로 주의해야 한다. 또한 디지털 테스터를 이용할 경우에는 극성을 확인해야 한다.

㉥ 측정한 각 스트링의 개방전압값이 측정 시의 조건하에서 타당한 값인지 확인한다(각 스트링의 전압차가 모듈 1매분 개방전압의 1/2보다 작은 것을 목표로 함).

(2) 단락전류의 확인

① 태양전지 어레이의 단락전류를 측정함으로써 태양전지 모듈의 이상 유무를 검출할 수 있다.

② 태양전지 모듈의 단락전류는 일사 강도에 따라 크게 변화하므로 설치장소의 단락전류 측정값으로 판단하기는 어려우나, 동일 회로조건의 스트링이 있는 경우는 스트링 상호의 비교에 의해 어느 정도 판단이 가능하다. 이 경우에도 안전한 일사 강도가 얻어질 때 실시하는 것이 바람직하다.

(3) 절연저항의 측정

태양광발전시스템의 각 부분의 절연상태를 운전하기 전에 충분히 확인할 필요가 있다. 운전 개시나 정기점검의 경우는 물론 사고 시에도 불량개소를 판정하고자 하는 경우에 실시한다. 운전 개시에 측정된 절연저항값이 이후의 절연상태의 기준이 되므로 측정결과를 기록하여 보관한다.

① 태양전지 어레이의 절연저항

태양전지는 낮에는 전압을 발생하고 있으므로 사전에 주의하여 절연저항을 측정해야 하며, 이와 같은 상태에서 절연저항 측정에 적당한 측정장치가 개발되기까지는 다음의 방법으로 절연저항을 측정하는 것을 권장한다.

㉠ 측정할 때는 낙뢰 보호를 위해 어레스터 등의 피뢰 소자가 태양전지 어레이의 출력단에 설치되어 있는 경우가 많으므로 측정 시 그런 소자들의 접지 측을 분리시킨다.

㉡ 절연저항은 기온이나 습도에 영향을 받으므로 절연저항 측정 시 기온, 온도 등도 측정값과 함께 기록해 둔다.

㉢ 우천 시나 비가 갠 직후의 절연저항 측정은 피하는 것이 좋다.

㉣ 절연저항은 절연저항계로 측정하며, 이밖에도 온도계, 습도계, 단락용 개폐기가 필요하다.

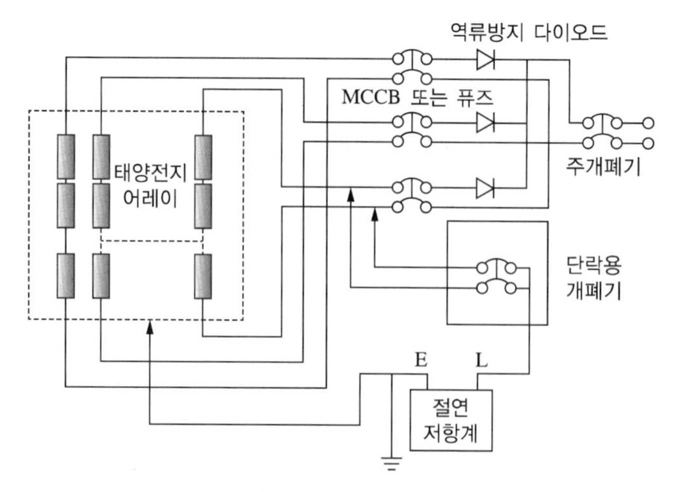

[절연저항 측정회로]

② 태양전지 어레이의 절연저항 측정순서

㉠ 주개폐기를 개방(Off)한다. 주개폐기의 입력부에 서지흡수기(SA)를 취부하고 있는 경우는 접지단자를 분리시킨다.

㉡ 단락용 개폐기(태양전지의 개방전압에서 차단전압이 높고 주개폐기와 동등 이상의 전류 차단능력을 지닌 전류개폐기의 2차 측을 단락하여 1차 측에 각각 클립을 취부한 것)를 개방(Off)한다.

㉢ 전체 스트링의 MCCB 또는 퓨즈를 개방(Off)한다.

㉣ 단락용 개폐기의 1차 측 (+) 및 (−)의 클립을 역류방지 다이오드에서도 태양전지 측과 MCCB 또는 퓨즈의 사이에 각각 접속한다. 접속 후 대상으로 하는 스트링의 MCCB 또는 퓨즈를 투입(On)하고 마지막으로 단락용 개폐기를 투입(On)한다.

㉤ 절연저항계의 E 측을 접지단자에, L 측을 단락용 개폐기의 2차 측에 접속하고 절연저항계를 투입(On)하여 저항값을 측정한다.

㉥ 측정 종료 후에 반드시 단락용 개폐기를 개방(Off)하고 MCCB 또는 퓨즈를 개방(Off)한 후 마지막에 스트링의 클립을 제거한다. 이 순서를 반드시 지켜야 한다. MCCB 또는 퓨즈에는 단락전류를 차단하는 기능이 없으며, 단락상태에서 클립을 제거하면 아크방전이 발생하여 측정자가 화상을 입을 가능성이 있다.

㉦ SPD의 접지 측 단자를 복원하여 대지전압을 측정해서 잔류전하의 방전상태를 확인한다.

※ 대지전압 : 접지식 전로는 전선과 대지 간의 전압, 비접지식 전로는 전선 간의 전압

③ 태양전지 어레이의 절연저항 측정 시 유의사항

㉠ 일사가 있을 때 측정하는 것은 큰 단락전류가 흘러 매우 위험하므로 단락용 개폐기를 이용할 수 없는 경우에는 절대 측정하지 말아야 한다.

㉡ 태양전지의 직렬수가 많아 전압이 높은 경우에는 예측할 수 없는 위험이 발생할 수 있으므로 측정하지 말아야 한다.

㉢ 측정 시에는 태양전지 모듈에 커버를 씌워 태양전지 셀의 출력을 저하시키면 보다 안전하게 측정할 수 있다.

㉣ 단락용 개폐기 및 전선은 고무 절연막 등으로 대지절연을 유지함으로써 보다 정확한 측정값을 얻을 수 있다. 따라서 측정자의 안전을 보장하기 위해 고무장갑이나 마른 목장갑을 착용할 것을 권장한다.

④ 인버터 회로

㉠ 인버터 정격전압 300[V] 이하 : 500[V] 절연저항계(메거)로 측정한다.

㉡ 인버터 정격전압 300[V] 초과 600[V] 이하 : 1,000[V] 절연저항계(메거)로 측정한다.

㉢ 입력회로 측정방법

- 태양전지 회로를 접속함에서 분리, 입출력단자가 각각 단락하면서 입력단자와 대지 간 절연저항을 측정한다(접속함까지의 전로를 포함하여 절연저항 측정).
- 측정순서
  태양전지 회로를 접속함에서 분리 → 분전반 내의 분기 차단기를 개방 → 직류 측의 모든 입력단자 및 교류 측의 전체 출력단자를 각각 단락 → 직류단자와 대지 간의 절연저항 측정 및 판단

㉣ 출력회로 측정방법 : 인버터의 입출력단자 단락 후 출력단자와 대지 간 절연저항을 측정한다(분전반까지의 전로를 포함하여 절연저항 측정/절연변압기 측정).

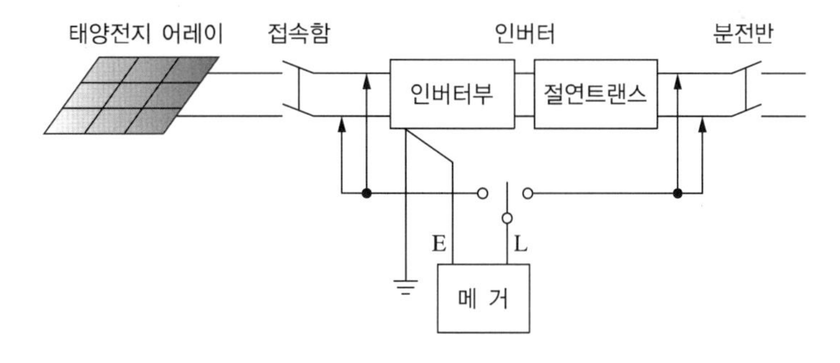

㉤ 측정 시 유의사항

- 입출력 정격전압이 다를 때는 높은 측의 전압으로 절연저항계 선택
- 입출력단자에 주회로 이외의 제어단자 등이 있는 경우는 이것을 포함해 측정
- 측정 시 SPD 등의 정격에 약한 회로들은 분리
- 절연변압기를 장착하지 않은 인버터의 경우에는 제조사가 권장하는 방법으로 측정

(4) 절연내력의 측정

① 절연저항의 측정을 실시하여 확인할 수 있는 것들이 많으므로 설치장소에서의 절연내력 시험은 생략되는 것이 일반적이다.

② 필요한 경우에는 다음과 같이 측정한다.

㉠ 태양전지 어레이 회로, 인버터 회로

- 절연저항 측정과 같은 회로조건으로서 표준 태양전지 어레이 개방전압을 최대 사용전압으로 간주하여 최대 사용전압의 1.5배의 직류전압이나 1배의 교류전압(500[V] 미만일 때는 500[V])을 10분간 인가하여 절연파괴 등의 이상이 발생하지 않을 것
- 태양전지 스트링의 출력회로에 삽입되어 있는 피뢰 소자는 절연시험 회로에 분리시키는 것이 일반적이다.

PART 02 태양광발전설비 시공

CHAPTER 10

준공도서 작성

01 | 용어의 정의

- 준공도서 : 시설물의 시공에 관련된 도면, 시방서, 계산서, 보고서 등의 각종 서류
- 준공도면 : 공사가 완료되었을 때 시설물의 형태구조를 나타낸 도면으로서, 최종 준공도면
- 준공내역서 : 공사가 완료되었을 때 설계 변경분을 포함하여 소요된 공사비, 자재수량 등 설계 물량을 기술한 내역서
- 시방서 : 구조물 등의 설계, 제작, 시공 등에 대하여 기준이 될 사항을 규정한 문서로서 표준시방서 및 특별시방서 등

02 | 작성방법

(1) 준공도면의 작성(내용 및 기재사항)

① 이해가 쉽도록 상세히 작성하여야 하며, 현장 변경사항을 철저히 반영한다.

② 표지, 목록, 배치도, 건물단면도, 단선접속도, 계통도, 배선도, 배치도 등으로 구성한다.

(2) 준공내역서 작성

① 실시설계내역서를 기준으로 작성하되, 설계변경내용을 반영하여야 한다.

② 준공내역서는 준공된 시설물의 도급자 소속 현장소장에게 작성책임이 있다.

(3) 유지관리 지침서 작성

① 공사 준공 후 14일 이내에 발주자에게 제출하여야 한다.

② 유지관리지침서의 주요내용

㉠ 장비 또는 시설물의 시동, 가동중지, 제어, 조정방법

㉡ 점검주기 및 점검방법

㉢ 문제점의 발견방법

㉣ 비상시 운전 및 안전유지 방법

㉤ 유지관리에 필요한 전반적인 사항

(4) 인수인계서 작성

① 준공서류

㉠ 일반사항(공사개요)

㉡ 준공도면

㉢ 공사사진첩

㉣ 신고 및 인허가필증 원본

㉤ 각종 계산서

㉥ 측정시험 및 검사보고서

㉦ 하도급인 목록

㉧ 시설물 유지관리 지침

㉨ 도면 및 내역서 등이 저장된 저장물(CD, USB 파일)

CHAPTER 11

PART 02 태양광발전설비 시공

KEC 태양광설비 시공기준

01 | 설치유형에 대한 정의

(1) 지상형 : 지표면에 태양광설비를 설치하는 형태

① **일반지상형** : 지표면에 고정하여 설치하는 것으로서 산지관리법 및 농지법의 적용을 받지 않는 태양광설비의 유형

② **산지형** : 산지전용허가(신고) 또는 산지일시사용허가 등 산지관리법에 따른 인·허가 등을 받아 설치하는 태양광설비의 유형

③ **농지형** : 농지전용허가(신고) 또는 농지의 타용도 일시사용허가 등 농지법에 따른 인·허가 등을 받아 설치하는 태양광설비의 유형

(2) 건물형 : 건축물에 태양광설비를 설치하는 형태

① **건물설치형** : 건축물 옥상 등에 설치하는 태양광설비의 유형

② **건물부착형(BAPV형 ; Building Attached PhotoVoltaic)** : 건축물 경사 지붕 또는 외벽 등에 밀착하여 설치하는 태양광설비의 유형

③ **건물일체형(BIPV형 ; Building Integrated PhotoVoltaic)** : 태양전지 모듈을 건축물에 설치하여 건축 부자재의 역할 및 기능과 전력생산을 동시에 할 수 있는 태양광설비로 창호, 스팬드럴, 커튼월, 이중파사드, 외벽, 지붕재 등 건축물을 일부 또는 완전히 둘러싸는 벽, 창, 지붕 형태로 모듈이 제거될 경우 건물 외피의 핵심기능이 상실 또는 훼손될 수 있어 다른 건축자재로 대체되어야 하는 구조

(3) 수상형

댐건설 및 주변지역지원 등에 관한 법률 제2조에 따른 댐, 전원개발촉진법 제5조에 따라 전원개발사업구역으로 지정된 지역의 발전용 댐, 농어촌정비법 제2조의 농업생산기반 정비사업에 따른 저수지 및 담수호와 농업생산기반시설로서의 방조제 내측, 산업입지 및 개발에 관한 법률 제6조 내지 제8조에 따른 산업단지 내의 유수지, 공유수면 관리 및 매립에 관한 법률 제2조에 따른 공유수면 중 방조제 내측 위에 부유식으로 설치하는 태양광설비 유형

02 | 공통 준수사항

태양광설비를 설치할 경우 전기사업법, 전기공사업법, 전기설비기술기준, 한국전기설비규정(KEC) 및 건축구조기준 등 관련규정을 따라야 한다.

(1) 태양전지 모듈

① 제 품

㉠ 태양전지 모듈(이하 "모듈")은 한국산업표준(이하 "KS")에 따른 인증제품(수상형 태양전지 모듈의 경우에는 고내구성·친환경 제품)을 설치하여야 한다. 다만, 신제품·융합제품 활성화 등을 위해 신재생에너지센터의 장(이하 "센터장")이 인정하는 경우에는 예외로 할 수 있다.

㉡ BIPV형 모듈은 센터장이 별도로 정하는 품질기준(KS C 8561 또는 8562 일부준용)에 따라 '발전성능' 및 '내구성' 등을 만족하는 시험결과가 포함된 시험성적서를 설비(설치)확인 신청 시 신재생에너지센터(이하 "센터")에 제출할 경우에는 사용할 수 있다.

② 모듈 설치용량

신재생에너지 설비의 지원 등에 관한 지침에 따른 설비의 경우 모듈의 설치용량은 사업계획서상의 모듈 설계용량과 동일하여야 한다. 다만, 단위 모듈당 용량에 따라 설계용량과 동일하게 설치할 수 없는 경우에는 설계용량의 110[%] 범위 내에서 설치할 수 있다.

③ 설치상태

㉠ 모듈의 일조면은 원칙적으로 정남향 방향으로 설치하여야 하고 정남향으로 설치가 불가능할 경우에 한하여 정남향을 기준으로 동쪽 또는 서쪽 방향으로 45° 이내(RPS의 경우 60° 이내)로 설치하여야 한다. 다만, BIPV, 방음벽 태양광 등의 경우에는 정남향을 기준으로 동쪽 또는 서쪽 방향으로 90° 이내에 설치할 수 있다.

㉡ 모듈의 일조시간은 장애물로 인한 음영에도 불구하고 1일 5시간[춘계(3~5월), 추계(9~11월)기준] 이상이어야 하며 전선, 피뢰침, 안테나 등 경미한 음영은 장애물로 보지 않는다.

㉢ 모듈 설치 열이 2열 이상일 경우 앞 열은 뒤 열에 음영이 지지 않도록 설치하여야 한다.

(2) 태양광발전용 인버터

① 제 품

㉠ 태양광발전용 인버터(이하 "인버터")는 KS 인증제품을 설치하여야 한다. 다만, 신제품・융합제품 활성화 등을 위해 센터장이 인정하는 경우에는 예외로 할 수 있다.

㉡ 인버터의 용량이 250[kW]를 초과하는 경우에는 품질기준(KS C 8565)에 따라 절연성능, 보호기능, 정상특성 등을 만족하는 시험결과가 포함된 시험성적서를 설비(설치)확인 신청 시 센터에 제출할 경우에는 사용할 수 있다.

② 설치용량

㉠ 신재생에너지 설비의 지원 등에 관한 지침에 따른 설비의 경우 인버터의 설치용량은 사업계획서상의 인버터 설계용량 이상이어야 한다.

㉡ 인버터에 연결된 모듈의 설치용량은 인버터 설치용량의 105[%] 이내이어야 하며, 각 직렬군의 태양전지 개방전압은 인버터 입력전압 범위 안에 있어야 한다.

③ 설치상태

인버터는 실내 및 실외용을 구분하여 설치하여야 한다. 다만, 실외용은 실내에 설치할 수 있다.

④ 표시사항

입력단(모듈 출력)의 전압, 전류, 전력과 출력단(인버터 출력)의 전압, 전류, 전력, 주파수, 누적발전량, 최대출력량(Peak)이 표시되어야 한다.

(3) 태양광발전용 접속함

① 제 품

㉠ 접속함 및 접속함 일체형 인버터는 KS 인증제품을 설치하여야 한다. 다만, 신제품・융합제품 활성화 등을 위해 센터장이 인정하는 경우에는 예외로 할 수 있다.

㉡ 접속함 일체형 인버터 중 인버터의 용량이 250[kW]를 초과하는 경우에는 접속함은 품질기준(KS C 8567)을 만족하고, 인버터는 품질기준(KS C 8565)에 따라 절연성능, 보호기능, 정상특성 등을 만족하는 시험결과가 포함된 시험성적서를 설비(설치)확인 신청 시 센터에 제출할 경우에는 사용할 수 있다.

② 접속함은 지락, 낙뢰, 단락 등으로 인해 태양광설비가 이상(異常)현상이 발생한 경우 경보등이 켜지거나 경보장치가 작동하여 즉시 외부에서 육안확인이 가능하여야 한다. 다만, 실내에서 확인 가능한 경우에는 예외로 한다.

③ 직사광선 노출이 적고, 소유자의 접근 및 육안확인이 용이한 장소에 설치하여야 한다.

(4) 지지대, 부속자재 등

① 설치상태

㉠ 태양광설비 지지대(이하 "지지대")는 건축구조기준 등의 관련기준에 맞게 자중, 적재하중, 적설하중, 풍압하중 등을 포함한 구조하중 및 기타의 진동과 충격에 대하여 안전한 구조이어야 한다.

㉡ 볼트조립은 헐거움이 없이 단단히 조립하여야 하며 모듈과 지지대의 고정 볼트에는 스프링와셔 또는 풀림방지너트 등으로 체결해야 한다.

② 지지대, 연결부, 기초(용접부위 포함)

㉠ 지지대는 다음의 재질로 제작하여야 한다. 지지대 간 연결 및 모듈-지지대 연결은 가능한 볼트로 체결하되, 절단가공 및 용접부위(도금처리제품 한정)는 용융아연도금처리를 하거나 에폭시-아연페인트를 2회 이상 도포하여야 한다.

1. 용융아연 또는 용융아연-알루미늄-마그네슘합금 도금된 형강(단, 수상형의 경우 별도 규정 준수)
2. 스테인리스 스틸(이하 "STS")
3. 알루미늄합금
4. 1 내지 3과 동등 이상의 성능(인장강도, 항복강도, 압축강도, 내구성 등)을 가지는 재질로서 KS 인증대상 제품인 경우에는 KS 인증서 및 시험성적서를 설비(설치)확인 신청 시 센터에 제출하여야 하며, KS 인증대상 제품이 아닌 경우에는 동등 이상의 성능임을 명시한 국가 공인시험기관의 시험성적서(KOLAS 인정마크 표시)와 건축법 제67조에 따른 관계전문기술자(이하 "관계전문기술자")로부터 연결 부위를 포함하여 풍하중, 적설하중 등 구조하중에 견딜 수 있는 구조임을 확인받은 서류를 설비(설치)확인 신청 시 센터에 제출하여야 한다.

㉡ 지지대는 주위의 구조물과 조화될 수 있도록 적정 높이로 설치하고 건축물 또는 구조물 등에 고정하여야 한다. 앵커볼트 또는 케미컬 앵커볼트로 고정할 경우에는 볼트 캡을 부착하여야 한다.

③ 체결용 볼트, 너트, 와셔(볼트 캡 포함)

용융아연도금(단, 수상형은 제외), STS, 알루미늄합금 재질(볼트 캡은 플라스틱 재질도 가능)로 하고 볼트규격에 맞는 스프링와셔 또는 풀림방지너트로 체결하여야 한다.

(5) 전기배선

① 전기배선

㉠ 수상형을 제외한 모든 유형의 경우 모듈에서 인버터에 이르는 배선에 사용되는 케이블은 모듈 전용선 또는 단심(1C) 난연성 케이블(TFR-CV, F-CV, FR-CV 등)을 사용하여야 하며, 케이블이 지면 위에 설치되거나 포설되는 경우에는 피복에 손상이 발생되지 않게 가요전선관, 금속 덕트 또는 몰드 등을 시설하여야 한다.

㉡ 모듈 간 배선은 바람에 흔들림이 없도록 코팅된 와이어 또는 동등 이상(내구성) 재질의 타이(Tie)로 단단히 고정하여야 하며, 가공전선로를 시설하는 경우에는 목주, 철주, 콘크리트주 등 지지물을 설치하여 케이블의 장력 등을 분산시켜야 한다. 모듈의 출력배선은 군별 및 극성별로 확인할 수 있도록 표시하여야 한다.

② 모듈의 직렬 또는 병렬 상태

모듈 간 직렬군은 동일한 단락전류를 가진 모듈로 구성하여야 하며, 1대의 인버터[멀티스트링의 경우 1대의 최대 출력점 추종제어기(MPPT)]에 연결된 태양전지 모듈 직렬군이 2개 병렬 이상일 경우에는 각 직렬군의 출력전압 및 출력전류가 동일하게 형성되도록 배열하여야 한다.

③ 역류방지 다이오드

㉠ 그림자 영향 등의 원인으로 태양전지 어레이의 출력 불균형이 심각하게 발생할 우려가 있을 경우 또는 2차 전지를 사용하는 독립형 시스템의 경우에는 모듈의 보호를 위해 접속함 개별 스트링 회로의 음극 또는 양극에 역류방지용 다이오드를 선택적으로 시설할 수 있다.

㉡ 접속함 내에 역류방지 다이오드가 설치되는 경우 역류방지 다이오드 용량은 접속함 회로의 정격전류보다 1.4배 이상의 전류정격과 정격전압보다 1.2배 이상의 전압정격을 가져야 한다.

④ 전압강하

모듈에서 인버터 입력단 간 및 인버터 출력단과 계통연계점 간의 전압강하는 전선의 길이가 60[m] 이하인 경우 각 3[%]를 초과하여서는 안 된다. 다만, 전선의 길이가 60[m]를 초과할 경우에는 다음 표에 따라 시공할 수 있다. 이 경우 전압강하 계산서(또는 측정치)를 설비(설치)확인 신청 시 센터에 제출하여야 한다.

전선길이	120[m] 이하	200[m] 이하	200[m] 초과
전압강하	5[%]	6[%]	7[%]

⑤ 케이블

㉠ 케이블은 가능한 음영지역에 설치하고 빗물이 고이지 않도록 설치한다.

㉡ 케이블은 가능한 피뢰도체와 떨어진 상태로 포설하며 피뢰도체와 교차시공하지 않도록 한다.

㉢ 케이블이 바닥에 노출되는 경우에는 사람이 밟고 지나다니거나 날카로운 모서리에 직접 닿지 않도록 몰딩 등의 처리를 하여야 한다.

(6) 기 타

① 명 판

㉠ 모든 기기는 원제조사 및 원제조국, 제조일자, 모델명, 일련번호, 제품사양 등 주요사항 및 그 외 기기별로 나타내어야 할 사항이 명시된 명판(KS인증 명판 등)을 부착하여야 한다.

㉡ 신재생에너지 설비의 지원 등에 관한 지침에 따른 설비의 경우 [별표 5] 신재생에너지 설비 명판 설치기준에 따른 명판을 제작하여 인버터 전면에 부착하여야 한다.

② 가동상태

인버터, 전력량계, 모니터링 설비 등 모든 설비가 정상작동하여야 한다.

③ 모니터링 설비

신재생에너지 설비의 지원 등에 관한 지침에 따른 설비의 경우 모니터링설비기준에 적합하게 설치하여야 한다.

※ 모니터링 설비의 설치기준

- 모니터링 설비의 계측설비는 다음을 만족하도록 설치하여야 한다.

계측설비	요구사항
인버터	CT 정확도 3[%] 이내
온도 센서	정확도 ±0.3[℃](−20~100[℃]) 미만
	정확도 ±1[℃](100~1,000[℃]) 이내
전력량계	정확도 1[%] 이내

- 모니터링 항목 및 측정 위치 : 에너지 생산량 및 생산시간을 누적으로 모니터링하여야 한다.

구 분	모니터링 항목	데이터(누계치)	측정 위치
태양광	일일발전량[kWh]	24개(시간당)	인버터 출력
	발전시간[분]	1개(1일)	

④ 운전교육

시공업체는 설비 소유자에게 소비자 주의사항 및 운전매뉴얼을 제공하여야 하며, 운전교육을 실시하여야 한다.

⑤ 안전사고 방지시설

설비시공 및 설치 확인, 유지보수 시 안전사고 예방을 위한 작업공간(이동통로, 발판, 안전난간 등의 포함) 및 접근장치(계단, 사다리, 사다리차 등)를 확보하여야 한다.

03 | 설치 유형별 준수사항

(1) 지상형(일반지상, 산지, 농지) 공통 준수사항

① 용어 정의

㉠ 스파이럴(Spiral) 공법 : 콘크리트 기초와 다르게 토지에 직접 스파이럴 파일(나선형 구조물)을 삽입하는 공법

㉡ 스크루(Screw) 공법 : 토지에 직접 스크루 파일을 삽입하는 공법

㉢ 래밍 파일(Ramming Pile) 공법 : 토지에 직접 U형, C형, H형 단면 등의 파일 기초를 삽입하는 공법

㉣ 보링그라우팅 공법 : 지반이 연약하여 흙과 흙 사이에 시멘트 풀을 넣어서 지반을 튼튼하게 하는 공법

- 보링(Boring) : 땅에 기계로 구멍을 내면서 땅의 지질 상태를 조사하는 것
- 그라우팅(Grouting) : 자갈과 자갈 사이 또는 흙의 공극을 시멘트 풀로 채워주는 것

㉤ 굴착심도 : 땅속 깊게 파 들어가는 정도

② 일반사항

㉠ 배수는 용이하여야 하며 태양광설비의 구조물과 기초, 지반 및 절·성토 사면 등은 안전성을 확보하여야 한다.

㉡ 발전실 등의 전기설비는 집중호우 시 침수 피해방지를 위해 지상보다 높게 위치하도록 시공하고 주변에 배수시설을 설치하여야 한다.

㉢ 설치지역 및 장소, 형상 등에 따라 상정되는 하중이 다르므로 현장상황을 고려하여 상세설계를 시행하여야 하며, 설계도면과 일치하도록 시공하여야 한다.

③ 기초 공사

㉠ 토질상태와 지반 여건 등을 고려하여 현장에 적합한 기초 공법을 선정하여야 한다.

㉡ 지지대 기초는 기본적으로 콘크리트 기초로 시공하여야 하며, 이 경우 베이스판, 볼트류, 볼트 캡 등 자재는 부식을 방지하기 위하여 지표면 이상 높이에 위치하여야 한다. 다만, 주차장 등 입지 여건에 따라 지표면에 노출이 곤란할 경우에는 매립할 수 있으며, 이 경우 매립을 확인할 수 있는 사진을 설비(설치)확인 신청 시 센터에 제출하여야 한다.

㉢ 콘크리트 기초로 시공이 곤란한 경우에는 스파이럴, 스크루, 래밍 파일, 보링그라우팅 공법 등으로 할 수 있으며, 기초의 깊이는 설계 굴착심도 이상으로 계획하고 시공하여야 한다. 이 경우 안전성 및 적정성이 확보되었음을 관계전문기술자로부터 확인을 받아야 하며 확인받은 바에 따라 시공하여야 한다.

④ 배수로 공사

배수관로를 포함한 배수시설은 유량, 유속, 도달 시간 등을 고려하여 규모를 산정하고 배수에 문제가 없도록 계획하고 설치하여야 한다.

⑤ 기 타

기타 설계 및 시공 시 다음의 법령 및 기준을 준수하여야 한다.

㉠ 행정안전부 '자연재해대책법'

㉡ 환경부 '환경영향평가법'

㉢ 국토교통부 '국토의 계획 및 이용에 관한 법률'

㉣ 산림청 '산지관리법'

㉤ 농림축산식품부 '농지법'

㉥ 국토교통부 '건축법(건축구조기준 포함)'

㉦ 국토교통부 '토목공사표준일반시방서' 등

(2) 산지 및 농지형 준수사항

① 유속 완화 및 토사유출 방지

㉠ 급경사지에 배수로를 설치하는 경우에는 유속 완화 시설과 낙차에 의한 세굴 및 침식 방지 시설을 설치하여야 한다.

㉡ 우천 시 우수의 유출과 토사유출에 의한 태양광발전설비 주변 수로 및 하류에 위치한 소하천 등의 범람, 퇴적 등을 방지하기 위해 임시 또는 영구 우수 저류조 등 저감시설을 설치하여야 한다. 이 경우 설치 및 유지관리는 자연재해대책법 및 우수유출 저감시설의 종류・구조・설치 및 유지관리 기준 등을 따른다.

② 지반과 사면의 안전성 확보

㉠ 절토와 성토를 통해 부지를 조성할 경우에는 단계별로 충분히 다짐하여 지지력과 안전성을 확보하여야 한다.

㉡ 절토 및 성토 비탈면의 경우 완만하게 시공하여야 하며, 침식방지 및 비탈면 보호를 위한 녹화 등을 통해 비탈면의 안전을 도모하고 산사태를 방지할 수 있도록 하여야 한다. 비탈면에 구조물(콘크리트 옹벽, 보강토 옹벽, 석축 등)을 설치할 경우에는 설계기준에 맞춰 계획하고 시공되도록 하여야 한다.

③ 기 타

농지법에 따른 농지전용허가(신고) 또는 농지의 타용도 일시사용허가, 산지관리법에 따른 산지전용허가(신고) 또는 산지일시사용허가 기준에 부합하도록 계획하고 시공하여야 한다.

(3) 건물설치형 준수사항

① 평지붕에 지지대를 설치하기 위하여 앵커를 타공할 경우에는 옥상 방수층이 깨지지 않도록 해야 한다.

② 건물 옥상 난간대 등으로 인하여 모듈에 음영이 발생하지 않도록 충분한 이격거리를 두는 등의 방법으로 설비를 설치하여야 한다.

(4) BAPV형 준수사항

① 모듈 배면의 배선이 배수 또는 이물질에 노출될 수 있으므로 경사지붕 및 외벽 표면에 전선이 닿지 않도록 견고하게 고정하여야 하며, 태양광설비 부착 시 경사지붕 및 외벽 표면에 크랙이 생기지 않도록 하고 방수 등에 문제가 없도록 설치하여야 한다.

② 배면환기를 위해 모듈의 프레임 밑면(프레임 없는 방식은 모듈의 가장 밑면)부터 가장 가까운 지붕면 및 외벽의 이격거리는 10[cm] 이상이어야 하며, 배선처리는 바닥에 닿지 않도록 단단하게 고정해야 한다.

(5) BIPV형 준수사항

신청자(소유자, 발주처 등을 포함), 설계자 및 시공자는 모듈 온도 상승에 따른 건축물 부자재 파괴방지, 발전량 저감 최소화 방안 및 방수계획을 수립하여 설계하고 시공하여야 하며, 감리원은 이를 확인하여야 한다.

(6) 건물설치형 및 BAPV형 준수사항

① 3.3[kW]를 초과하는 태양광설비의 경우 건축구조기준에 따른 안전성과 적정성이 확보되었음을 관계전문기술자로부터 확인받아야 하며, 확인받은 바에 따라 시공하여야 한다. 다만, 공급인증서 발급대상 설비의 경우 공급인증서 발급 및 거래시장 운영에 관한 규칙을 적용한다.

② 태양광설비를 주택 및 건물 등 구조물에 설치하고자 할 경우에는 태양광설비의 하중을 지지할 수 있는 콘크리트 또는 철제 구조물 등에 직접 고정하여야 한다. 태양광설비의 하중을 지지할 수 있는 구조물에 직접 고정이 불가능한 경우에는 해당 태양광설비(건축물 등에 고정되는 지지대 등을 포함한 전체 설비)가 현행 건축구조기준에 따라 안전성과 적정성이 확보되었음을 관계전문기술자로부터 확인 받아야 하며, 확인받은 바에 따라 시공하여야 한다.

③ 태양광설비를 주택 및 건물 등의 상부에 설치할 경우 태양광설비의 눈·얼음이 보행자에게 낙하하는 것을 방지하기 위하여 모든 모듈 끝선이 건물의 마감선(건축법에 따라 적법하게 설치된 부문)을 벗어나지 않도록 설치하여야 한다.

(7) 수상형 준수사항

① 용어 정의

㉠ 수상형 태양광설비 : 수상 환경에 부유식으로 설치된 태양광발전설비

㉡ 수상형 태양광 지지대 : 수상 태양전지 모듈을 지지하기 위하여 부력설비를 수상에 설치하고 그 위에 수상 태양전지 모듈을 설치할 수 있도록 구성된 구조물

② 일반사항

㉠ 태양전지 모듈 설치상태

태양전지 모듈은 파랑, 파고 등의 영향을 고려하여 물에 접촉되지 않도록 수면으로부터 충분한 높이를 확보하여야 한다.

㉡ 지지대, 부력체 등 부속자재

- 지지대, 이동통로, 부력체(충진재 포함), 계류장치, 체결용 볼트(볼트 캡 포함), 너트, 와셔, 수상케이블 등 수상형 태양광설비에 사용되는 모든 기자재는 수도법 제14조 및 같은 법 시행령 제24조에 따른 위생안전기준에 적합한 자재를 사용(해수에 설치되는 경우 제외)하여야 한다.
- 지지대는 STS, 전기 산화피막 처리된 알루미늄합금 또는 UV 방지처리된 FRP 등 내식성이 높은 재질(해수의 경우 STS 제외)로 제작·설치하여야 하며, 각종 하중 및 기타 진동과 충격에 대하여 안전한 구조이어야 한다.
- 유지관리용 이동통로는 음영 발생 여부 등을 고려하여 계획하고 설치하여야 한다. 이동통로는 PE, 용융아연-알루미늄-마그네슘합금 도금 강, STS, 알루미늄합금 또는 FRP 등 내식성이 높은 재질로 제작·설치되어야 하며, 각종 하중 및 기타 진동과 충격에 대하여 안전한 구조이어야 한다.

㉢ 전기배선 및 접속함

- 접속함과 인버터 간 수중 포설 방식을 사용하는 경우에는 수중케이블을 사용하고 외부에 전선관을 설치하여 케이블을 보호하여야 하며 수위변동, 풍속에 의해 구조물이 이동하는 등 외부적인 요인으로 가해지는 힘이 수중케이블에 직접 영향을 주지 않도록 설치하여야 한다.
- 전기배선은 부력체 면에 선이 닿지 않도록 전선관, 배관, 덕트 등으로 보호하고 구조물 등에 단단하게 고정하여야 하며 모듈 간 배선은 내후성, 내식성 등이 확보된 자재로 단단히 고정하여야 한다.
- 접속함의 최하단은 수면 위로부터 파고, 파랑 등을 고려하여 물이 접촉되지 않도록 충분한 높이를 확보하도록 설치하여야 하며 접속함의 배선 처리는 부력체에 닿지 않도록 단단하게 고정하여야 한다.
- 모듈에서 접속함에 사용되는 모든 케이블은 난연 차수 케이블(FW)을 사용하여야 한다.

③ 설비 시공사항

㉠ 일반사항

- 부력체, 지지대를 포함한 태양광설비 및 계류장치 등에 대해서는 안전성 및 적정성이 확보되었음을 관계전문기술자로부터 확인을 받아야 하며, 확인받은 바에 따라 시공하여야 한다.
- 수상 태양광발전설비(지지대, 부력체, 계류장치, 앵커시설, 송변전설비 등)를 설치할 때는 건축 구조기준, 항만 및 어항 설계기준, 선박안전법 등 해당 법령에 따라 풍하중, 적설하중, 자중, 군중하중, 파랑, 조류 등을 포함한 외력 등을 고려하여 안전성이 확보되도록 하여야 한다.

㉡ 부력체

- 전체 부력체는 부분 파손의 경우에도 부력 손실을 최소화할 수 있는 구조이어야 하며, 부력체 외피 및 충진재는 수질 환경에 유해한 물질을 사용하지 않아야 한다.
- 부력체는 부력의 불균형이 발생하지 않도록 균일하고 적절하게 배치되어야 하며, 온도차, 수면의 결빙, 유속 및 부유물 등의 외부환경 변화에 대해 충분한 강도를 유지할 수 있는 재질과 충분한 내구성을 확보해야 한다.

㉢ 지지대(부력체, 계류장치 및 모듈을 제외한 부재)

지지대는 계류별 유닛 단위로 설계 검토되어야 하고, 외부 하중을 포함하여 전체 지지대에 작용하는 하중을 고려하여 안전하게 설치되어야 한다.

㉣ 계류장치

- 계류장치 연결 접속부의 연결 철물은 STS304(해수는 STS316) 재질 이상의 내식성이 확보되어야 한다.
- 바람, 유수 및 파랑 등의 외력에 대해 설치 방위각이 평수위 기준 10° 이내로 유지될 수 있는 구조로 설치되어야 하고, 수심변화에 따른 계류장치의 느슨함으로 인해 타 시설물과 부딪치지 않도록 설계하고 시공하여야 한다.
- 계류선은 자외선(UV), 빙압이 영향을 미치는 환경에서는 이에 대한 저항성을 가지는 재질로 설치하여야 한다.

㉤ 연결철물(힌지 등) 및 부속장치

지지대 및 이동통로 간 연결철물은 STS304(해수는 STS316) 재질 이상의 내식성과 내구성이 확보 가능한 재질로 설치하여야 하고, 부재 간 상대 운동이 발생하는 유동부위는 마모에 대한 내구성이 확보 가능한 구조로 설치되어야 한다.

㉥ 야간에 수상태양광 구조물을 인지할 수 있도록 시인성 확보 시설을 설치하여야 한다.

PART 02

태양광발전설비 시공

실전예상문제

01 다음 [보기]에서 설계도서 해석의 우선순위를 차례대로 적으시오.

보기

설계도면, 산출내역서, 공사시방서, 전문시방서, 승인된 상세시공도면

(①) – (②) – (③) – (④) – (⑤)

①	②
③	④
⑤	

정답

① 공사시방서
② 설계도면
③ 전문시방서
④ 산출내역서
⑤ 승인된 상세시공도면

해설

설계도서 해석의 우선순위

1. 공사시방서
2. 설계도면
3. 전문시방서
4. 표준시방서
5. 산출내역서
6. 승인된 상세시공도면
7. 관계법령의 유권해석
8. 감리자의 지시사항

02 공사도급방식에 대한 설명이다. ①, ②에 알맞은 내용을 답란에 쓰시오.

- (①) : 공사 전체를 한 도급자에게 주어 일괄시행하는 방식이다.
- (②) : 공사를 유형별로 구분하여 각각 전문적인 업자에게 따로따로 일을 맡겨 진행하는 방식이다.
- 기타 도급방식 : 공동도급, 정액도급, 단가도급, 턴키도급(설계시공 일괄계약), 성능발주방식, 건설사업관리 방식 등이 있다.

①	②

정답

① 일괄도급
② 분할도급

03 측량에 용어에 대한 설명이다. ①, ②에 알맞은 내용을 답란에 쓰시오.

- (①) : 토지대장, 임야대장, 공유지연명부, 대지권등록부, 지적도, 임야도 및 경계점좌표등록부 등 지적측량 등을 통하여 조사된 토지의 표시와 해당 토지의 소유자 등을 기록한 대장 및 도면을 말한다.
- (②) : 작은 부지의 측량, 거리, 면적, 방위에 편리하고 현장에서 직접 작도하므로 시간 절약, 정확한 지형, 기계가 간단하고 운반 편리, 지형도 작성시간 신속한 장점이 있다. 단점으로는 기후의 영향, 높은 정밀도를 얻을 수 없고 축적이 다른 지도를 만들기 곤란하다.

①	②

정답

① 지적공부
② 평판측량

04 다음이 설명하는 것을 쓰시오.

> 이것은 흙의 가장 중요한 역학적 성질로서 기초의 하중이 그 흙의 이것 이상이 되면 흙이 붕괴되고, 기초는 침하, 전도된다. 이것으로 기초의 극한 지지력을 알 수 있다.

정답

전단강도

해설

흙의 역학적 성질로 전단강도, 압밀, 투수성 등이 있다.

05 흙을 구성하는 3가지를 쓰시오.

-
-
-

정답

공기, 물, 흙 입자

06 다음에서 설명하는 것은 무엇을 알아보기 위한 시험인지 쓰시오.

- 평판재하시험 : 기초저면에 재하판을 놓고 하중을 가하여 침하량을 측정
- 말뚝박기시험 : 시험말뚝을 10회 타격할 때 평균값으로 사용

정답

지내력(허용지내력)

07 태양광발전설비의 시공절차이다. ①, ②에 알맞은 내용을 쓰시오.

지반공사 및 구조물시공 → 반입자재검수 → (①) → (②) → 점검 및 검사

①	②

정답

① 태양광기기설치공사
② 전기배선공사

08 태양광전기설비 공사 시 필수 보유 장비 4가지만 쓰시오.

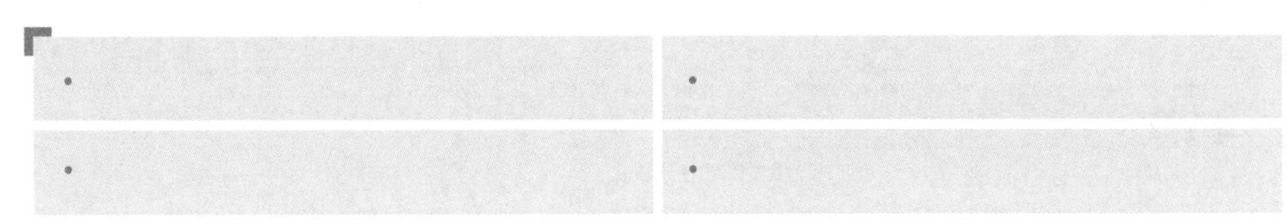

정답

접지저항계, 절연저항계(메거), 전류계, 전압계, 검전기, 상회전 측정기, 각도계, 일사량 측정기, 오실로스코프

09 구조물 기초공사에서 기초의 구비 조건 4가지를 쓰시오.

정답

- 최소 기초 깊이를 유지할 것
- 상부 하중을 안전하게 지지할 것
- 모든 기초는 침하가 허용치를 초과하지 않을 것
- 기초공사의 시공이 가능할 것
- 내구적이고 경제적일 것

10 기초 구조 용어에 대한 설명이다. ①~③에 알맞은 내용을 쓰시오.

- (①) : 지반이 연약하여 건물의 하중을 견디지 못할 경우 기초를 보강하거나 지반의 지지력을 증가시키기 위한 부분을 말한다.
- (②) : 기둥 또는 벽의 힘을 지중에 전달하기 위하여 기초가 펼쳐진 부분을 말한다.
- (③) : 상부의 하중을 지중에 전달하기 위하여 푸팅, 기둥 등의 밑에 설치한 독립 원통기둥 모양의 구조체를 말한다.

① 　　　②
③

정답

① 지 정
② 푸팅(Footing)
③ 피어(Pier)

11 기초도면 작성 시 단면용 재료 구조 표기기호이다. ①~④에 알맞은 내용을 쓰시오.

(①)	(②)	(③)	(④)

①	②
③	④

정답

① 지 반
② 잡석다짐
③ 자 갈
④ 모 래

12 기초판의 형식에 따라 4가지로 구분하여 쓰시오.

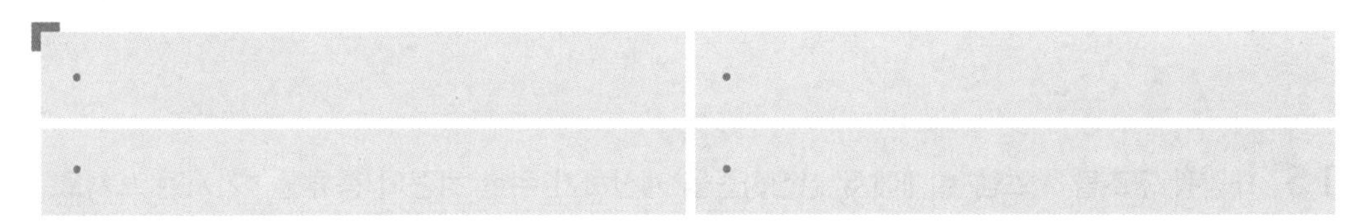

정답

- 독립기초
- 복합기초
- 연속기초(줄기초)
- 온통기초

해설

<table>
<tr><th colspan="5">기 초</th></tr>
<tr><th colspan="2">직접기초(얕은)</th><th colspan="3">깊은 기초</th></tr>
<tr><td>푸팅 기초</td><td rowspan="2">온통기초(전면기초)</td><td rowspan="2">말뚝기초</td><td rowspan="2">피어기초</td><td rowspan="2">케이슨 기초
(하천 내 교량)</td></tr>
<tr><td>독립 푸팅 기초
복합 푸팅 기초
연속 푸팅 기초</td></tr>
</table>

13 직접기초(얕은 기초)와 깊은 기초를 분류하는 기준을 쓰시오.

정답

폭보다 깊이가 길면 깊은 기초로 분류한다.

14 기초 구조 용어에 대한 설명이다. ①, ②에 알맞은 내용을 쓰시오.

- (①) : 지반이 전단파괴를 일으킬 때 이에 저항하는 평균 단면적당 강도를 말한다.
- (②) : 지반의 허용 지지력에 허용 침하량을 고려한 응력을 말한다.

①   ②

정답

① 지지력
② 허용지내력

15 태양광 구조물 시스템 설계에서 상정하중을 계산하기 위한 하중의 종류를 4가지만 쓰시오.

정답

- 고정하중
- 적설하중
- 풍하중
- 지진하중

해설

- 고정하중(수직하중) : 건물 골조나 마감재의 자중이며, 가장 기본적인 하중 예 어레이, 프레임
- 적설하중(수직하중) : 눈이 태양전지 어레이에 적설되었을 때의 하중
- 풍하중(수평하중) : 바람에 의해 태양전지 어레이가 받는 하중
- 지진하중(수평하중) : 지진의 진동에 의해 받는 충격이나 압력을 하중으로 표기

16 태양광발전설비 기초공사의 시공기준에 대한 설명이다. ①~④에 알맞은 내용을 답란에 쓰시오.

태양광발전설비 기초공사 시 콘크리트 기초로 시공이 곤란한 경우 (①), (②), (③), (④) 공법 등으로 할 수 있으며, 기초의 깊이는 설계 굴착심도 이상으로 계획하고 시공하여야 한다. 이 경우 안전성 및 적정성이 확보되었음을 관계전문기술자로부터 확인을 받아야 하며, 확인받은 바에 따라 시공하여야 한다.

①	②
③	④

정답

① 스파이럴(Spiral) 공법
② 스크루(Screw) 공법
③ 래밍 파일(Ramming Pile) 공법
④ 보링그라우팅 공법

해설

콘트리트 기초로 시공이 곤란한 경우 기초공사 방법

- 스파이럴(Spiral) 공법 : 콘크리트 기초와 다르게 토지에 직접 스파이럴 파일(나선형 구조물)을 삽입하는 공법
- 스크루(Screw) 공법 : 토지에 직접 스크루 파일을 삽입하는 공법
- 래밍 파일(Ramming Pile) 공법 : 토지에 직접 U형, C형, H형 단면 등의 파일 기초를 삽입하는 공법
- 보링그라우팅 공법 : 지반이 연약하여 흙과 흙 사이에 시멘트 풀을 넣어서 지반을 튼튼하게 하는 공법

17 콘크리트 기초 타설 시 며칠 이상 양생해야 하는가?

정답

3일 이상

해설

반드시 3일 이상 양생하고 급격한 건조나 동결을 방지하여야 한다.

18 태양광발전설비에서 구조물을 시공하기 위한 이격거리 계산 시 고려사항을 4가지를 쓰시오.

-
-
-
-

정답

- 전체설치 가능면적(토지면적)
- 어레이 1개 면적(넓이)
- 어레이의 길이
- 위 도
- 동지 시 태양의 고도

19 다음 그림과 같을 때 어레이와 장애물 사이의 이격거리를 계산하시오.

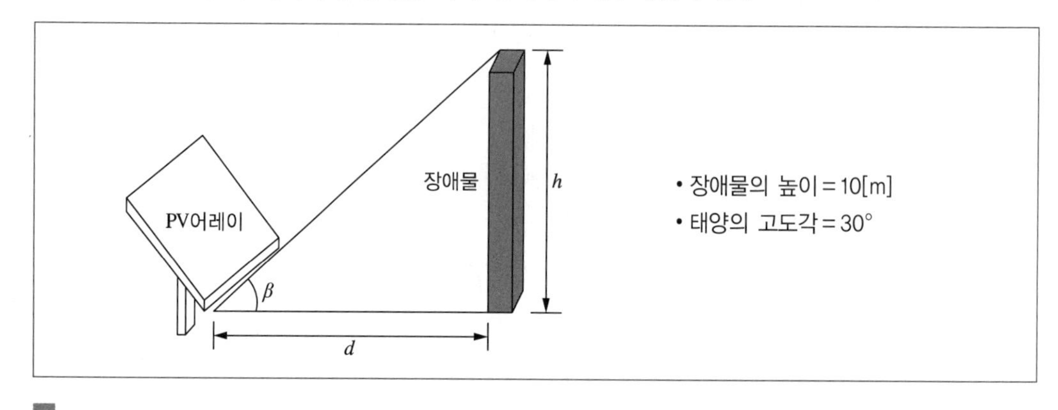

정답

$$\therefore\ d = \frac{10}{\tan 30°} = \frac{10}{\frac{1}{\sqrt{3}}} = 10\sqrt{3} \fallingdotseq 17.32[\text{m}]$$

해설

$$\tan 30° = \frac{1}{\sqrt{3}}$$

20 태양광발전설비 구조 설계 시 어레이 상호 간의 이격거리를 계산하시오.

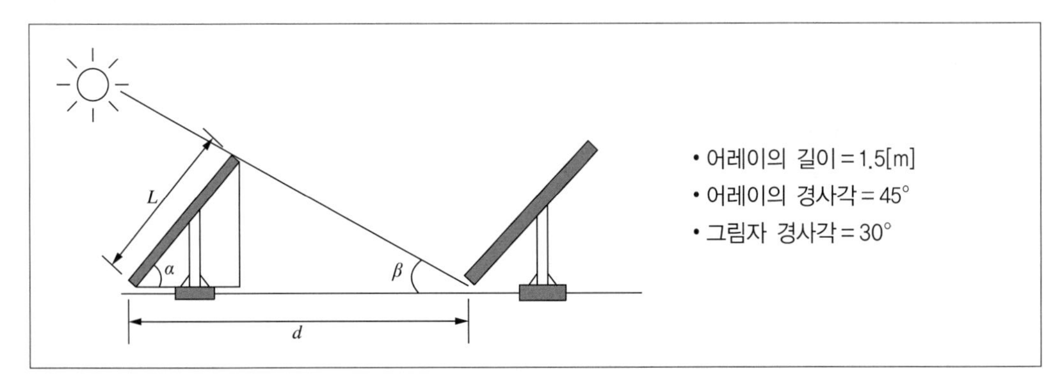

정답

$$d = L \times \frac{\sin(\alpha+\beta)}{\sin\beta} = 1.5 \times \frac{\sin(45° + 30°)}{\sin 30°} \fallingdotseq 1.5 \times \frac{0.966}{0.5} \fallingdotseq 2.898[\text{m}]$$

21 태양광발전설비에서 사용하는 용어이다. ①~③에 알맞은 내용을 답란에 쓰시오.

- (①)은/는 태양전지 어레이가 정남향과 이루는 각을 말한다.
- (②)은/는 태양전지 어레이가 지면과 이루는 각을 말한다.
- (③)은/는 하루 중 태양이 정남쪽에 있을 때의 고도를 나타낸다.

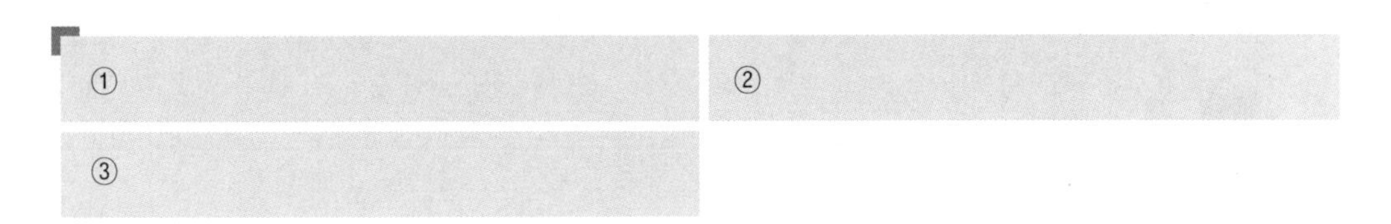

정답

① 방위각
② 경사각
③ 남중고도

22 다음과 같은 조건일 때의 남중고도를 계산하시오.

> • 관측자는 대전(위도 36°)에 살고 있다.
> • 춘추분일 때의 남중고도 : (①)
> • 동지일 때 남중고도 : (②)
> • 하지일 때 남중고도 : (③)

①

②

③

정답

① 54°

② 30.5°

③ 77.5°

해설

- 남중고도 = 90° − 관측자의 위도(ϕ) ± 태양의 적위(δ)
  - 춘추분일 때 남중고도 = 90° − 36° = 54°
  - 동지일 때 남중고도 = 90° − 36° − 23.5° = 30.5°
  - 하지일 때 남중고도 = 90° − 36° + 23.5° = 77.5°
- 태양의 적위 : 지구의 자전축이 약 23.5° 정도 기울어져 있기 때문에 발생한다.
- 여름에는 태양이 높게 뜨고, 겨울에는 낮게 뜬다.

23 태양전지 어레이 가대 설치 시 설치방식에 따라 3가지로 분류하시오.

정답

- 고정식
- 경사가변식(반고정식)
- 추적식

24 건축물에 태양광설비를 설치하는 형태에 대한 정의이다. ①~③에 알맞은 내용을 쓰시오.

- (①) : 건축물 옥상 등에 설치하는 태양광설비의 유형
- (②) : 건축물 경사 지붕 또는 외벽 등에 밀착하여 설치하는 태양광설비의 유형
- (③) : 태양전지 모듈을 건축물에 설치하여 건축 부자재의 역할 및 기능과 전력생산을 동시에 할 수 있는 태양광설비 유형

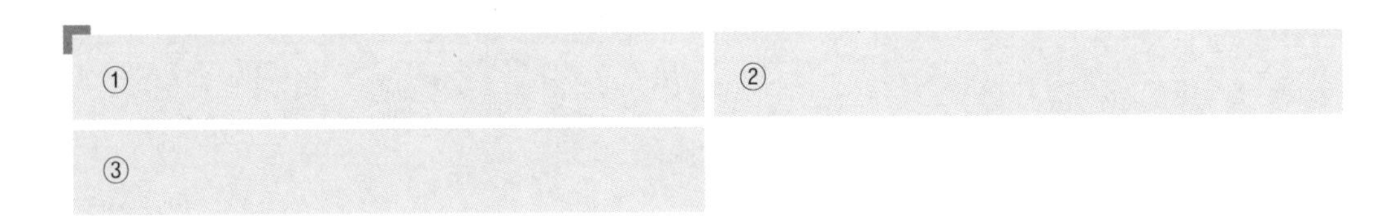

정답

① 건물설치형
② 건물부착형
③ 건물일체형

25 태양전지 어레이용 구조물 설치에 대한 그림이다. ①~③에 알맞은 내용을 쓰시오.

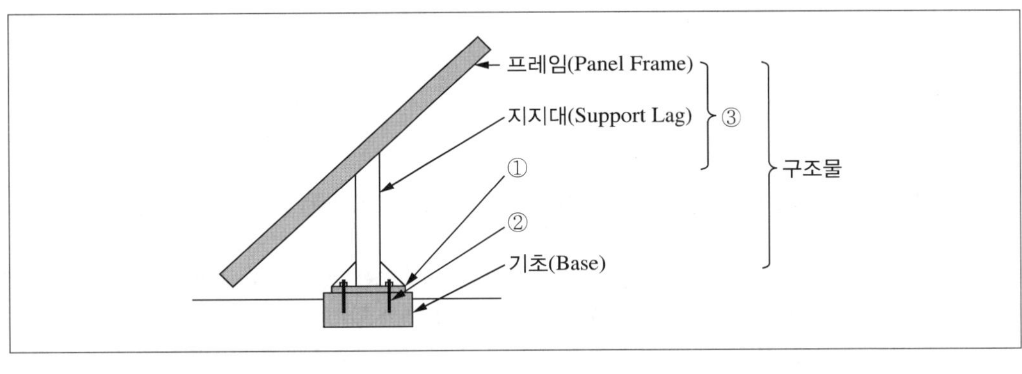

정답

① 기초판
② 앵커볼트
③ 가 대

26 **태양전지 모듈 설치 시 모듈과 지지대의 고정 볼트를 체결할 때 사용하는 부품 2가지를 쓰시오.**

•	•

정답

스프링와셔, 풀림방지너트

27 **건축물에 태양광설비를 설치에 대한 설명이다. ①~③에 알맞은 내용을 쓰시오.**

> 지지대 간 연결 및 모듈–지지대 연결은 가능한 (①)로 체결하되, 절단가공 및 용접부위(도금처리제품 한정)는 (②)를 하거나 에폭시–아연페인트를 (③)회 이상 도포하여야 한다.

①	②
③	

정답

① 볼 트
② 용융아연도금 처리
③ 2

28 다음 [보기]의 하중을 수직하중과 수평하중으로 구분하시오.

보기
고정하중(자중), 적설하중, 풍하중, 활하중, 지진하중

- 수직하중 :
- 수평하중 :

정답

- 수직하중 : 고정하중, 적설하중, 활하중
- 수평하중 : 풍하중, 지진하중

29 태양전지 모듈의 일반적인 설치상태에 대한 설명이다. ①~⑤에 알맞은 내용을 쓰시오.

- 모듈의 일조면은 원칙적으로 (①) 방향으로 설치하여야 한다.
- (①)으로 설치가 불가능할 경우에 한하여 (①)을 기준으로 동쪽 또는 서쪽 방향으로 (②)° 이내(RPS의 경우 60° 이내)로 설치하여야 한다.
- BIPV, 방음벽 태양광 등의 경우에는 (①)을 기준으로 동쪽 또는 서쪽 방향으로 (③)° 이내에 설치할 수 있다.
- 모듈의 일조시간은 장애물로 인한 음영에도 불구하고 1일 (④)시간[춘계(3~5월), 추계(9~11월)기준] 이상이어야 한다.
- 전선, 피뢰침, (⑤) 등 경미한 음영은 장애물로 보지 않는다.

①	②
③	④
⑤	

정답

① 정남향
② 45
③ 90
④ 5
⑤ 안테나

30 태양전지 어레이에서 모듈 간 직렬군은 동일한 단락전류를 가진 모듈로 구성하여야 하며, 1대의 인버터에 연결된 태양전지 모듈 직렬군이 2개 병렬 이상일 경우에는 각 직렬군의 무엇을 동일하게 형성되도록 배열하여야 하는지 2가지를 쓰시오.

정답

출력전압, 출력전류

31 태양전지 모듈을 가대에 볼트를 이용하여 고정시키는 그림이다. ①~③에 알맞은 내용을 쓰시오.

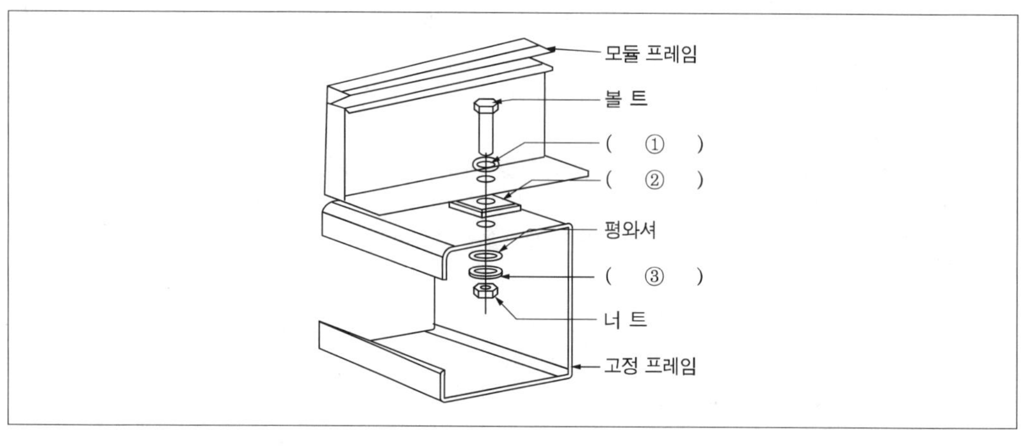

①

②

③

정답

① 평와셔
② 개스킷
③ 스프링와셔

32 태양전지 모듈을 직렬과 병렬로 결선하시오.

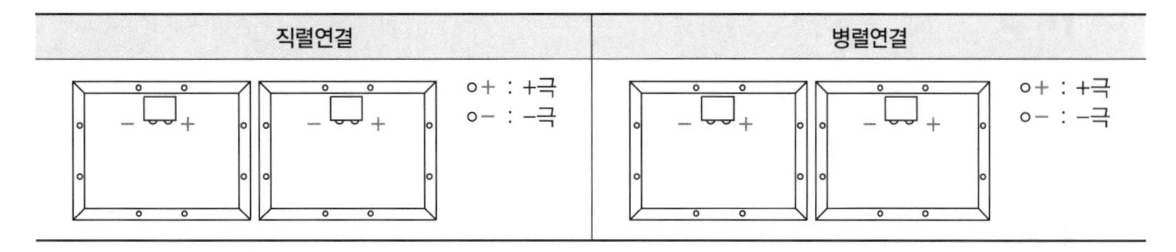

정답

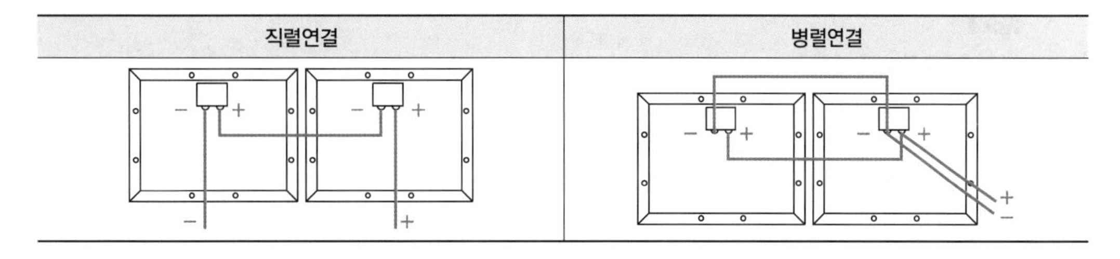

33 태양전지 모듈 및 어레이 설치 후 확인하거나 측정해야 하는 것 3가지를 쓰시오.

정답

모듈의 극성 확인, 전압 확인, 단락전류 확인, 비접지 확인

해설

- 전압 · 극성의 확인 : 태양전지 모듈이 바르게 시공되어, 시공한 전압이 나오고 있는지 양극, 음극의 극성이 바른지의 여부 등을 테스터, 직류전압계로 확인한다.
- 단락전류의 측정 : 태양전지 모듈의 설명서에 기재된 단락전류가 흐르는지 직류전류계로 측정한다. 타 모듈과 비교해 측정치가 현저히 다른 경우는 배선을 재차 점검한다.
- 비접지 확인 : 태양전지 모듈의 양극 중 어느 하나라도 접지되어 있지는 않은지 확인한다.

34 **태양광발전설비 시공 시 작업자가 갖추어야 할 안전대책 3가지를 쓰시오.**

•

•

•

정답

안전모, 안전대, 안전화, 안전허리띠

해설

복장 및 추락방지 대책

• 안전모 : 낙하물로부터의 보호
• 안전대 : 추락방지
• 안전화 : 중량물에 의한 발 보호 및 미끄럼방지
• 안전허리띠 : 공구, 공사 부재 낙하 방지

35 **태양광발전설비의 모듈 설치 시 감전방지 대책 3가지를 쓰시오.**

정답

• 모듈에 차광막을 씌워 태양광을 차폐
• 저압 절연장갑을 착용
• 절연공구 사용
• 강우 시에는 작업을 금지

36 태양광발전설비 전기시공 후 체크리스트를 작성한다. 체크사항 5가지를 쓰시오.

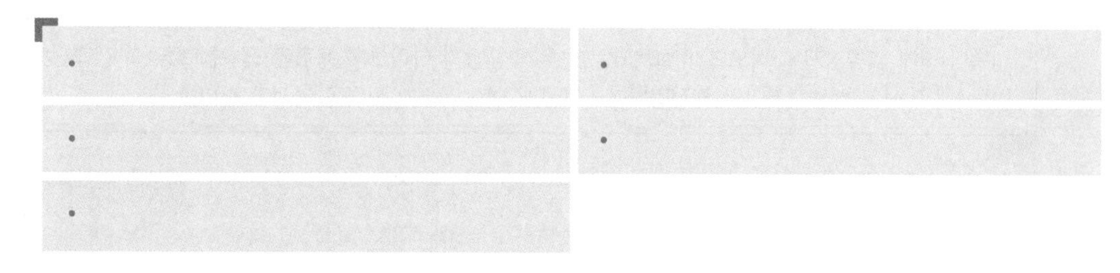

정답

어레이 설치방향, 기후(날씨), 시스템 제조회사명, 설치용량(모듈, 인버터), 계통연계 여부, 모듈번호표, 직렬·병렬 확인 출력전압, 출력전류

37 태양광설비의 접속함 설치에 대한 설명이다. ①~③에 알맞은 내용을 쓰시오.

- 단자대 : 태양전지 모듈로부터 직류전원을 공급받기 위해 설치된다.
- (①) : 입력부의 전원을 차단할 수 있는 용량으로 설치되어야 한다.
- Fuse : 태양전지 모듈로부터 과도한 전류의 흐름에 대해 보호기능을 갖는다.
- 역류방지 다이오드 : 태양전지에 역전류방지를 위하여 설치된다.
- (②) : 일사량계, 온도계의 신호를 인버터에 공급 시 신호를 변환하는 장치이다.
- (③) : 낙뢰에 대해 보호하기 위해 설치된다.

정답

① 차단기
② 신호변환기(TD ; TransDucer)
③ 서지보호장치(SPD)

해설

접속함의 구성품

단자대, 차단기, 퓨즈, 역류방지 소자, 신호변환기, 서지보호장치, 감시용 DCCT(직류 계기용 변류기), DCPT(직류 계기용 변압기)

38 태양광설비의 접속함 내의 역류방지 다이오드 설치에 대한 설명이다. ①, ②에 알맞은 내용을 쓰시오.

> 접속함 내에 역류방지 다이오드가 설치되는 경우 역류방지 다이오드 용량은 접속함 회로의 정격전류보다 (①)배 이상의 전류정격과 정격전압보다 (②)배 이상의 전압정격을 가져야 한다.

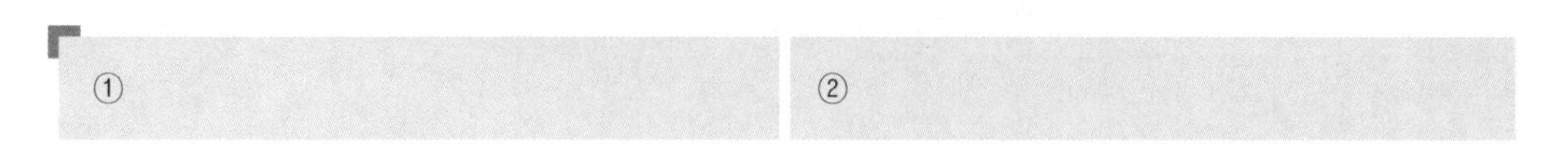

정답

① 1.4

② 1.2

39 태양광설비의 모듈 설치용량에 대한 설명이다. ①, ②에 알맞은 내용을 쓰시오.

> • 신재생에너지 설비의 지원 등에 관한 지침에 따른 설비의 경우 모듈의 설치용량은 사업계획서상의 모듈 설계용량과 동일하여야 한다. 다만, 단위 모듈당 용량에 따라 설계용량과 동일하게 설치할 수 없는 경우에는 설계용량의 (①)[%] 범위 내에서 설치할 수 있다.
> • 인버터에 연결된 모듈의 설치용량은 인버터 설치용량의 (②)[%] 이내이어야 하며, 각 직렬군의 태양전지 개방전압은 인버터 입력전압 범위 안에 있어야 한다.

① ②

정답

① 110

② 105

40 한국전력 계통에 연계되는 수용가의 태양광발전원의 상시 주파수의 유지 범위를 쓰시오.

정답

59.8~60.2[Hz] 이내 유지

해설

한전계통에 병렬연계하기 위한 조건은 전압, 위상, 주파수 3가지가 동일해야 한다.

분산형전원 정격용량 합계[kW]	주파수차(Δf, [Hz])	전압차(ΔV, [%])	위상각차($\Delta \phi$, °)
0~500	0.3	10	20
500 초과~1,500	0.2	5	15
1,500 초과~20,000 미만	0.1	3	10

41 태양광발전설비 중 인버터에 대한 설명이다. ①~③에 알맞은 내용을 쓰시오.

- 인버터는 실내 및 실외용을 구분하여 설치하여야 한다. 다만, 실외용은 실내에 설치할 수 있다.
- 태양광발전원을 설치하는 수용가의 공통접속점에서의 역률은 원칙적으로 지상 역률 (①)[%] 이상으로 하며, 진상 역률이 되지 않도록 한다.
- 역조류가 없는 경우, 발전장치 내의 인버터는 역률 (②)[%] 운전을 원칙으로 하며, 발전설비의 종합 역률은 (③)[%] 이상이 되도록 한다.

①

②

③

정답

① 90

② 100

③ 95

42 태양광설비에 사용하는 인버터의 표시사항 5가지를 쓰시오.

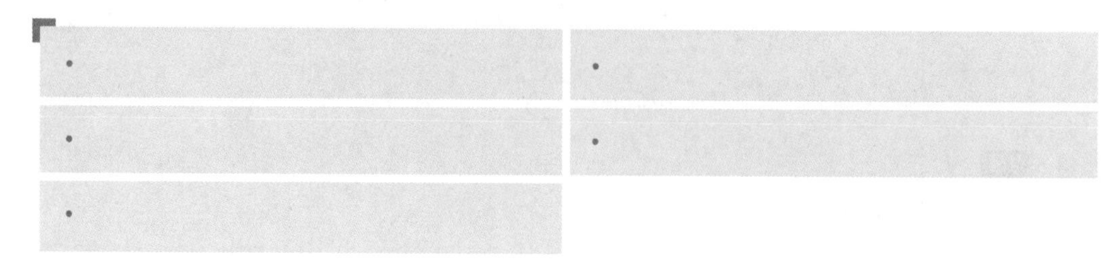

정답

입력단의 전압, 전류, 전력과 출력단의 전압, 전류, 전력, 주파수, 누적발전량, 최대출력량

해설

- 입력단(모듈 출력)의 전압, 전류, 전력
- 출력단(인버터 출력)의 전압, 전류, 전력, 주파수, 누적발전량, 최대출력량

43 태양광설비의 배선공사에서 모듈과 인버터를 연결하는 데 사용되는 케이블의 종류 2가지를 쓰시오.

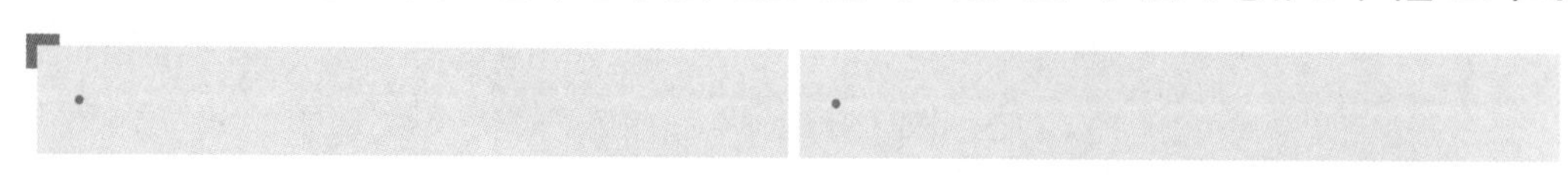

정답

모듈전용선, 단심 난연성 케이블(TFR-CV, F-CV, FR-CV)

해설

모듈에서 인버터에 이르는 배선에 사용되는 케이블은 모듈 전용선 또는 단심(1C) 난연성 케이블(TFR-CV, F-CV, FR-CV 등)을 사용하여야 하며, 케이블이 지면 위에 설치되거나 포설되는 경우에는 피복에 손상이 발생되지 않게 가요전선관, 금속 덕트 또는 몰드 등을 시설하여야 한다(수상형 제외).

44 태양광설비 공사 시 접속함에서 인버터까지 배선할 경우 전선의 최대길이를 상정하여 전압강하율을 몇 [%] 이하로 공사해야 하는지 쓰시오.

정답

2[%]

해설

접속함에서 인버터까지 배선은 전압강하율 2[%] 이하로 산정한다.

45 태양전지 모듈에서 PCS 입력단 간 및 PCS 출력단과 계통연계점 간의 전압강하를 몇 [%] 이하로 시공해야 하는지 쓰시오.

전선의 길이	60[m] 이하	120[m] 이하	200[m] 이하	200[m] 초과
전압강하	(①)	(②)	(③)	(④)

①

②

③

④

정답

① 3[%]
② 5[%]
③ 6[%]
④ 7[%]

46 전기설비의 전기방식이 직류 2선식일 때 전선의 전압강하를 구하는 공식을 쓰시오.

e : 전압강하[V], L : 전선의 길이[m], I : 부하전류[A] , A : 사용전선의 면적[mm^2]

정답

$$e = \frac{35.6 \times L \times I}{1,000 \times A}[\mathrm{V}]$$

해설

회로의 전기방식	전압강하	전선의 단면적
• 직류 2선식 • 교류 2선식	$e = \frac{35.6 \times L \times I}{1,000 \times A}$	$A = \frac{35.6 \times L \times I}{1,000 \times e}$
3상 3선식	$e = \frac{30.8 \times L \times I}{1,000 \times A}$	$A = \frac{30.8 \times L \times I}{1,000 \times e}$

47 태양광설비의 접속함에서 3극 개폐기를 사용하여 결선하시오.

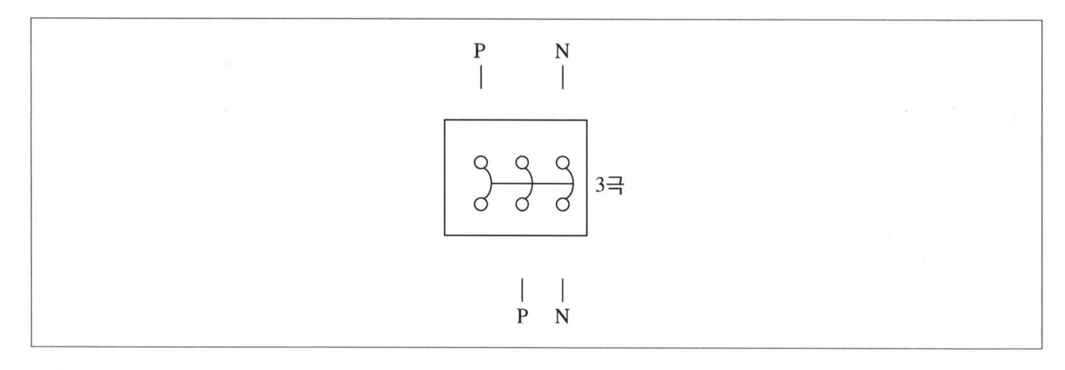

정답

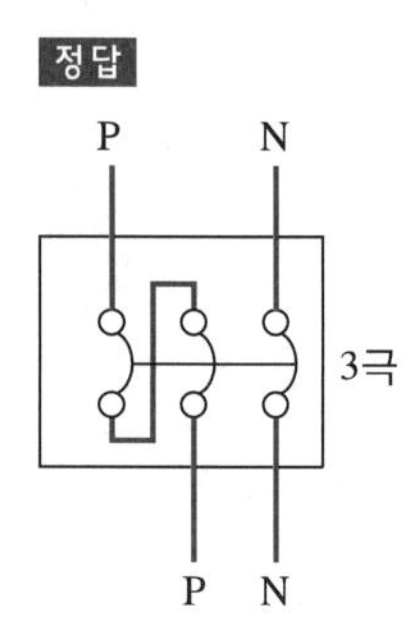

48 금속관공사에서 박스나 캐비닛의 녹아웃의 지름이 금속관의 지름보다 큰 경우 사용하는 부속품을 쓰시오.

정답

링 리듀서(Ring Reducer)

49 전선관 말단 전선의 보호금속관 배선에 대한 설명이다. ①~④에 알맞은 내용을 쓰시오.

- 관의 끝부분에는 (①)을(를) 사용한다.
- 옥외에서 수평배관의 말단에는 (②) 또는 (③)을(를) 사용한다.
- 옥외에서 수직배관의 상단에는 (③)을(를) 사용한다.
- 금속관의 굴곡 반경은 관 내경의 (④)배 이상으로 하며 찌그러짐이 없어야 한다.

①	②
③	④

정답

① 부 싱
② 터미널 캡
③ 엔트런스 캡
④ 6

50 지중전선로에 대한 설명이다. ①~③에 알맞은 내용을 쓰시오.

- 지중전선로의 매설깊이는 (①)[m] 이상으로 하고 중량물의 압력을 받을 우려가 없는 곳에는 (②) [m] 이상으로 한다.
- 지중매설관 설치 시 총길이가 (③)[m]를 초과하는 경우는 (③)[m]마다 지중함을 설치하는 것이 바람직하다.

① ②

③

정답

① 1.0
② 0.6
③ 30

51 태양광설비 중 케이블을 시설하는 경우 케이블을 건축구조물의 아랫면 또는 옆면에 따라 고정하는 경우에는 전선의 지지점 간의 거리를 몇 [m] 이하로 고정해야 하는지 쓰시오.

정답

2[m]

해설

케이블을 건축구조물의 아랫면 또는 옆면에 따라 고정하는 경우에는 전선의 지지점 간의 거리를 케이블은 2[m](사람이 접촉할 우려가 없는 곳에서 수직으로 붙이는 경우에는 6[m]) 이하, 캡타이어케이블은 1[m] 이하로 한다.

52 태양광발전시스템에서 기기 단자와 케이블 접속 시 볼트와 너트를 규정된 힘으로 일정하게 조여 주는 공구를 쓰시오.

정답

토크 렌치

53 케이블의 단말처리에 대한 설명이다. ①~④에 알맞은 내용을 쓰시오.

- XLPE 케이블은 내후성이 약하므로, 비닐시스가 벗겨져 절연체가 노출된 채로 장기간 사용하면 절연 불량을 야기하는 원인이 되므로 (①) 및 (②)을(를) 절연체에 감아 내후성을 향상시킨다.
- 자기융착 절연테이프는 시공 시 테이프 폭이 (③)으로부터 (④) 정도로 중첩해 감아 놓으면 시간이 지남에 따라 융착하여 일체화된다.

①	②
③	④

정답

① 자기융착 절연테이프

② 보호테이프

③ $\frac{2}{3}$

④ $\frac{3}{4}$

해설

자기융착 절연테이프의 열화를 방지하기 위해 자기융착 절연테이프 위에 다시 한 번 보호테이프를 감는다.

54 전선의 상별표시 방법이다. ①~⑤에 알맞은 색상을 쓰시오.

교류(AC) 도체		직류(DC) 도체	
상(문자)	색 상	극	색 상
L1	①	L+	④
L2	②	L−	⑤
L3	③	중점선	파란색
N	파란색	N	파란색
보호도체	녹색-노란색	보호도체	녹색-노란색

①

②

③

④

⑤

정답

① 갈 색

② 검은색

③ 회 색

④ 빨간색

⑤ 흰 색

55 한국전기설비규정(KEC)에 따른 접지시스템의 구분에 대한 설명이다. ①~③에 알맞은 내용을 쓰시오.

- (①)는(은) 전력계통의 이상 현상에 대비하여 대지와 계통을 접속하는 것을 말한다.
- (②)는(은) 감전보호를 목적으로 기기의 한 점 이상을 접지하는 것을 말한다.
- (③)는(은) 뇌격전류를 안전하게 대지로 방류하기 위한 접지를 말한다.

①

②

③

정답

① 계통접지

② 보호접지

③ 피뢰시스템 접지

56 접지시스템의 시설의 종류에 대한 설명이다. ①~③에 알맞은 내용을 쓰시오.

- (①)는(은) 특·고압 계통의 접지극과 저압 접지계통의 접지극을 독립적으로 시설하는 접지방식이다.
- (②)는(은) 특·고압 접지계통과 저압 접지계통을 등전위 형성을 위해 공통으로 접지하는 방식이다.
- (③)는(은) 계통접지·통신접지·피뢰접지의 접지극을 통합하여 접지하는 방식이다.

①

②

③

정답

① 단독접지
② 공통접지
③ 통합접지

57 접지시스템에서 접촉 가능한 도전성 부분 사이에 동시 접촉한 경우에서도 위험한 접촉 전압이 발생하지 않도록 하는 것을 무엇이라고 하는지 쓰시오.

정답

등전위 본딩

해설

- 본딩 : 건축 공간에 있어서 금속도체들을 서로 연결하여 전위를 동일하게 하는 것
- 등전위 본딩 : 건축물 내부 전기설비의 안전상 가장 중요한 사항이며, 계통 외의 도전부를 주접지단자에 접속하여 등전위를 확보할 수 있다.

58 한국전기설비규정(KEC)에 따른 접지방식의 구분이다. ①, ②에 알맞은 명칭을 쓰시오.

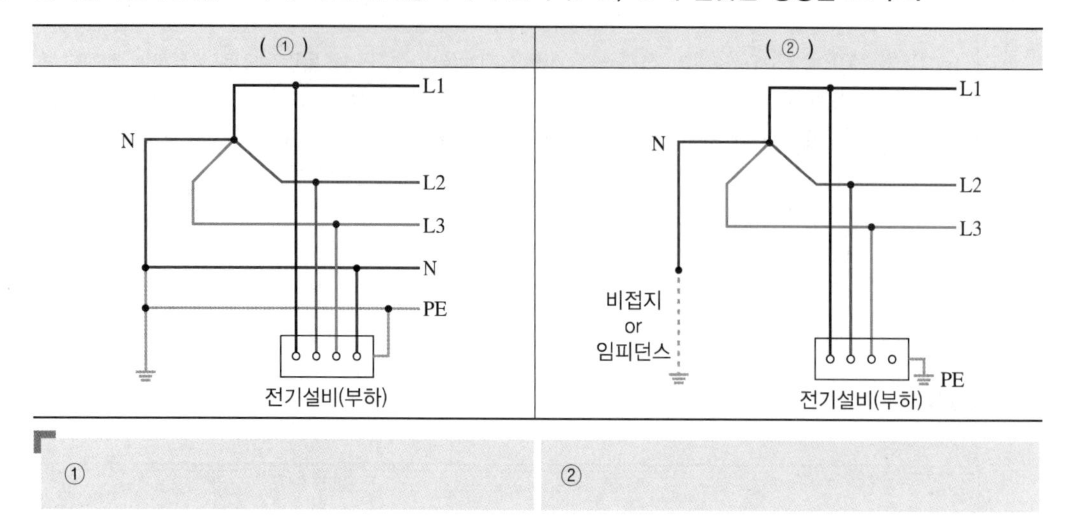

①	②

정답

① TN-S 방식

② IT 방식

해설

구 분	특 징
TN-S	• 계통 전체에 걸쳐서 중성선과 보호도체를 분리하여 시설 • 정보통신설비, 전산센터, 병원 등의 노이즈에 예민한 설비가 갖춰진 곳에 시설 • 설비비 고가
TN-C	• 계통 전체에 걸쳐서 중성선과 보호도체를 하나의 도선으로 시설 • 우리나라 배전계통에 적용되고 있음 • 누전차단기 설치가 불가능하지만, 지락보호용 과전류차단기는 사용 가능
TN-C-S	• TN-S와 TN-C 방식을 결합한 형태 • 수변전실을 갖춘 대형 건축물에서 사용 • 전원부는 TN-C 방식(중성선과 보호도체 함께 사용 = PEN) • 간선계통은 TN-S 방식(중성선과 보호도체 분리 사용)
TT	• 계통과 전기설비(부하) 측을 개별적으로 접지 시설 예 전주 주상변압기 접지선과 각 수용가의 접지선이 따로 있는 형태 • 전력계통에서 보호도체를 분기하지 않고, 전기설비(부하) 자체를 단독 접지하는 방식 • 전기설비(부하) 개별 접지방식이므로 누전차단기(ELB)로 보호 • 2개의 전압을 사용하기 위해서는 N상이 존재해야 함
IT	• 계통은 비접지 또는 임피던스를 삽입하여 접지, 전기설비(부하)의 노출도전성 부분은 개별 접지 시설 • 병원과 같이 무정전이 필요한 곳에 사용함

59 한국전기설비규정(KEC)에 따른 접지시스템이다. ①~④에 알맞은 명칭을 쓰시오.

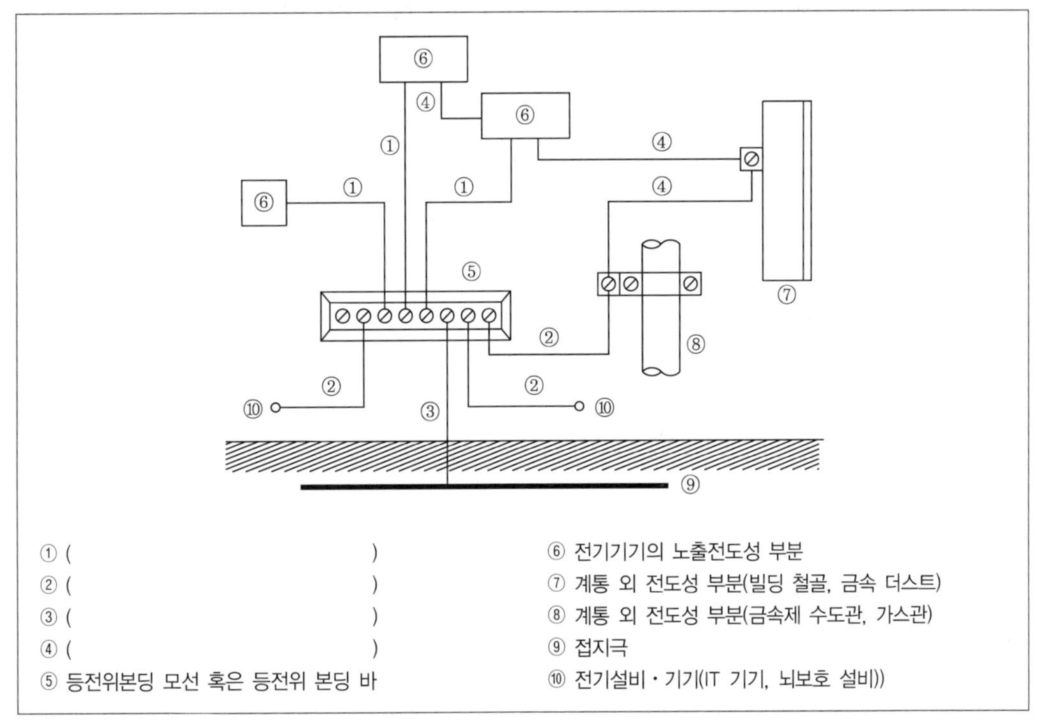

①	②
③	④

정답

① 보호도체(PE)

② 주등전위 본딩용 도체

③ 접지선

④ 보조등전위 본딩용 도체

60 접지시스템에서 보조등전위 본딩은 주등전위 본딩에 대한 보조적인 역할이므로 유효성이 의심되는 경우에는 동시에 접촉될 수 있는 노출도전부와 계통 외 도전부 사이의 전기저항을 구하시오.

조건
직류계통으로 누전차단기의 동작전류는 5[A]

정답

24[Ω]

해설

- 직류계통일 때 : $R \leq \frac{120[V]}{I_a} = \frac{120}{5} = 24[\Omega]$
- 교류계통일 때 : $R \leq \frac{50[V]}{I_a}[\Omega]$

61 접지시스템에 대한 설명이다. ①~④에 알맞은 내용을 쓰시오.

> 접지시스템에서 주접지단자에 접속하기 위한 등전위 본딩도체는 설비 내에 있는 가장 큰 보호접지도체 단면적의 (①) 이상의 단면적을 가져야 하고 다음의 단면적 이상이어야 한다.
> - 구리(Cu)도체 (②)[mm^2]
> - 알루미늄(Al)도체 (③)[mm^2]
> - 강철도체 (④)[mm^2]

①	②
③	④

정답

① $\frac{1}{2}$

② 6

③ 16

④ 50

62 접지시스템의 보조보호등전위 본딩도체에 대한 설명이다. ①~④에 알맞은 내용을 쓰시오.

케이블의 일부가 아닌 경우 또는 선로도체와 함께 수납되지 않은 본딩도체는 다음 값 이상이어야 한다.
- 기계적 보호가 된 것은 구리도체 (①)[mm^2], 알루미늄도체 (②)[mm^2]
- 기계적 보호가 없는 것은 구리도체 (③)[mm^2], 알루미늄도체 (④)[mm^2]

①	②
③	④

정답

① 2.5
② 16
③ 4
④ 16

63 접지시스템에서 접지도체(연동선)의 최소단면적을 쓰시오(단, 특고압 · 고압 전기설비용 접지도체일 때).

정답

6[mm^2] 이상

해설

구분	단면적
접지도체 최소단면적	• 구리 6[mm^2] 이상 • 철제 50[mm^2] 이상
피뢰시스템이 접속되는 경우 접지도체	• 구리 16[mm^2] 이상 • 철제 50[mm^2] 이상
특고압 · 고압 전기설비용 접지도체	6[mm^2] 이상 연동선
중성점 접지용 접지도체	16[mm^2] 이상 연동선
중성점 접지용 접지도체 중 다음의 것 • 7[kV] 이하의 전로 • 사용전압이 25[kV] 이하인 특고압 가공전선로 중 중성선 다중접지방식의 것으로서 전로에 지락이 생겼을 때 2초 이내에 자동적으로 이를 전로로부터 차단하는 장치가 되어 있는 것	6[mm^2] 이상 연동선

64 접지시스템에 대한 설명이다. ①~③에 알맞은 내용을 쓰시오.

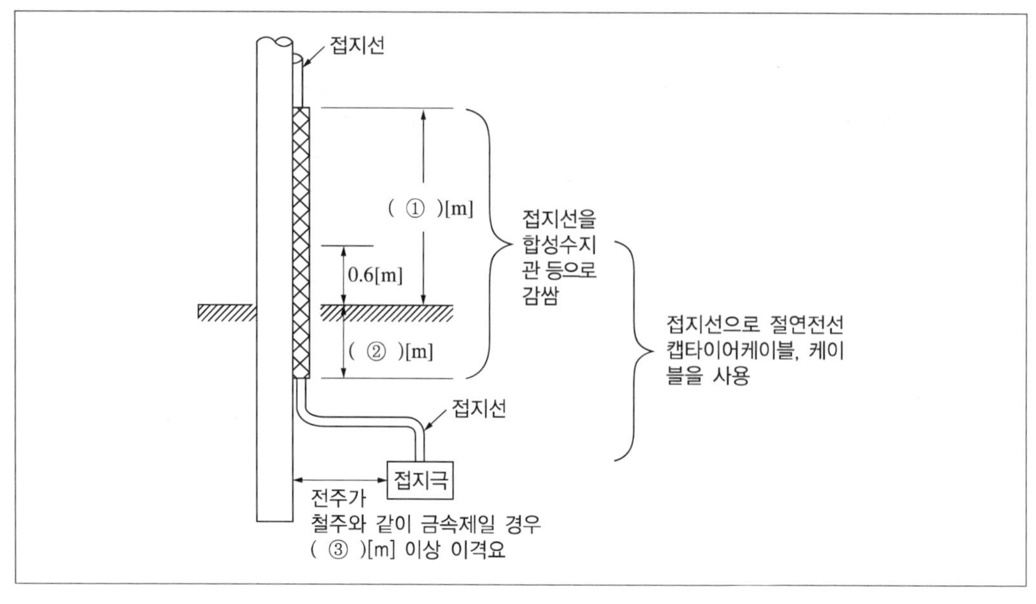

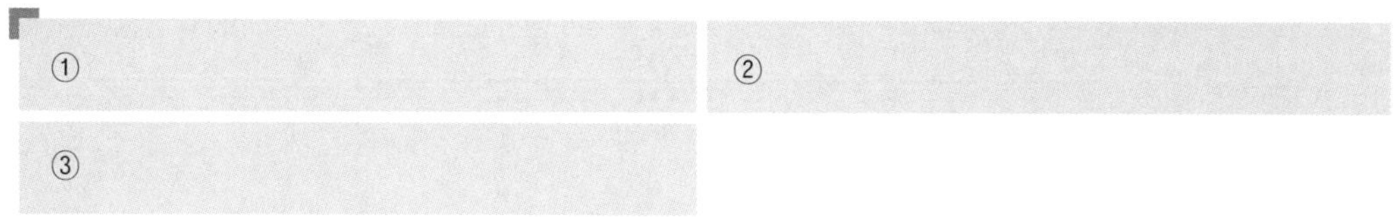

정답

① 2
② 0.75
③ 1

65 전위차계형 접지저항계로 접지저항을 측정할 때 접지극과 보조접지극의 이격거리는 몇 [m] 이상 이격을 해야 하는지 쓰시오.

정답

10[m] 이상

66 태양광발전설비에서 뇌서지에 대비하는 방법을 3가지만 쓰시오.

•

•

•

정답

- 광역피뢰침뿐만 아니라 서지보호장치를 설치한다.
- 피뢰 소자를 어레이 주회로 내부에 분산시켜 설치하고 접속함에도 설치한다.
- 저압배전선에서 침입하는 뇌서지에 대해서는 분전반에 피뢰 소자를 설치한다.
- 뇌우 다발지역에서는 교류 전원 측으로 내뢰 트랜스를 설치하여 보다 완전한 대책을 세운다.

67 태양광발전설비의 피뢰대책용 부품에 대한 설명이다. ①~④에 알맞은 내용을 답란에 쓰시오.

- (①)는(은) 낙뢰에 의한 충격성 과전압에 대하여 전기설비의 단자전압을 규정치 이내로 저감시켜 정전을 일으키지 않고 원상태로 회귀하는 장치이다.
- (②)는(은) 전선로에 침입하는 이상전압의 높이를 완화하고 파고치를 저하시키는 장치이다.
- (③)는(은) 실드부착 절연 트랜스를 주체로 이에 어레스터 및 콘덴서를 부가시킨 것으로, 절연 트랜스에 의해 뇌서지의 흐름을 완전히 차단할 수 있도록 한 장치이다.
- 낙뢰 우려가 있는 건축물 또는 높이 (④)[m] 이상의 건축물에는 피뢰설비를 설치한다.

①	②
③	④

정답

① 어레스터
② 서지업소버
③ 내뢰 트랜스
④ 20

68 태양전지 모듈의 설치가 완료된 후에는 전압, 극성 확인, 단락전류 측정, 접지 확인(직류 측 회로의 비접지 여부 확인)을 한다. 이때 사용하는 장치를 구분하여 쓰시오.

- 전압 및 극성 확인 :
- 단락전류 측정 :

정답

- 전압 및 극성 확인 : 멀티테스터, 직류전압계로 사용
- 단락전류 측정 : 직류전류계로 측정

69 태양전지 어레이의 절연저항을 측정하는 데 필요한 장비 3가지를 쓰시오.

정답

- 절연저항계
- 온도계/습도계
- 단락용개폐기

70 태양전지 어레이의 절연저항을 측정 시 유의할 사항 2가지만 쓰시오.

정답

- 해가 있을 때 측정하는 것은 큰 단락전류가 흘러 매우 위험하므로 단락용 개폐기를 이용할 수 없는 경우에는 절대 측정하지 말아야 한다.
- 태양전지의 직렬수가 많아 전압이 높은 경우에는 예측할 수 없는 위험이 발생할 수 있으므로 측정하지 말아야 한다.
- 측정 시에는 태양전지 모듈에 커버를 씌워 태양전지 셀의 출력을 저하시키면 보다 안전하게 측정할 수 있다.
- 단락용 개폐기 및 전선은 고무 절연막 등으로 대지절연을 유지함으로써 보다 정확한 측정값을 얻을 수 있다.
- 측정자의 안전을 보장하기 위해 고무장갑이나 마른 목장갑을 착용할 것을 권장한다.

해설

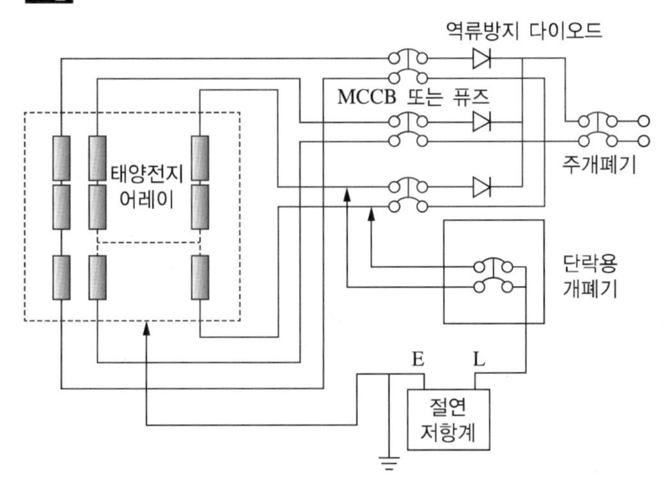

71 **태양광설비의 인버터회로의 절연저항을 측정하고자 한다. ①, ②에 적당한 절연저항계를 쓰시오.**

- 인버터 정격전압 300[V] 이하 : (①) 절연저항계
- 인버터 정격전압 300[V] 초과 600[V] 이하 : (②) 절연저항계

①	②

정답

① 500[V]
② 1,000[V]

72 **태양광설비의 인버터회로의 절연저항을 측정하고자 한다. 측정 시 유의할 사항 3가지만 쓰시오.**

정답

- 입출력 정격전압이 다를 때는 높은 측의 전압으로 절연저항계를 선택한다.
- 입출력단자에 주회로 이외의 제어단자 등이 있는 경우는 이것을 포함해 측정한다.
- 측정 시 SPD 등의 정격에 약한 회로들은 분리한다.
- 절연변압기를 장착하지 않은 인버터의 경우에는 제조사가 권장하는 방법으로 측정한다.

73 **태양광발전설비에서 인버터의 절연저항을 측정하는 순서를 차례대로 나열하시오.**

① 직류 측의 모든 입력단자 및 교류 측의 전체 출력단자를 각각 단락 ② 직류단자와 대지 간의 절연저항 측정 및 판단 ③ 태양전지 회로를 접속함에서 분리 ④ 분전반 내의 분기 차단기를 개방

측정순서 : ( ) - ( ) - ( ) - ( )

정답

③ - ④ - ① - ②

해설

출력회로 측정방법

인버터의 입출력단자 단락 후 출력단자와 대지 간 절연저항을 측정한다(분전반까지의 전로를 포함하여 절연저항 측정 · 절연변압기 측정).

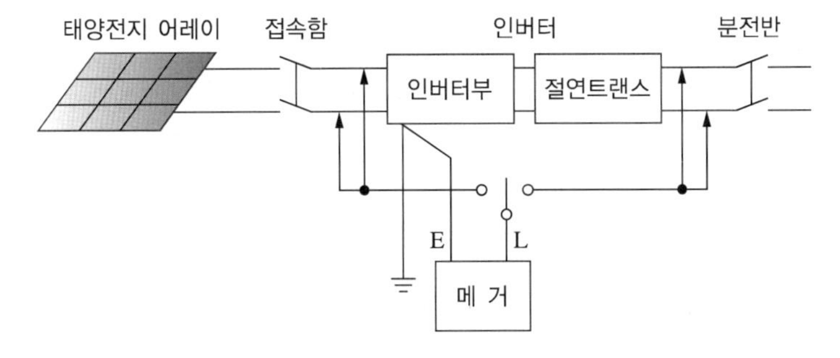

74 태양광발전설비의 태양전지 어레이회로의 절연내력 측정방법을 간단히 쓰시오.

정답

태양전지 어레이 개방전압을 최대 사용전압으로 간주하여 최대 사용전압의 1.5배의 직류전압이나 1배의 교류전압(500[V] 미만일 때는 500[V])을 10분간 인가하여 측정하여 절연파괴 등의 이상이 발생하지 않아야 한다.

75 태양광설비의 준공에 관련된 용어 정의이다. ①~④에 알맞은 내용을 답란에 쓰시오.

- (①)는(은) 시설물의 시공에 관련된 도면, 시방서, 계산서, 보고서 등의 각종 서류를 말한다.
- (②)는(은) 공사가 완료되었을 때 시설물의 형태구조를 나타낸 도면이다.
- (③)는(은) 공사가 완료되었을 때 설계 변경분을 포함하여 소요된 공사비, 자재수량 등 설계물량을 기술한 내역서이다.
- (④)는(은) 구조물 등의 설계, 제작, 시공 등에 대하여 기준이 될 사항을 규정한 문서이다.

①	②
③	④

정답

① 준공도서
② 준공도면
③ 준공내역서
④ 시방서

PART 03

태양광발전시스템 운영 및 유지보수

신재생에너지발전설비기능사(태양광) [실기] 한권으로 끝내기

www.sdedu.co.kr

PART 03 태양광발전시스템 운영 및 유지보수

CHAPTER 01

태양광발전시스템 운영

01 | 운영계획 및 시스템 점검사항

(1) 운영계획 및 사업개시

① 일별, 월별 연간 운영계획 수립 시 고려요소

㉠ 발전전력 거래

- 신재생에너지 발전사업자 및 자가용 신재생에너지 발전설비 설치자는 발전설비 용량에 따라 생산전력을 전기 판매업자(한전)나 전력시장(한국전력거래소)에 거래할 수 있음
- 1,000[kW] 이하 : 전기 판매업자(한전)나 전력시장(한국전력거래소)
- 1,000[kW] 초과 : 전력시장(한국전력거래소)

㉡ 예산편성

- 유지관리 책임자는 유지관리 필요자금 확보, 자금관리계획
- 예산편성 시 월별, 분기별 검토하여야 하며, 예산을 초과하지 않도록 감시 등

㉢ 안전관리자 선임

- 전기사업자나 자가용 전기설비의 소유자 또는 점유자는 산업통상자원부령으로 정하는 바에 따라 국가기술자격법에 따른 전기·기계·토목 분야의 기술자격을 취득한 전기안전관리자 선임(1,000[kW] 이상은 상주 안전관리자 선임)
- 안전관리업무 대행 자격요건
  - 산업통상자원부령 규모 이하의 전기설비 소유, 점유자는 대행업자에게 대행 가능
  - 안전공사 및 대행사업자 : 용량 1,000[kW] 미만
  - 장비보유 자격개인대행자 : 250[kW] 미만
  - 자격완화 경우 : 기능사 이상 자격 소지자, 관련학과 졸업 경력 3년 이상자, 군-전기관련 기능사 자격자, 교육이수자

㉣ 점검 항목

- 태양광발전시스템의 점검은 준공 시의 점검, 일상점검, 정기점검의 3가지로 구분
- 용량별 점검 횟수

용량[kW]	300[kW] 이하	500[kW] 이하	700[kW] 이하	1,500[kW] 이하
횟수(월)	1회	2회	3회	4회

㉤ 태양광발전시스템 운영 시 갖추어야 할 목록

계약서 사본, 시방서, 건설 관련 도면, 구조물 구조 계산서, 운영 매뉴얼, 한전계통연계 관련서류, 핵심기기의 매뉴얼(인버터, PCS 등), 기기 및 부품의 카탈로그, 일반 점검표, 긴급복구 안내문, 안전교육 표지판, 전기안전 관련 주의 명판 및 안전 경고표시 위치도, 전기안전 관리용 정기점검표

② 사업허가증 발급 방법 등

㉠ 주요 인·허가 및 유관기관 업무협의 흐름도

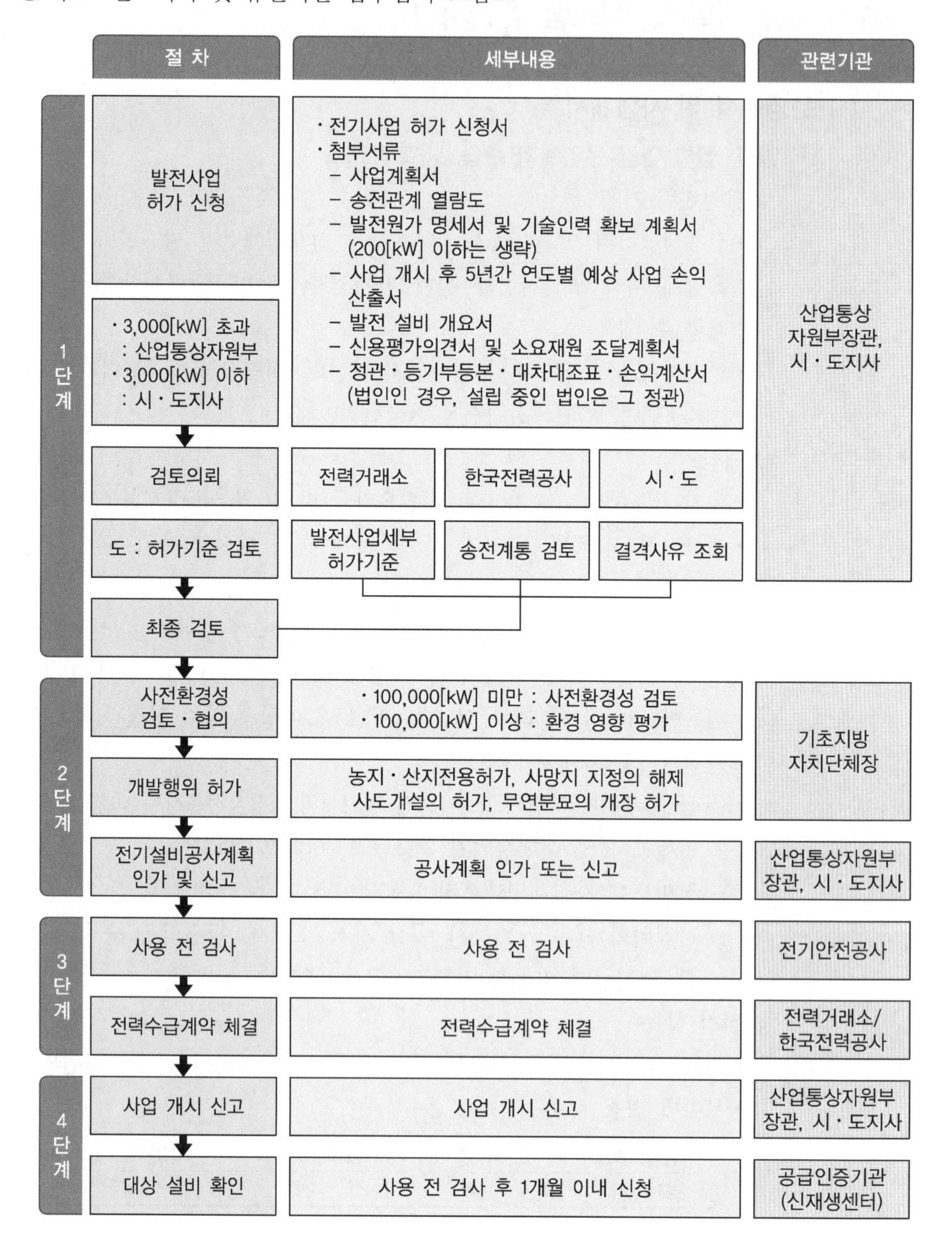

㉡ 전기사업 인·허가

- 전기발전사업허가
  - 3,000[kW] 초과 설비 : 산업통상자원부장관
  - 3,000[kW] 이하 설비 : 시·도지사/제주도는 초과도 가능
- 허가 취소

  준비기간(10년 내) 내에 사업개시를 안 할 경우 → 전기위원회심의(3,000[kW] 이하 제외) → 취소
- 발전회사 등록 → 한국전력거래소
  - 회원자격 : 전기판매사업자, 전기사용자, 발전사업자, 구역전기사업자, 자가용 전기설비를 설치한 자, 한국전력거래소의 정관으로 정하는 요건을 갖춘 자
- 사업용 전기설비의 사용 전 검사
  - 7일 전까지 한국전기안전공사로 신청

㉢ 신재생에너지 공급의무화(RPS) 제도

- 일정규모 이상의 발전설비를 보유한 사업자에게 총발전량의 일정량 이상을 신재생에너지로 생산전력을 공급토록 의무화한 제도
- 공급의무자는 신재생에너지 설비를 의무공급량만큼 설치하거나 신재생에너지 발전설비 소규모사업자로부터 공급인증서(REC)를 구매하여야 함

02 | 태양광발전시스템의 운전

(1) 태양광발전시스템의 운영체계 및 절차

① 운영 부분

㉠ 현장관리인 : 발전소 구내 보안 및 청소, 잡초 제거, 경비

㉡ 전기안전관리자(자격증 소유자) 선임

- 1,000[kW] 미만인 경우 : 안전관리 대행 가능
- 1,000[kW] 이상인 경우 : 사업자가 선임

㉢ 제3자 유지보수 계약유지(PCS 등)

㉣ 역 할

- 기술관리 및 도면관리
- 유지보수 물품보관 관리
- 월간 전기 생산량(발전량) 분석
- 소모품 공급
- 배전반, PCS, 감시 제어시스템 건전성 유지 등

② 감시 및 순찰

㉠ 태양광발전소 시설 감시

㉡ 정기점검 및 긴급 출동

㉢ 안전진단 및 효율 이상 유무 확인

③ 법인 유지관리(선택)

④ 태양광발전시스템의 운영방법

㉠ 시설용량 및 발전량

- 시설용량은 부하의 용도 및 적정 사용량을 합산한 월평균 사용량에 따라 결정
- 발전량은 봄과 가을에 많이 발생되며, 여름과 겨울에는 기후여건에 따라 현전하게 감소(상대적으로 박막형은 온도에 덜 민감)

㉡ 모듈 관리

- 충격 주의
- 정기적인 세척 시 스크래치 주의
- 모듈 표면의 온도가 높을수록 발전효율이 저하되므로, 정기적으로 물을 뿌려 온도를 조절해 주면 발전효율을 높일 수 있음
- 풍압이나 진동으로 인해 모듈과 형강의 체결 부위가 느슨해지는 경우가 있으므로, 정기적인 점검이 필요

㉢ 파워컨디셔너 및 접속함 관리

- 인버터의 고장요인이 높으므로 정상가동 여부를 정기적인 점검으로 확인
- 접속함의 누수나 습기침투 여부에 대한 정기적 점검이 필요

㉣ 강구조물 및 전선 관리

- 강구조물이나 구조물 접합자재는 용융아연도금
- 전선 피복부나 연결부에 문제가 없는지 정기적으로 점검

㉤ 응급조치 방법

- 태양광발전설비가 작동되지 않는 경우
  - 접속함 내부 DC 차단기 개방(Off)
  - AC 차단기 개방(Off)
  - 인버터 정지 후 점검
- 점검 완료 후 복귀순서 : 점검 완료 후에는 역으로 투입
  - AC 차단기 투입(On)
  - 접속함 내부 DC 차단기 투입(On)

(2) 태양광발전시스템 운전조작방법

운전 시 조작방법과 정전 시 조작방법으로 나눔

① 운전 시 조작방법

㉠ Main VCB반 전압 확인

㉡ 접속반, 인버터 DC 전압 확인

㉢ AC 측 차단기 On, DC용 차단기 On

㉣ 5분 후 인버터 정상작동 여부 확인

② 정전 시 조작방법

㉠ Main VCB반 전압 확인 및 계전기를 확인하여 정전 여부 확인, 버저 Off

㉡ 태양광 인버터 상태 확인(정지)

㉢ 한전 전원복구 여부 확인

㉣ 인버터 DC 전압 확인 후 운전 시 조작방법에 의해 재시동

(3) 태양광발전시스템 동작원리

① 독립형 시스템

㉠ 개 념

- 계통과 직접 연계되지 않고 분리된 발전방식으로 태양광발전시스템의 발전전력만으로 부하에 전력을 공급하는 시스템
- 야간 혹은 우천 시에 태양광발전시스템의 발전을 기대할 수 없는 경우에 발전된 전력을 저장할 수 있는 충·방전장치 및 축전지 등의 축전장치를 접속하여 태양광 전력을 저장하여 사용하는 방식
- 오지, 등대, 중계소, 가로등, 도서지역의 주택 전력공급용이나, 통신, 양수펌프, 안전표지 등 소규모 전력공급용으로 사용

㉡ 동작 원리

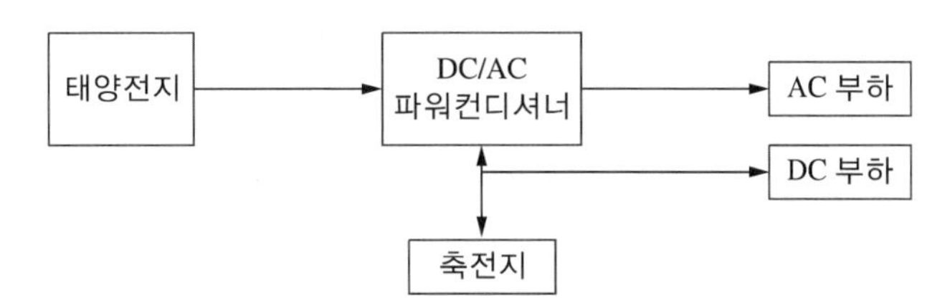

② 계통연계형 시스템

㉠ 개 념

- 생산된 전력을 지역 전력망에 공급할 수 있도록 구성되며, 병렬로 한국전력 등 전력 계통에 연결되어 작은 발전소 역할을 함
- 초과 생산된 전력은 상용계통에 보내고, 야간 혹은 우천 시 전력생산이 불충분한 경우 상용계통으로부터 전력을 받을 수 있으므로 전력저장장치가 필요하지 않아 시스템 가격이 상대적으로 낮음

㉡ 동작 원리

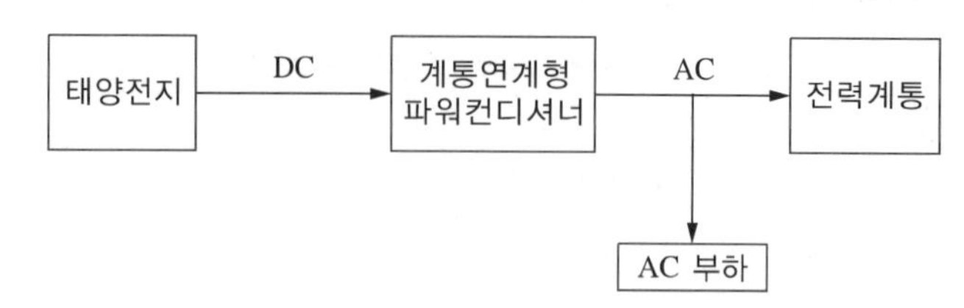

③ 하이브리드형 시스템

㉠ 개 념

태양광발전시스템에서 풍력, 열병합, 디젤 발전 등 타 에너지원의 발전시스템과 결합하여 축전지, 부하 또는 상용계통에 전력을 공급하는 시스템

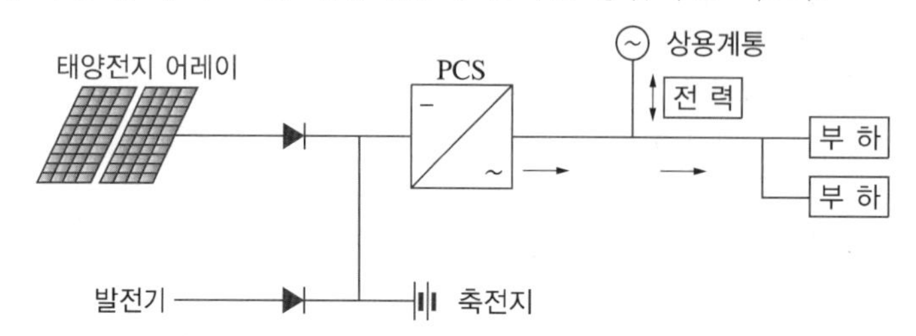

(4) 태양광발전시스템의 구성요소

- 모듈 부분
- 출력조절기(PCS ; Power Conditioner System)
- 주변장치(BOS ; Balance Of System) : 충방전 컨트롤러, 축전지, 구조물, 케이블, 단자함, 모니터링 시스템

① 태양전지 어레이(PV Array)

㉠ 태양전지 모듈이나 지지대 등의 지지물뿐 아니라 태양전지 모듈 결선 회로나 접지회로 및 출력단의 개폐 회로

㉡ 어레이에는 태양전지 모듈을 직·병렬 조합

㉢ 스트링 : 태양전지 모듈이 직렬로 접속하여 하나로 합쳐진 회로

㉣ 어레이는 절연저항, 접지저항이 만족되어야 함

㉤ 내전압, 낙뢰충격 등의 위험으로부터 안정성이 확보

㉥ 풍하중, 적설하중 등에 견딜 수 있는 기계적 강도 역시 매우 중요

② 바이패스 다이오드(Bypass Diode)

㉠ 태양전지 모듈 뒷면의 정크션 박스 안에 보통 위치

㉡ 모듈 내의 셀 어레이가 직렬로 연결되어 있는데, 이 중에 셀 하나 이상이 그림자나 이물질로 인하여 특정 셀이 전력을 발생하지 못하면 그 셀의 전류가 감소하여 직렬로 연결된 전체 셀의 전류 흐름을 막게 되고, 모듈 전체 전력 손실 발생

㉢ 그 셀은 열을 발생(열점현상)하게 되어 다른 이차적인 나쁜 영향을 미치게 되고, 이를 피하고자 전류 감소를 막고 나머지 정상적인 셀들의 전류를 원활히 흐르게 하기 위하여 일정 셀 수마다 셀 직렬 마디에 병렬로 다이오드를 설치

③ 역류방지 다이오드

어레이 내의 스트링과 스트링 사이에서도 전압불균형 등의 원인으로 병렬 접속한 스트링 사이에 서로 전류가 흘러 어레이에 악영향을 미칠 수 있는데, 이를 방지하기 위해 설치

④ 충·방전 컨트롤러

㉠ 충·방전 컨트롤러는 주로 독립형 시스템에서 태양전지 모듈로부터 생산된 전기를 축전지에 저장 또는 방전하는 데 사용

㉡ 배터리의 수명을 위한 상한과 하한의 전압을 설정할 수 있도록 설계

⑤ 축전지

㉠ 태양광설비용 축전지는 연축전지와 알칼리 축전지가 널리 사용

㉡ 일반적으로 연축전지는 가격이 저렴한 반면, 알칼리 축전지는 수명이나 대전류 방전특성이 뛰어난 장점

㉢ 태양광설비용 Deep Cycle(심방전) 축전지는 방전과 충전을 번갈아 반복해 사용되는 전원으로서 깊은 방전(80[%])에도 견딜 수 있도록 설계 제작되나 가격이 고가

⑥ 파워컨디셔너(PCS)

㉠ 직류를 교류로 변환하는 기능뿐만 아니라 계통과 병렬운전을 하여야 하며 추가적인 기능으로 최대 전력점 추종, 고효율제어, 직류제어, 고조파 억제, 계통연계 및 보호기능, 단독운전 방지기능, 역조류 기능, 자동운전·정지 기능

㉡ PCS 절연방식에 따라 상용주파 절연방식, 고주파 절연방식, 무변압기 방식

(5) 태양광발전시스템 운영 점검사항

준공 시의 점검, 일상점검, 정기점검 3가지로 구분

(6) 태양광발전 계측시스템(모니터링 시스템)

① 계측기구·표시장치의 설치 목적

㉠ 시스템의 운전 상태 감시

㉡ 시스템에 의한 발전 전력량 알기

㉢ 시스템 기기 또는 시스템 종합평가

㉣ 시스템의 홍보

② 계측기구·표시장치의 구성

㉠ 계측·표시시스템에는 검출기(센서), 신호변환기(트랜스듀서), 연산장치, 기억장치, 표시장치 등이 있음

㉡ 신호변환기(트랜스듀서) : 검출기로 검출된 데이터를 컴퓨터 및 먼 거리에 설치된 표시장치에 전송하는 경우에 사용

03 | 태양광 모니터링 시스템

신재생에너지설비 모니터링 시스템은 전국적으로 광범위하게 설치되는 신재생에너지설비의 에너지 생산량 및 가동 현황을 웹 기반으로 모니터링하는 시스템이다. 데이터를 전송하는 클라이언트와 전송 데이터를 수집·저장 및 관리하는 중앙 서버는 범용 인터넷망을 통해 서로 연결되며, 미리 정의된 프로토콜을 사용하여 데이터를 송수신한다.

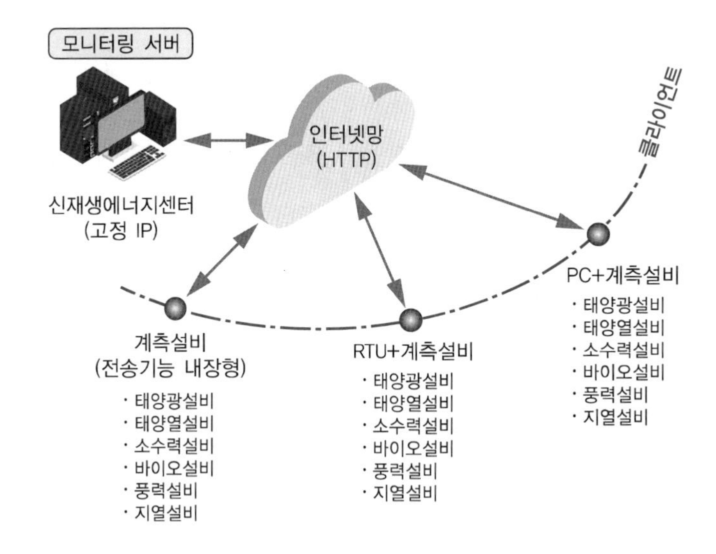

(1) 모니터링 시스템 구성요소

① 웹 모니터링 시스템 구성

㉠ 인버터(RS-422, 485) → 원격전송장치(RTU) → 공유기 → 웹 서버

㉡ 인버터(RS-422, 485) → 원격전송장치(RTU) → 웹 서버

② 로컬 모니터링 시스템 구성

㉠ 인버터(RS-422, 485) → 컨버터(422, 232) → PC

㉡ 인버터(RS-422, 485) → 데이터로거(232) → PC

(2) 모니터링 항목 및 계측설비

① 모니터링 항목 및 측정 위치

㉠ 필수기준사항 : 에너지 생산량 및 생산시간을 누적으로 모니터링하여야 한다.

구 분	모니터링 항목	데이터(누계치)	측정 위치
태양광	일일발전량[kWh]	24개(시간당)	인버터 출력
	발전시간[분]	1개(1일)	

㉡ 일반적으로 다음 사항을 모니터링하여 표시한다.

- 모듈전력량(V_{dc}, I_{dc}, P_{dc})
- 인버터 출력(V_{ac}, I_{ac}, P_{ac})
- 누적발전량

㉢ 한국에너지공단 신재생에너지센터 전송 항목

- 일일발전량[kWh]
- 발전시간[분]

② 모니터링 설비의 계측설비 기준

계측설비	요구사항
인버터	CT 정확도 3[%] 이내
온도 센서	정확도 ±0.3[℃](-20~100[℃]) 미만
	정확도 ±1[℃](100~1,000[℃]) 이내
전력량계	정확도 1[%] 이내

(3) 태양광 모니터링 요소

① 일사 강도 측정

㉠ 경사면 일사 강도는 태양전지 어레이와 동일한 경사면에서 교정된 장비나 수평면 일사계를 이용하여 측정되어야 한다.

㉡ 센서의 위치는 어레이의 대표적인 일사량을 나타낼 수 있어야 한다.

㉢ 센서의 정확도는 신호 조절을 포함하여 지시값의 오차가 5[%] 이하로 한다.

② 주변 대기온도 측정

㉠ 복사 차폐 내에 설치된 온도 센서를 이용하여 측정한다.

㉡ 온도 센서의 정확도는 1[K] 미만이어야 한다.

③ 풍속 측정

풍속 센서의 정확도는 5[m/s] 이하일 경우는 0.5[m/s] 미만이어야 하며, 풍속이 5[m/s] 이상일 경우는 지시값의 오차가 10[%] 미만이어야 한다.

④ 모듈의 온도 측정

모듈 뒤쪽 표면에 배치된 온도 센서를 이용하여 측정되어야 한다.

⑤ 전압 및 전류 측정

㉠ 전압 및 전류 변수는 교류 또는 직류일 수 있다.

㉡ 지시값의 오차가 1[%] 미만이어야 한다.

㉢ 교류전압 및 전류는 모든 상황에서 측정하지 않아도 된다.

⑥ 전력 측정

㉠ DC 전력은 계측된 전압과 전류의 곱으로 실시간 계산되거나 전력 센서를 이용하여 직접 측정한다.

㉡ 계산에 의해 DC 전력을 구하는 경우 평균전압과 전류를 사용해서는 안 된다.

㉢ AC 전력은 역률 및 고조파 왜곡을 적절히 고려한 전력 센서를 이용하여 측정한다.

㉣ 전력 센서의 정확도는 지시값의 오차가 2[%] 이내이어야 한다.

(4) 모니터링 프로그램 주요기능

주요기능으로 데이터 수집기능, 데이터 저장기능, 데이터 분석기능, 데이터 통계기능 4가지로 나눌 수 있다.

① 데이터 수집기능

㉠ 인버터에서 서버로 전송되는 데이터는 데이터 수집 프로그램에 의하여 인버터로부터 전송받아 데이터를 가공한 후 데이터베이스에 저장한다.

㉡ 일반적으로 데이터는 10초 간격으로 태양전지 출력전압, 출력전류, 인버터의 각상 전류, 각상 전압, 출력전력, 주파수, 역률, 누적전력량, 외기온도, 모듈표면온도, 수평면일조량, 경사면일조량 등을 전송받는다.

㉢ 전송받은 데이터는 각각의 요소별로 분리하고, 데이터베이스의 실시간 테이블 형식에 맞도록 데이터를 수집한다.

② 데이터 저장기능

㉠ 데이터베이스의 실시간 테이블 형식에 맞도록 수집된 데이터는 데이터베이스에 실시간 테이블로 저장된다.

㉡ 매 10분마다 60개의 저장된 데이터를 읽어 산술평균값을 구한 뒤 10분 평균데이터를 저장하는 테이블에 데이터를 저장한다.

③ 데이터 분석기능

데이터베이스에 저장된 데이터를 표로 작성하여 각각의 계측요소마다 일일 평균값과 시간에 따른 각 계측값의 변화를 알 수 있도록 표의 테이블 형식으로 데이터를 제공한다.

④ 데이터 분석기능

데이터베이스에 저장된 데이터를 일간과 월간의 통계기능을 구현하여 엑셀에서 지정 날짜 또는 지정 월의 통계 데이터를 출력한다.

(5) 설비장치 간 통신규격

계측설비 —— 전송장치 —— 중앙서버

① 설비장치 간 통신방법
  ㉠ 일반적으로 장치 간에는 RS-232/422/485에서 선택하여 설치
  ㉡ 다수설비 공통 전송 시 RS485 통신을 함
  ㉢ 중앙서버와의 통신 방식 : 호환성과 확장성을 고려 XML 방식으로 표현하고 http 프로토콜을 통해 전송
    ※ XML(eXtensible Markup Language) : 인터넷 웹페이지를 만드는 html을 획기적으로 개선하여 만든 차세대 정보포맷 표준언어

② 전송장치(RTU ; Remote Terminal Unit)
원격 단말 장치 원격지에서 데이터를 수집해 전송 가능한 형식으로 데이터를 변환한 뒤 중앙기지국으로 송신하는 장치

(6) 데이터 전송 통신방법

① 장비들 간의 통신방법
  ㉠ 직렬통신
    • 한 번에 하나의 비트 정보를 전달하는 통신방식
    • 한 번에 한 비트씩 전송되므로 주로 저속통신
    • 마이크로프로세서와 컴퓨터 외부의 장치 간 통신에 주로 사용
    • 양단 간 통신 거리가 먼 경우 사용
    • 대표적인 직렬통신 장치 : PC의 COM Port, USB, IEEE1394, PCI Express 등
  ㉡ 병렬통신
    • 한 번에 많은 정보를 전달하는 통신방식
    • 마이크로프로세서와 컴퓨터 내의 주변장치 간 통신
    • 대량의 정보를 빠른 시간에 병렬처리, 마이크로프로세서 자체의 정보 처리량 증가
    • 대표적인 병렬통신 장치 : HDD, Memory, FDD, Video Card 등
  ㉢ UART(Universal Asynchronous Receiver/Transmitter)
    • 범용 비동기화 송수신기
    • 병렬데이터의 형태를 직렬방식으로 전환하여 데이터를 전송하는 컴퓨터 하드웨어의 일종
    • 컴퓨터 내부에 있는 COM1, COM2, COM3, COM4, RS-232C와 연관된 통신 컨트롤러
    • UART는 일반적으로 RS-232, RS-422, RS-485와 같은 통신 표준과 함께 사용한다.

- 통신 데이터는 메모리 또는 레지스터에 들어 있어 이것을 차례대로 읽어 직렬화하여 통신(최대 8비트가 기본 단위)
- 비동기 통신이므로 동기신호가 전달되지 않음(수신 쪽에서 동기신호를 찾아내어 데이터의 시작과 끝을 시간적으로 알아 처리할 수 있도록 약속되어 있음)

㉣ Line Transceiver

- TTL 신호를 입력받아 노이즈에 강하고 멀리 갈 수 있게 해 주는 인터페이스 IC
- 대표적인 Line Transmitter/Receiver : RS-232, RS-422, RS-485

㉤ RS-232 시리얼(직렬) 통신

- PC와 음향 커플러, 모뎀 등을 접속하는 직렬 방식의 인터페이스 중 하나

  ※ 인터페이스는 포트라고도 하여 일반적으로 직렬 포트라고 불리기도 한다.
- 원래는 터미널 단말기와 모뎀의 접속용으로 쓰였음
- 노이즈에 큰 영향을 받지 않고 먼 곳까지 신호를 전달하고, 단순하게 사용하기 위해서는 아직까지도 유용함
- 일반적으로 한 케이블에 10[m] 정도까지는 정상적으로 데이터를 통신할 수 있게 되어 있음
- 주변기기의 접속 용도에는 USB나 IEEE1394 등에, 통신 용도로는 이더넷 등에 그 역할이 대체되고 있음
- 노이즈에 약하여 장거리 전송에 부적합
- 2가닥(TX, RX)으로 데이터를 보내는데, 신호가 +/- 12[V]
- GND선까지 최소 3가닥이 필요

㉥ RS-422, RS-485

- 장거리 통신을 하기 위한 방법으로 신호를 증폭시켜서 보다 멀리 통신을 함
- 통신거리 1.2[km]
- RS-485통신은 2가닥이 필요하고, +신호끼리, -신호끼리 한 가닥씩만 연결
- RS-422통신은 크로스 연결을 요구하지만 RS-485통신은 병렬로 연결
- RS-422통신은 4개씩의 접속단자를 요구하지만 RS-485통신은 2개만 필요
- RS-422통신은 전이중(Full Duplex), RS-485통신은 반이중(Half Duplex) 통신 방식

04 | 태양광 전기실 관리하기

(1) 태양광 수변전 개념도(예시 : 특고압연계)

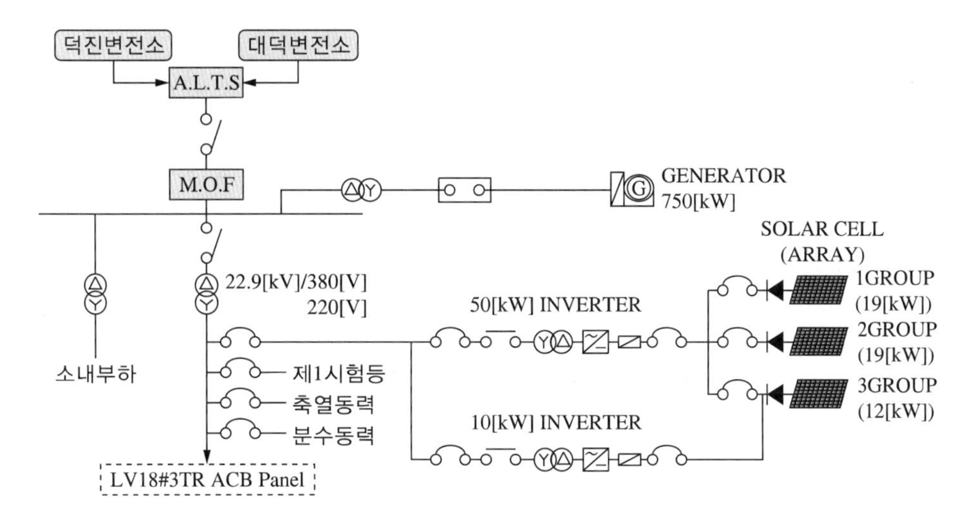

(2) 태양광 특고압연계 단선결선도(예시)

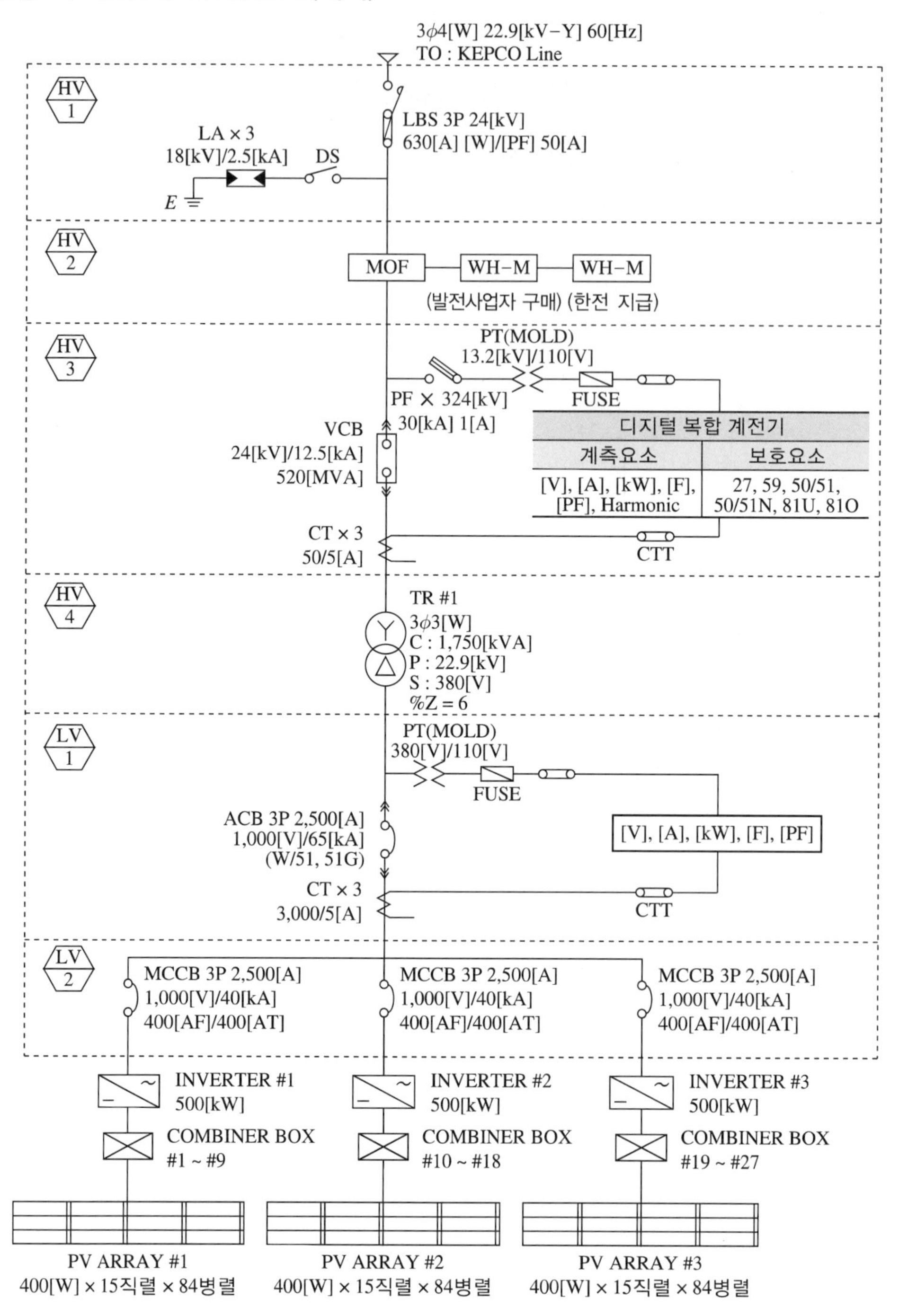

(3) 사용 전력기기

① 수변전설비의 한전과 발전사업자 간의 책임분계점(재산한계점) COS 2차 측

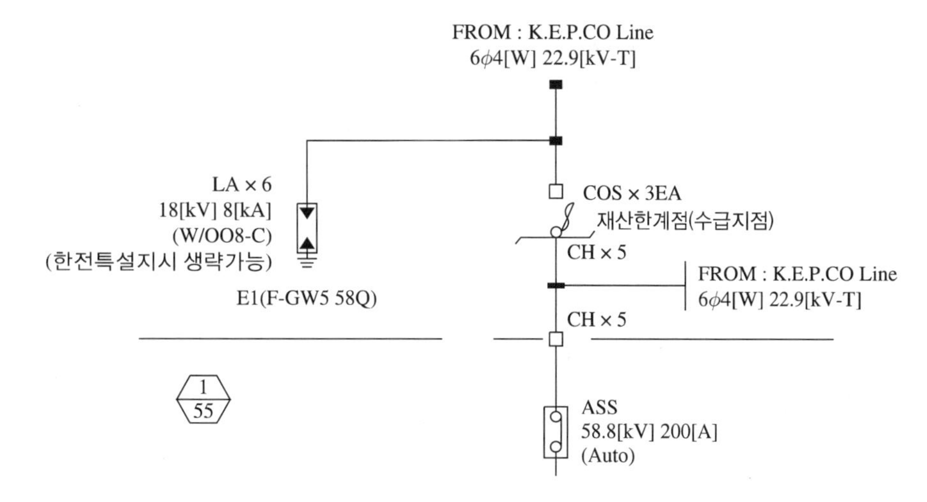

② 주요 사용기기

품 명	기 호	기 능
케이블 헤드(CH)	C.H / C.H	전력공급지점에서 수용가의 전력공급을 위해 들어온 22.9[kV] 1차 케이블의 종단에 케이블 헤드로 말단 처리한 것으로 피복을 벗겨낸 도체 표면에 설치하여 도체에서 발생되는 전계집중을 분산시켜, 섬락방지 및 케이블 사고를 예방
부하개폐기(LBS)	퓨즈부착형	수변전설비의 인입구 개폐기로 많이 사용되며, LBS에 퓨즈를 부착하여 정격 부하개폐 및 과부하 보호기능을 가능
피뢰기(LA)		전력설비의 기기를 이상전압(개폐 시 이상전압 또는 낙뢰)으로부터 보호하는 장치
전력퓨즈(PF)		사고전류 차단 및 후비보호

품 명	기 호	기 능
계기용 변성기(MOF)	MOF	특고압 전압전류를 변성하여 한전계량기와 결선하는 기기
진공 차단기(VCB)		• 진공 중에서 아크를 소호하는 방식 • 주로 고압용 차단기로 사용
기중 차단기(ACB)		• 공기에 의한 자연소호 방식 • 주로 저압용 차단기로 사용(1,000[V] 이하 사용)
몰드 변압기(TR)		• 일반적으로 수전 받은 전압을 수용가에서 사용되는 전압으로 변성하는 기기 • 태양광발전설비에서는 저압을 특고압으로 승압할 때 사용
계기용 변압기(PT)		• 고압을 저압으로 변성하기 위해서 사용 • 전압계, 보호계전기 등이 전압 공급에 사용(2차 전압은 110[V] 기준)
계기용 변류기(CT)		• 대전류를 저전류로 변성하기 위해 사용 • 계기, 계전기 등의 전류공급에 사용(2차 전류는 5[A] 기준)

품 명	기 호	기 능
영상 변류기(ZCT)		영상전류를 검출하여 지락계전기 누전경보기를 작동
배선용 차단기(MCCB)		• 저압전로의 보호를 위하여 사용 • 과부하, 단락 사고 시 자동으로 전로를 차단하는 기구
컷아웃 스위치(COS)		• 변압기의 고압 측 또는 특별 고압 측 개폐기로 변압기 용량이 300[kVA] 이하인 것에 많이 사용 • 절연내력이 높은 자기제이고, 개폐기 내부에 퓨즈를 삽입할 수 있는 장치가 있는 소형 단극 개폐기

(4) 승압변압기 상태 점검

① 일상점검

㉠ 육안에 의해 관찰로 점검

㉡ 전기설비의 운전 중에 이상의 유무를 조사

㉢ 냄새, 소리, 변색, 파손 등을 확인

㉣ 전압, 전류, 전력, 역률 등을 체크하여 운전 상태 관리

② 정기점검

㉠ 연 1~2회 시행

㉡ 전기설비를 정전시킨 후 측정 시험

- 조작용 전원 및 회로 점검
- 보호장치 및 계전기 시험
- 제어회로 및 경보장치 시험
- 절연저항 측정
- 절연유 내압시험(유입변압기)

③ 임시점검

㉠ 전기사고 시나 전기설비의 이상이 발생했을 때 시행

㉡ 강우 낙뢰, 태풍 내습에 방지하기 위한 점검도 포함

④ 변압기의 점검 방법 실제

㉠ 몰드식, 유입식, 건식, 가스절연 변압기 등을 확인하여 점검

㉡ 주로 온도, 외관상태, 정격전압, 과전류, 누설전류, 절연유 상태, 흡습장치 등을 점검

㉢ 변압기 점검에서 가장 중요한 것 : 외관의 이상 유무 점검

㉣ 유입변압기

• 점검개소 및 방법
  - 변압기 본체(누유, 온도, 이상음 및 진동)
  - 흡습호흡기(실리카 상태)
  - 부싱단자(누유, 과열 및 균열)
  - 방압장치(누유, 균열)
  - 콘서베이터(유면계)
  - 절연유(유색, 산가, 내압)
  - 접지터미널(조임 상태)
  - 절연유의 유량, 누유, 외관상 팽창
  - 경년변화에 의한 녹, 부식, 전선 접속한 부분의 열화 점검
  - 호흡기 상태 점검 : 흡습제 변색, 오일 눈금 점검

㉤ 몰드변압기

• 점검개소
  - 변압기 본체(이상음, 진동)
  - 부싱단자(과열, 균열)
  - 접지터미널(조임)
  - 캐치홀더(퓨즈 상태)
  - 1, 2차 접속부(접속, 조임 상태)
• 외관의 변형, 몰드 부분과 저압케이블의 이격거리가 너무 가까운 경우 코로나 방전 등이 일어나며 몰드표면과 저압케이블의 절연을 저하시키는 문제를 가져온다.

⑤ 변압기의 절연저항 측정

㉠ 변압기 고·저압 간의 절연 체크

㉡ 변압기 각 권선의 절연 및 권선과 대지 간의 절연 체크

㉢ 변압기의 절연저항 측정결선도

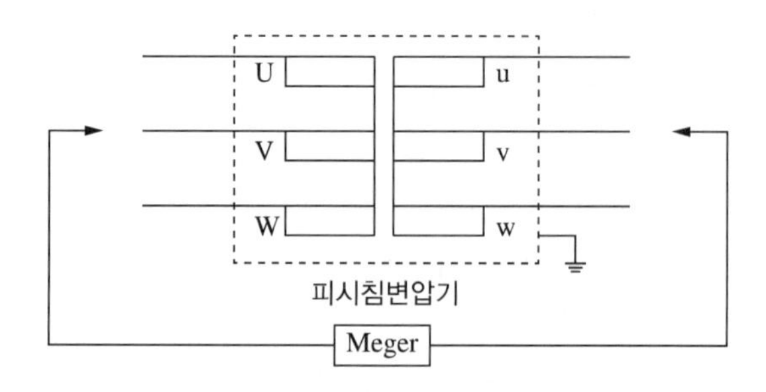

㉣ 변압기 절연저항 측정순서

- 고압권선과 저압권선
- 고압권선과 접지 간
- 저압권선과 접지 간

㉤ 측정방법

- 변압기 외함은 반드시 접지한다.
- 변압기 고·저압 권선은 각각 접속한다.
- 위의 절연저항 측정순서에 의하여 메거를 사용하여 측정한다.
- 절연저항은 변압기 내부의 습기, 온도 또는 불순물의 함유량에 의해 결정되며, [MΩ] 단위로 측정한다.

㉥ 판정기준

- 고압 측 1,000[MΩ] 이상, 저압 측 200[MΩ] 이상
- 절연유의 온도에 따라 절연저항 변화(부특성)

⑥ 절연유 내압시험

㉠ 절연유를 용기에 담아 양쪽 전극 사이에 넣고 고정하여 전극 상호간격은 2.5[mm]로 정확하게 맞추어 놓고 전압을 가한다.

㉡ 전압을 상승시켜 절연이 파괴되는 지점에서 전압이 멈추게 되면 그 값을 측정값으로 한다.

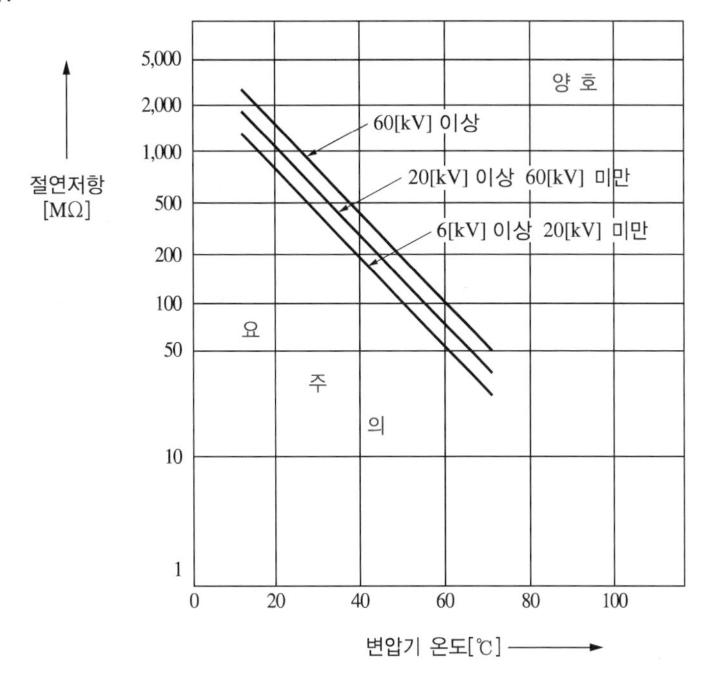

(5) 차단기의 동작 상태 점검

① 차단기의 종류

㉠ 특/고압차단기

- 유입차단기(OCB) : 절연유
- 자기차단기(MBB)
- 진공차단기(VCB)
- 공기차단기(ABB) : 압축공기를 이용하여 불어서 차단
- 가스차단기(GCB) : SF_6 가스 이용

㉡ 저압에서 많이 사용되는 차단기는 기중차단기(ACB), 배선용 차단기(MCCB), 누전차단기(ELB) 등이 있다.

㉢ 직류 배선용 차단기

- 직류의 차단은 교류와 같이 전류 영점이 반복되지 않기 때문에 교류에 비하여 차단 용량이 2~3배 작아진다.
- 차단기의 극을 서로 직렬로 연결하여 사용하며, 각 극이 서로 직렬로 연결되면 아크차단은 각 극이 서로 분담해 높은 사용전압에서도 전류 차단이 가능해진다.
- 회로 계통 방식

구 분	중간점 접지	1극 접지	비접지
구성도	A, V, L, B, C	A, V, L, B, C	A, V, L, B, C
최대 단락전류	A–B 단락	A–B 또는 A–B 단락	A–B 단락
각 극의 차단용량	V/2에서 최대 단락전류	V에서 최대 단락전류	V에서 최대 단락전류

- 직류 사용전압에 따른 결선 형식

직류 사용전압	선로 계통 접지방식에 따른 결선 타입		
	중간점 접지	1극 접지	비접지
250[V] 이하	A	A	A
250[V] 초과 500[V] 이하	A	B, C	A
500[V] 초과 750[V] 이하	F	C, E	B
750[V] 초과 1,000[V] 이하	F	D	E, F

- 결선 타입별 회로결선

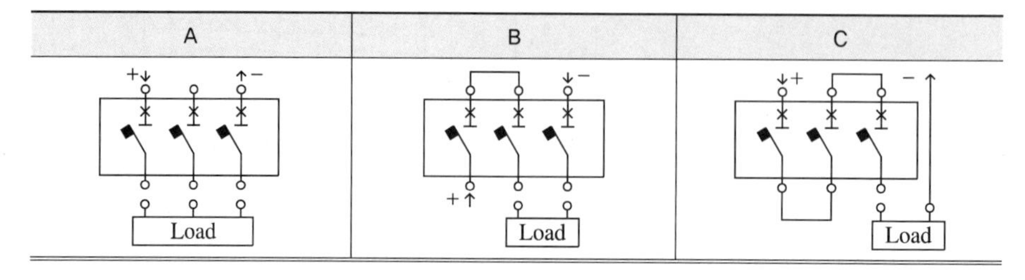

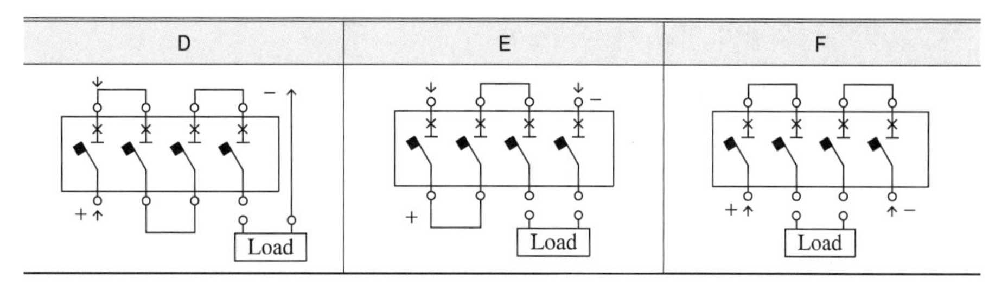

단, 4극형 제품 적용 시 N상도 과전류 보호가 되는 4P4D 제품을 적용하여야 한다.

② 차단기의 동작

㉠ 보호 계전기

전류, 전압, 주파수, 역률 등을 측정하여 이상 발생 시 차단기의 투입과 차단을 제어한다.

㉡ 태양광발전시스템에 사용되는 주요 보호 계전기

- UVR(27) 부족전압 계전기
- OVR(59/직류 45) 과전압 계전기
- OCR(51) 과전류 계전기(G : 지락, S : 단락)
- SR(50) 선택 계전기
- UFR(81U) 부족주파수 계전기, OFR 과주파수 계전기
- RDR(87) 비율차동 계전기(변압기 내부고장 보호)

③ 차단기의 점검

㉠ 일상점검

- 개폐표시기의 표시 확인
- 이상한 냄새, 소리 유무
- 과열로 인한 변색
- 애자류 균열, 접속단자 확인
- 녹, 변형, 오손 유무

㉡ 정기점검(VCB)

- 무부하 개폐시험
- 점검항목
  - 투입시간, 개극시간, 3상 불균형 시간
  - 투입 조작전류, 최저 투입전압, 최저 트립전압
  - 트립자유시험
  - 진공밸브의 접점 소모량 측정
  - 진공도 판정

㉢ 차단기 점검 시 주의사항
- 활선 상태에 외관 점검 시 정해진 위험 범위 밖에서 점검
- 전원 차단 후 점검 시
  - 개폐 상태 확인
  - 차단기의 제어회로 전원 개로
  - 단로기는 개로하고 차단기의 주회로를 접지함
  - 점검작업은 되도록 차단기가 개로 상태에서 실시
  - 폐로 상태에서 점검을 시행할 경우 로크장치 등을 사용하여 불시에 개로되지 않도록 함

(6) 태양광발전시스템의 운영조작

① 운전 시 조작방법

㉠ 메인 VCB반 전압 확인

㉡ 접속반, 인버터 DC 전압 확인

㉢ AC 측 차단기 On, DC 측 차단기 On

㉣ 5분 후 인버터 정상작동 여부 확인

② 정전 시 조작방법

㉠ 메인 VCB반 전압 확인, 계전기를 확인하여 정전 여부 확인

㉡ 버저 Off

㉢ 태양광 인버터 정지 상태 확인

㉣ 한전 전원복구 여부 확인

㉤ 인버터 DC 전압 확인 후 운전 시 조작방법에 의해 재시동

③ 응급처치 방법

㉠ 태양광발전설비 미작동 시
접속함 DC 차단기 Off(개방) → 배전반 내부 AC 차단기 Off → 인버터 정지 후 점검

㉡ 점검 완료 후 복귀순서 : 역순으로 On(투입)
배전반 내부 AC 차단기 On(투입) → 접속함 DC 차단기 On

(7) 전기실의 통풍 상태 점검사항

① 실내온도

② 급기, 배기 팬 동작 확인

③ 부식성, 폭발성 가스 확인

④ 실의 양압 유지 확인

CHAPTER 02

PART 03 태양광발전시스템 운영 및 유지보수

태양광발전시스템 유지보수

01 | 태양광발전시스템 유지보수 개요

(1) 유지보수 의의 및 절차

① 유지보수 목적

건설된 태양광발전시스템의 제 기능을 유지하기 위해 수시점검, 일상점검, 정기점검을 통해 유해요인 제거, 복구, 개량을 통해 최적화와 안전 확보 목적

② 유지보수 절차

일상, 임시점검으로 결함발견 → 응급처치, 작동금지, 안전성검토/정밀안전진단 → 보수 여부 결정, 보수 시 교체나 보수 → 설계 및 예산확보 → 공사 및 준공검사 → 시설물 사용 및 유지관리

③ 유지보수 점검의 종류

㉠ 태양광발전시스템의 점검은 일반적으로 준공 시의 점검, 일상점검, 정기점검의 3가지로 구별됨

㉡ 유지보수 관점에서는 일상점검, 정기점검, 임시점검으로 재분류됨

(2) 유지보수 계획 시 고려 사항

① 유지관리계획

매년 유지관리계획 수립, 점검기록 보관

② 유지관리 경제성

유지관리비의 구성 : 유지비, 보수비와 개량비, 일반관리비, 운용지원비

③ 기획과 예산편성

책임자는 유지관리에 필요한 자금일체를 확보하여야 하며, 그 자금의 흐름을 관리할 수 있도록 계획하여야 한다.

④ 유지관리기준

유지보수는 품질기준과 작업 기준을 규정하여야 한다.

⑤ 기록 및 보관 보고

⑥ 자료관리

유지관리에 필요한 자료관리

(3) 유지보수 관리 지침

① 점검 전의 유의사항

㉠ 준비철저

응급처치방법 및 작업 주변의 정리, 설비 및 기계의 안전을 확인

㉡ 회로도에 대한 검토

전원 계통이 역으로 돌아 나오는 경우 반 내 각종 전원을 확인하고, 차단기 1차 측이 살아있는가의 유무와 접지선을 확인

㉢ 연 락

관련 회사의 관련 부서와 긴밀하고, 신속, 정확하게 연락할 수 있는지 확인

㉣ 무전압 상태 확인 및 안전조치

※ 주회로를 점검할 때, 안전을 위하여 다음 사항을 점검

- 원격지의 무인감시 제어시스템의 경우 원격지에서 차단기가 투입되지 않도록 연동장치를 쇄정
- 관련된 차단기, 단로기를 열고 주회로에 무전압이 되게 함
- 검전기로서 무전압 상태를 확인하고 필요개소에 접지
- 차단기는 단로 상태가 되도록 인출하고 '점검 중'이라는 표시판을 부착
- 단로기 조작은 쇄정(쇄정장치가 없는 경우 '점검 중'이라는 표시판을 부착)
- 콘덴서 및 케이블의 접속부를 점검할 경우에는 잔류전압을 방전시키고 접지를 행함
- 전원의 쇄정 및 주의 표지를 부착
- 절연용 보호 기구를 준비
- 쥐, 곤충류 등이 배전반에 침입할 수 없도록 대책을 세움

② 점검 후의 유의사항

㉠ 접지선의 제거 : 점검 시 안전을 위해 접지한 것을 점검 후에는 반드시 제거

㉡ 최종확인

- 작업자가 수변전반 내에 있는가
- 점검을 위한 임시 가설물 등이 철거되어 있는가
- 볼트 조임작업이 완벽한가
- 공구 등이 버려져 있지는 않는가
- 쥐, 곤충 등이 침입하지는 않는가

㉢ 점검의 기록 : 일상순시점검, 정기점검 또는 임시점검을 할 때에는 반드시 점검 및 보수한 요점, 고장의 상황, 일자 등을 기록하여 다음 점검 시 참고자료로 활용

③ 점검 공통사항

기기 및 시설의 부식과 도장 상태 점검, 비상정지회로 동작 확인(정기점검 시), 우천 시 순시, 설비근처의 공사 시 손상 점검

02 | 태양광발전시스템 유지보수 세부내용

(1) 태양광발전설비 유지관리

① 일반사항

㉠ 10,000[kW] 이상의 태양광발전시스템은 사전에 인가를 받아야 하며, 10,000[kW] 미만은 신고 후 공사

㉡ 태양광발전시스템의 점검의 종류
- 준공 시의 점검
- 일상점검
- 정기점검

㉢ 유지보수 관점에서의 점검의 종류
- 일상점검
- 정기점검
- 임시점검

㉣ 전기설비 구분에 따른 검사의 종류

구 분	검사의 종류	용 량	안전관리자
일반용	사용 전 점검	10[kW] 이하	미선임
자가용	사용 전 검사(저압설비 공사계획 미신고)	10[kW] 초과	대행업체 가능(1,000[kW] 미만)
사업용	사용 전 검사(시·도에 공사계획 신고)	20[kW] 초과	대행업체 가능

㉤ 자가용 전기설비 검사업무 처리규정(산업통상자원부 훈령 제192호, 태양광발전설비)

검사항목	검사세부 종목	수검자 준비자료
1. 외 관	공사계획인가(신고) 내용 확인	• 공사계획인가(신고)서 • 태양광발전설비 개요 • 지지물의 설계도 및 구조계산서
2. 태양전지 • 일반규격 • 본 체	• 규격 확인 • 외관 검사 • 전지 전기적 특성시험 – 최대출력 – 개방전압 – 단락전류 – 최대 출력전압 및 전류 – 충진율 – 전력변환효율 • Array – 절연저항 – 접지저항	• 태양전지 규격서 • 단선결선도 • 태양전지 트립 인터로크 도면 • 시퀀스 도면 • 측정 및 점검기록표 – 보호장치 및 계전기 – 절연저항

검사항목	검사세부 종목	수검자 준비자료
3. 전력변환장치		
• 일반규격	• 규격 확인	• 공사계획인가(신고)서
• 본 체	• 외관 검사 • 절연저항 • 절연내력 • 제어회로 및 경보장치 • 전력조절부/Static 스위치 자동·수동 절체 시험 • 역방향 운전제어시험 • 단독 운전방지시험 • 인버터 자동·수동 절체시험 • 충전기능시험	• 단선결선도 • 시퀀스 도면 • 제품 시험성적서 • 측정 및 점검기록표 – 보호장치 및 계전기 – 절연저항 – 절연내력 – 경보회로 – 부대설비
• 보호장치	• 외관 검사 • 절연저항 • 보호장치시험	
• 축전지	• 시설 상태 확인 • 전해액 확인 • 환기시설 상태	
4. 종합연동시험		• 종합 인터로크 도면
5. 부하운전시험		• 출력 기록지
6. 기타 부속설비	전기수용설비 항목을 준용	

② 사용 전 검사(준공 시의 점검)

육안점검 외에 태양전지 어레이의 개방전압 측정, 각 부의 절연저항 측정, 접지저항 측정

설 비	점검항목		점검요령
태양전지 어레이	육안 점검	표면의 오염 및 파손	오염 및 파손의 유무
		프레임 파손 및 변형	파손 및 두드러진 변형이 없을 것
		가대의 부식 및 녹 발생	부식 및 녹이 없을 것
		가대의 고정	볼트 및 너트의 풀림이 없을 것
		가대접지	배선공사 및 접지접속이 확실할 것
		코 킹	코킹의 망가짐 및 불량이 없을 것
		지붕재의 파손	지붕재의 파손, 어긋남, 뒤틀림, 균열이 없을 것
	측 정	접지저항	보호접지
중간 단자함 (접속함)	육안 점검	외함의 부식 및 파손	부식 및 파손이 없을 것
		방수처리	전선 인입구가 실리콘 등으로 방수처리
		배선의 극성	태양전지에서 배선의 극성이 바뀌어 있지 않을 것
		단자대 나사의 풀림	확실하게 취부되고 나사의 풀림이 없을 것
	측 정	접지저항(태양전지 – 접지 간)	1[MΩ] 이상
		절연저항	기준 이상일 것
		개방전압 및 극성	규정의 전압이어야 하고 극성이 올바를 것

설 비		점검항목	점검요령
인버터	육안 점검	외함의 부식 및 파손	부식 및 파손이 없을 것
		취 부	견고하게 고정되어 있을 것
		배선의 극성	P는 태양전지(+), N은 태양전지(-)
		단자대 나사의 풀림	확실하게 취부되고 나사의 풀림이 없을 것
		접지단자와의 접속	접지봉 및 인버터 접지단자와 접속
	측 정	절연저항(태양전지 - 접지 간)	1[MΩ] 이상
		접지저항	보호접지
		수전전압	주회로 단자대 U-O, O-W 간은 AC 220 ± 13[V] 일 것
개폐기, 전력량계, 인입구, 개폐기 등	육안 점검	전력량계	발전 사용자의 경우 전력회사에서 지급한 전력량계 사용
		주간선 개폐기(분전반 내)	역접속 가능형으로서 볼트의 흔들림이 없을 것
		태양광발전용 개폐기	태양광발전용이라 표시되어 있을 것
발전전력	육안 점검	인버터의 출력표시	인버터 운전 중, 전력표시부에 사양과 같이 표시
		전력량계(거래용 계량기), (송전 시)	회전을 확인할 것
		전력량계(수전 시)	정지를 확인할 것
운전 정지	조작 및 육안 점검	보호계전기능의 설정	전력회사 정위치를 확인할 것
		운 전	운전스위치 운전에서 운전할 것
		정 지	운전스위치 정지에서 정지할 것
		투입저지 시한 타이머 동작시험	인버터가 정지하여 5분 후 자동 기동할 것
		자립운전	
		표시부의 동작 확인	표시부가 정상으로 표시되어 있을 것
		이상음 등	운전 중 이상음, 이상진동 등의 발생이 없을 것
		발전전압	태양전지의 동작전압이 정상일 것

③ 일상 점검

주로 육안점검에 의해서 매월 1회 정도 실시한다.

설 비		점검항목	점검요령
태양전지 어레이	육안 점검	유리 및 표면의 오염 및 파손	심한 오염 및 파손이 없을 것
		가대의 부식 및 녹	부식 및 녹이 없을 것
		외부배선(접속 케이블)의 손상	접속케이블에 손상이 없을 것
접속함	육안 점검	외함의 부식 및 손상	부식 및 녹이 없을 것
		외부배선(접속 케이블)의 손상	접속케이블에 손상이 없을 것
인버터	육안 점검	외함의 부식 및 손상	부식 및 녹이 없고 충전부가 노출되지 않을 것
		외부배선(접속 케이블)의 손상	인버터에 접속된 배선에 손상이 없을 것
		환기 확인(환기구멍, 환기필터)	환기구를 막고 있지 않을 것
		이상음, 악취, 이상과열	운전 시 이상음, 악취, 이상과열이 없을 것
		표시부의 이상표시	표시부에 이상표시가 없을 것
		발전현황	표시부의 발전상황에 이상이 없을 것

④ 정기점검

㉠ 용량별 점검횟수 및 간격

용량별		점검횟수	점검 간격
저 압	1~300[kW] 이하	월 1회	20일 이상
	300[kW] 초과	월 2회	10일 이상
고압 이상	1~300[kW] 이하	월 1회	20일 이상
	300[kW] 초과 500[kW] 이하	월 2회	10일 이상
	500[kW] 초과 700[kW] 이하	월 3회	7일 이상
	700[kW] 초과 1,500[kW] 이하	월 4회	5일 이상
	1,500[kW] 초과 2,000[kW] 이하	월 5회	4일 이상
	2,000[kW] 초과	월 6회	3일 이상

㉡ 공사 중인 설비는 매주 1회 이상 점검한다.

㉢ 일반 가정 3[kW] 미만의 소출력 태양광발전시스템의 경우에는 법적으로는 정기점검을 하지 않아도 되지만, 자주 점검하는 것이 좋음

(2) 송·변전설비 유지관리

① 송·변전 설비의 점검의 분류와 점검주기

제약조건 / 점검의 분류	문의 개폐	커버류의 분류	무정전	회로 정전	모선 정전	차단기 인출	점검 주기
일상순시점검			○				매 일
	○		○				1회/월
정기점검	○	○		○		○	1회/6개월
	○	○		○	○	○	1회/3년
일시점검	○	○		○	○	○	

㉠ 점검주기는 대상 기기의 환경조건, 운전조건, 설비의 중요성, 경과연수 등에 의하여 영향을 받기 때문에 상기에 표시된 점검주기를 고려하여 선정한다.

㉡ 무정전의 상태에서도 문을 열고 점검할 수 있으며, 1개월에 1회 정도는 문을 열고 점검하는 것이 좋다.

㉢ 모선 정전의 기회는 별로 없으나 심각한 사고를 방지하기 위해 3년에 1번 정도 점검하는 것이 좋다.

② 일상순시점검

배전반의 기능을 유지하기 위한 점검한다.

㉠ 매일의 일상순시점검은 문을 열어 점검하든지, 커버를 해체한 후 점검한다든지 하는 것이 아니고 이상한 소리, 냄새, 손상 등을 배전반 외부에서 점검항목의 대상 항목에 따라서 점검한다.

㉡ 이상 상태를 발견한 경우에는 배전반의 문을 열고 이상의 정도를 확인한다.

㉢ 이상 상태의 내용을 기록하여 정기점검 시에 반영하는 참고자료로 활용한다.

③ 정기점검

㉠ 배전반의 기능을 확인하고 유지하기 위한 계획을 수립하여 점검한다.

㉡ 원칙적으로 정전을 시키고 무전압 상태에서 기기의 이상 상태를 점검하고 필요에 따라 기기를 분해하여 점검한다.

㉢ 모선을 정전하지 않고 점검해야 할 경우에는 안전사고가 일어나지 않도록 주의한다.

④ 일시점검

상세하게 점검할 경우가 발생되는 경우에 점검한다.

(3) 태양광발전설비 운영 매뉴얼

구 분		운영 매뉴얼
공 통	시설용량 및 발전량	발전설비 용량은 부하의 용도 및 부하의 적정가용량을 합산하여 월평균 사용량에 따라 결정됨
관 리	모 듈	• 고압분사기 및 부드러운 천으로 이물질을 제거해서 발전효율을 높임 • 풍압이나 진동으로 모듈의 형강과 체결 부위가 느슨해질 수 있으므로 정기점검
	인버터 및 접속함	• 인버터의 고장이 많으므로 정기적으로 정상가동 확인 • 접속함에 역류방지 다이오드, 차단기, T/D, CT, DT, 단자대 등의 누수나 습기 침투 여부를 정기적 점검
	구조물 및 전선	구조물을 용융아연도금을 하나 장기간 노출 시 녹이 스는 경우가 있으므로 페인트 은분 스프레이 등으로 도포 처리
운전조치		• 태양광발전설비가 작동되지 않는 경우 1. 접속함 내부 차단기 Off 2. 인버터 Off 후 점검 • 점검 후에는 2, 1 순서로 On

① 발전시스템 운영 시 비치 목록

㉠ 핵심기기의 매뉴얼(인버터, PCS)

㉡ 건설 관련 도면(토목・기계・건축도면, 전기배선도, 시스템배치 도면)

㉢ 운영 매뉴얼

㉣ 시방서 및 계약서 사본

㉤ 부품 및 기기의 카탈로그

㉥ 구조물의 구조계산서

㉦ 한전 계통 연계 관련 서류

㉧ 전기안전관련 주의 명판 및 안전경고표시 위치도

㉨ 전기안전관리용 정기점검표

㉩ 일반 점검표

㉪ 긴급복구 안내문

㉫ 안전교육 표지판

(4) 태양광발전시스템 문제 진단(문제점 발견 및 보수)

① 외관 검사

모듈과 어레이 케이블, 접속함, PCS, 축전지 등 확인

② 운전 중 확인

이음, 진동, 이취

③ 어레이의 출력 확인

㉠ 개방전압의 측정 : 직류전압계

㉡ 단락전류의 확인

④ 태양광발전설비의 절연저항 측정

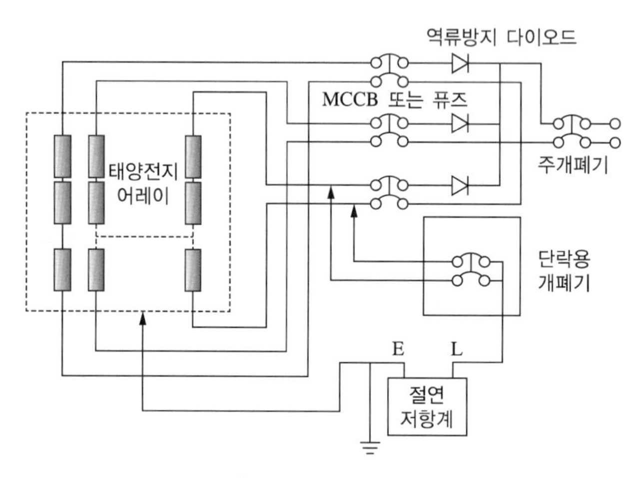

[절연저항 측정회로]

㉠ 측정순서

출력 개폐기 개방(Off) → 단락용 개폐기 개방 → 전체 스트링 MCCB나 퓨즈 개방 → 단락용 개폐기의 1차 측(+), (−)클립을, 역류방지 다이오드에서도 태양전지 측과 MCCB 또는 퓨즈의 사이에 각각 접속 → 대상으로 하는 스트링의 MCCB 또는 퓨즈 투입(On) → 단락용 개폐기 투입 → 절연저항계 E 측을 접지단자, L 측을 단락용 개폐기의 2차 측에 접속하고 절연저항계 투입 측정 → 측정 후 단락용 개폐기를 개방하고 MCCB 또는 퓨즈를 개방한 후 마지막에 스트링클립 제거 → 서지흡수기(SA)의 접지 측 단자를 복원하여 대지전압 측정, 잔류전하의 방전 상태 확인 → 측정 결과 판정기준을 전기설비기술기준에 따라 표시

㉡ 절연저항 기준(2021.1.1.시행)

사용전압[V]	DC시험전압[V]	절연저항[MΩ]
SELV 및 PELV	250	0.5
FELV, 500[V] 이하	500	1.0
500[V] 초과	1,000	1.0

※ 특별저압(Extra Low Voltage : 2차 전압이 AC 50[V], DC 120[V] 이하)으로 SELV(비접지회로 구성) 및 PELV (접지회로 구성)는 1차와 2차가 전기적으로 절연된 회로, FELV는 1차와 2차가 전기적으로 절연되지 않은 회로

㉢ 전선 상호 간의 절연저항은 기계기구를 쉽게 분리가 곤란한 분기회로의 경우 기기 접속 전에 측정할 수 있다.

㉣ 측정 시 영향을 주거나 손상을 받을 수 있는 SPD 또는 기타 기기 등은 측정 전에 분리시켜야 하고, 부득이하게 분리가 어려운 경우에는 시험전압을 250[V] DC로 낮추어 측정할 수 있지만 절연저항값은 1[MΩ] 이상이어야 한다.

⑤ 인버터 회로의 절연저항 측정

㉠ 피뢰 소자 접촉 분리, 온도와 습도의 측정값을 함께 기록, 우천 시나 비가 갠 후는 피한다.

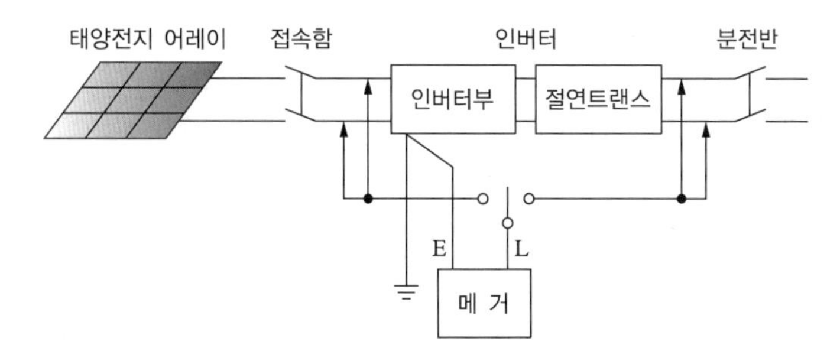

㉡ 입력회로 측정방법

- 태양전지 회로를 접속함에서 분리, 분전반 내의 분기차단기를 개방
- 입력단자를 각각 단락하면서 입력단자와 대지 간 절연저항 측정(접속함까지의 전로를 포함하여 절연저항 측정)

㉢ 출력회로 측정방법

- 태양전지 회로를 접속함에서 분리, 분전반 내의 분기차단기를 개방
- 인버터의 출력단자를 단락한 후 출력단자와 대지 간 절연저항 측정(분전반까지의 전로를 포함하여 절연저항 측정/절연변압기 측정)

㉣ 인버터 정격전압 300[V] 이하 : 500[V] 절연저항계(메거)로 측정
인버터 300[V] 초과 600[V] 이하 : 1,000[V] 절연저항계(메거)로 측정

㉤ 절연저항 측정을 위해 사용되는 기자재 : 절연저항계(메거), 온도계, 습도계, 단락용 개폐기

⑥ 태양전지 어레이의 개방전압 측정

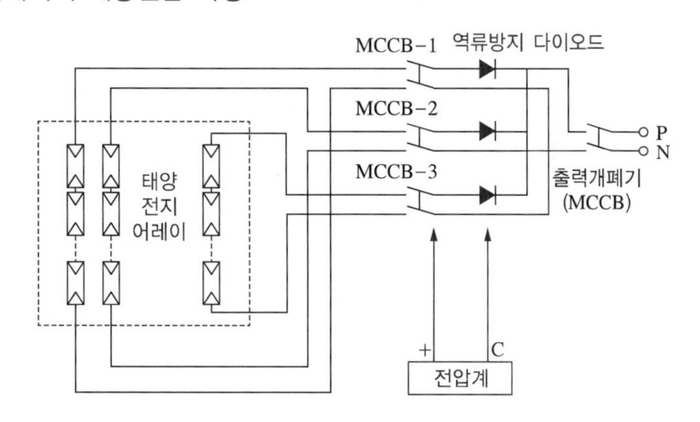

㉠ 개방전압 측정순서

1. 접속함 출력 개폐기 Off
2. 접속함 각 스트링의 단로 스위치 모두 Off
3. 어레이 음영 확인
4. 측정하는 스트링 단로 스위치만 On
5. 직류전압계로 각 스트링의 양 단자 간 측정

㉡ 개방전압 측정 시 유의사항

- 태양전지 어레이 표면 청소
- 각 스트링의 측정은 안정된 일사 강도
- 일사 강도, 온도 변동을 확인 후 날씨가 맑을 때, 보통 오후 1시 전후
- 태양전지는 비오는 날에도 전압이 발생하므로 감전주의

(5) 고장별 조치방법

① 파워컨디셔너의 고장

운영 및 유지보수 관리 인력의 직접 보수 없이 제조업체에 의뢰 보수

② 태양전지 모듈의 고장

㉠ 모듈의 개방전압 문제

- 개방전압의 저하는 대부분 셀이나 바이패스 다이오드의 손상이 원인이므로 손상된 모듈을 찾아 교체
- 전체 스트링 중 중간지점에서 접속커넥터를 분리하여 전압을 측정(모듈 1개 개방전압 × 모듈 직렬 개수값)하여 모듈 1개 개방전압이 1/2 이상 저감되는 여부를 확인
- 개방전압이 낮은 쪽으로 범위를 축소하여 불량모듈을 선별

㉡ 모듈의 단락전류문제

- 음영과 불량에 의한 단락전류 발생
- 오염에 의한 단락전류인지 해당 스트링의 모듈표면 육안 확인, 위의 개방전압 문제해결 순으로 불량모듈을 찾아 교체

㉢ 모듈의 절연저항 문제

- 파손, 열화, 방수성능 저하, 케이블 열화, 피복손상 등으로 발생되며 먼저 육안 점검실시
- 모듈의 절연저항이 기준치 이하인 경우, 해당 스트링의 절연저항을 측정하여 불량모듈을 선별

③ 인버터에 대한 모니터링 신호의 표현과 조치사항

모니터링 신호	모니터링 상의 표현	원격진단	조치사항
태양전지 과전압	Solar Cell Ov Fault	태양전지 전압이 규정 이상일 때 발생, H/W	태양전지 전압 점검 후 정상 시 5분 후 재기동
태양전지 저전압	Solar Cell Uv Fault	태양전지 전압이 규정 이하일 때 발생, H/W	태양전지 전압 점검 후 정상 시 5분 후 재기동
태양전지 과전압 제한 초과	Solar Cell Ov Limit Fault	태양전지 전압이 규정 이상일 때 발생, S/W	태양전지 전압 점검 후 정상 시 5분 후 재기동
태양전지 저전압 제한 초과	Solar Cell Uv Limit Fault	태양전지 전압이 규정 이하일 때 발생, S/W	태양전지 전압 점검 후 정상 시 5분 후 재기동
한전계통 역상	Line Phase Sequence Fault	계통 전압이 역상일 때 발생	상회전 확인 후 정상 시 재운전
한전계통 R상	Line R Phase Fault	R상 결상 시 발생	R상 확인 후 정상 시 재운전
계통 S상	Line S Phase Fault	S상 결상 시 발생	S상 확인 후 정상 시 재운전
계통 T상	Line T Phase Fault	T상 결상 시 발생	T상 확인 후 정상 시 재운전
한전 입력전원	Utility Line Fault	정전 시 발생	계통전압 확인 후 정상 시 5분 후 재기동
한전 과전압	Line Over Voltage Fault	계통 전압이 규정치 이상일 때 발생	계통전압 확인 후 정상 시 5분 후 재기동
한전 부족전압	Line Under Voltage Fault	계통 전압이 규정치 이하일 때 발생	계통전압 확인 후 정상 시 5분 후 재기동
한전 저주파수	Line Under Frequency Fault	계통 주파수가 규정치 이하일 때 발생	계통주파수 확인 후 정상 시 5분 후 재기동
한전계통 과주파수	Line Over Frequency Fault	계통 주파수가 규정치 이상일 때 발생	계통주파수 확인 후 정상 시 5분 후 재기동
인버터 과전류	Inverter Over Current Fault	인버터 전류가 규정값 이상으로 흐를 때 발생	시스템 정지 후 고장 부분 수리 또는 계통 점검 후 운전
인버터 과온	Inverter Over Temperature	인버터 과온 시 발생	인버터 및 팬 점검 후 운전
인버터 MC 이상	Inverter M/C Fault	전자 접촉기 고장	전자 접촉기 교체 점검 후 운전
인버터 출력전압	Inverter Voltage Fault	인버터 전압이 규정전압을 벗어났을 때 발생	인버터 및 계통 전압 점검 후 운전
인버터 퓨즈	Inverter Fuse Fault	인버터 퓨즈 소존	퓨즈 교체 점검 후 운전
위상 : 한전 인버터	Line Inverter Async Fault	인버터와 계통의 주파수가 동기되지 않을 때 발생	인버터 점검 또는 계통 주파수 점검 후 운전
누전 발생	Inverter Ground Fault	인버터의 누전이 발생했을 때 발생	인버터 및 부하의 고장 부분을 수리 또는 접지저항 확인 후 운전
RTU 통신계통 이상	Serial Communication Fault	인버터와 MMI의 통신이 되지 않는 경우에 발생	연결 단자 점검(인버터는 정상 운전)

PART 03 태양광발전시스템 운영 및 유지보수

CHAPTER 03

태양광발전설비 안전관리

01 | 위험요소 및 위험관리방법

(1) 태양광발전시스템의 위험요소 및 위험관리방법

① 전기작업의 안전

전기설비의 점검·보수 등의 전기작업을 할 때는 정전시킨 후 작업이 원칙이며, 부득이한 사유로 정전시킬 수 없는 경우에는 활선작업. 정전작업과 활선작업 둘 다 감전위험이 있다.

㉠ 전기작업의 준비

- 작업책임자 임명으로 지위체계하에서 작업, 인원배치, 상태 확인, 작업순서 설명, 작업지휘 등
- 작업자는 책임자의 명령에 따라 올바른 작업순서로 안전하게 작업

㉡ 정전작업

- 정전절차 국제사회안전협의(ISSA)의 5대 안전수칙 준수
  - 작업 전 전원차단
  - 전원투입의 방지
  - 작업장소의 무전압 여부 확인
  - 단락접지
  - 작업 장소 보호
- 정전작업순서

  차단기나 부하 개폐기로 개로 → 단로기는 무부하 확인 후에 개로 → 전로에 따른 검전기구로 검전 → 검전 종료 후에 잔류전하 방전(단락접지기구로 접지) → 정전작업 중에 차단기, 개폐기를 잠가 놓거나 통전 금지 표시를 하거나 감시인을 배치하여 오통전을 방지할 것

㉢ 활선 및 활선근접작업

- 안전대책

  충전전로의 방호, 작업자 절연 보호, 안전거리 확보(섬락에 의한 감전충격)

• 접근한계거리

충전전로의 선간전압[kV]	충전전로에 대한 접근한계거리[cm]
0.3 이하	접촉금지
0.3 초과 0.75 이하	30
0.75 초과 2 이하	45
2 초과 15 이하	60
15 초과 37 이하	90
37 초과 88 이하	110
88 초과 121 이하	130
121 초과 145 이하	150
145 초과 169 이하	170
169 초과 242 이하	230
242 초과 362 이하	380
362 초과 550 이하	550
550 초과 800 이하	790

• 허용접근거리(송전선) $D = A + bF$

여기서, A : 최대동작범위(약 90[cm])

b : 전극배치, 전압파형, 기상조건에 대한 안전계수(1.25)

F : 전선과 대지 간에 발생하는 과전압최대치에 대한 섬락거리

• 활선작업

– 보호 장구 착용, 작업통지, 활선조장 임명, 절연로프 사용(링크스틱 삽입)

– 작업 전 작업장소의 도체(전화선 포함)는 대지전압이 7,000[V] 이하일 때는 고무방호구로, 7,000[V]를 초과 시 활선장구로 이동

② 전기안전점검 및 안전교육 계획

전기안전관리법의 안전관리 규정에 의거 교육실시

㉠ 점검, 시험 및 검사

• 월차, 연차 실시(구내 전체 정전 후 연 1회 실시)

	고압선로	저압선로
월차(순시)	월 1~4회, 고압 수배전반, 저압 배전선로의 전기설비, 예비발전기(주 1회 15분간 시운전)	
연 차	절연저항 측정, 접지저항 측정	저압배전선로의 분전반 절연저항 및 접지저항 누전차단기 동작시험

㉡ 안전교육

월 1시간 이상 전기안전 담당자 실시, 분기당 월 1.5시간 이상 수행, 교육일지 작성, 운영

③ 전기안전 수칙

㉠ 금속제 물건 착용금지, 안전표찰 부착, 구획로프 설치 등

㉡ 고압이상 개폐기, 차단기 조작순서

개폐기	차단기	COS(PF)	TR(변압기)	MCCB

- 고압기기 차단순서
  배선용 차단기(MCCB) → 차단기(CB) → 전력용 퓨즈(COS, PF) → 인입 개폐기(ASS, LBS)
- 고압기기 투입순서
  전력용 퓨즈(COS, PF) → 인입 개폐기(ASS, LBS) → 차단기(CB) → 배선용 차단기(MCCB)

④ 전기안전 규칙 준수사항

㉠ 항상 통전 중이라 생각하고 작업

㉡ 현장 조건과 위험요소 사전 확인

㉢ 안전장치의 고장 등으로 안전보호 못할 수도 있다고 생각하고 작업

㉣ 접지선 확보

㉤ 정리정돈 철저

㉥ 바닥이 젖은 상태 작업 불가

㉦ 절연고무, 절연장화 착용

㉧ 혼자 작업 불가

㉨ 양손보다 가능하면 한 손 작업

㉩ 잡담 등 집중력 저하 행동 불가

㉪ 급한 행동 자제

⑤ 태양광발전시스템의 안전관리 대책

㉠ 추락사고 예방 : 안전모, 안전화, 안전벨트 착용

㉡ 감전사고 예방 : 절연장갑 착용, 태양전지 모듈 등 전원 개방, 누전차단기 설치

02 | 안전관리 장비

(1) 안전장비 종류

① 절연용 보호구

㉠ 용 도

7,000[V] 이하의 전로의 활선작업 또는 활선근접작업을 할 때 작업자의 감전 사고를 방지하기 위해 작업자 몸에 부착하는 것

㉡ 종 류

• 안전모

종 류	등 급	사용구분	모체의 재질
일반 작업용	A	물체의 낙하 및 비래에 의한 위험방지 및 경감	합성수지 금속
	B	추락에 의한 위험방지 및 경감	합성수지
	AB	물체의 낙하 또는 추락에 의한 위험방지 및 경감	합성수지
전기작업용	AE	물체의 낙하 및 비래, 감전 위험방지	합성수지
	ABE	낙하 또는 비래, 추락, 감전 위험방지	합성수지

• 안전대

종 류	등 급	사용구분
벨트식(B식), 안전그네식(H식)	1종	U자 걸이 전용
	2종	1개 걸이 전용
	3종	1개 걸이, U자 걸이 공용
	4종	안전블록
	5종	추락방지대

• 전기용 고무장갑(7,000[V] 이하)

종 류	용 도
A종	300[V] 초과 교류 600[V]/직류 750[V] 이하
B종	3,500[V] 이하의 작업에 사용
C종	7,000[V] 이하의 작업에 사용

• 보호용 가죽장갑 : 고무절연장갑의 손상을 방지하기 위하여 외부에 착용
• 안전화
• 절연화(저압 전기 취급 작업 시)
• 절연장화(저압 및 고압 7,000[V] 이하)

종 류	용 도
A종	300[V] 초과 교류 600[V]/직류 750[V] 이하
B종	3,500[V] 이하의 작업에 사용
C종	7,000[V] 이하의 작업에 사용

② 절연용 방호구

㉠ 용 도

전로의 충전부에 장착 : 25,000[V] 이하 전로의 활선작업이나 활선근접작업 시(고압 충전부로부터 머리 30[cm], 발밑 60[cm] 이내 접근 시 사용)

㉡ 종 류

고무판, 절연관, 절연시트, 절연커버, 애자커버 등

③ 기타 절연용 기구

㉠ 활선작업용 기구

㉡ 활선작업용 장치

㉢ 작업용 구획용구

㉣ 작업표시

④ 검출용구

㉠ 저압 및 고압용 검진기

㉡ 특고압 검진기(검진기 사용이 부적당한 경우 조작봉 사용)

㉢ 활선접근경보기

⑤ 접지용구

접지 저항치를 가능한 한 적게 하고 단락전류에 용단하지 않도록 충분한 전류용량

㉠ 접지용구의 종류

종 류	사용범위
갑 종	• 발전소, 변전소 및 개폐소 작업 • 지중 송전선로 작업
을 종	• 가공 송전선로 작업 • 지중송전선로에서 가공송전선로의 접속점
병 종	• 특별고압 및 고압배전선의 정전작업 • 유도전압에 의한 위험예방 시 • 수용가설비의 전원 측 접지 시

㉡ 단락접지기구

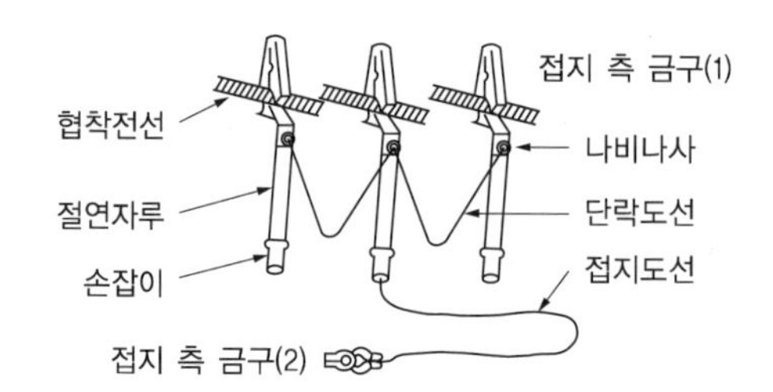

⑥ 측정계기

㉠ 멀티미터

• 저항, 전압, 전류를 넓은 범위에서 간단한 스위치로 쉽게 측정

• 정확도는 저항±10[%], 전압, 전류 측정에서는 ±3~4[%]

• 저항, 직류전류, 직류전압, 교류전압 측정

㉡ 클램프 미터(훅 온 미터)

• 교류 측정기(저항, 전압, 전류 측정)

• 전자기 차폐가 된 케이블은 측정 불가

(2) 안전장비 관리요령

① 검사장비 및 측정 장비는 습기에 약하므로 건조한 곳에 보관

② 사용 후에는 손질하여 항상 깨끗이 보관

PART 03 태양광발전시스템 운영 및 유지보수

CHAPTER 04 태양광발전시스템 성능평가

01 | 태양전지 모듈의 성능평가

(1) 태양전지 모듈의 성능평가방법

① 전기적 성능평가(발전 성능시험)

- 태양전지 모듈의 전기적 성능시험에 있어서 발전성능시험은 옥외에서의 자연광원법으로 시험해야 하나 기상조건에 의해 일반적으로 인공광원법을 채택하여 시험을 행함
- AM(대기질량정수) 1.5, 방사조도 1[kW/m^2], 온도 25[℃] 조건에서 기준 셀을 이용하여 시험을 실시

㉠ 옥외법

- 자연 태양광을 이용하여 태양전지 모듈의 전기적 성능을 측정하는 옥외법이 가장 바람직한 측정법
- 자연 태양광을 이용한 모듈 성능측정순서
  - 측정 장소의 선정 : 건조물, 수목 등 태양광이 차단되거나 빛을 반사하는 주변조건을 피한다.
  - 피측정 태양전지 모듈의 배치 : 모듈과 일사 강도, 측정 장치, 온도측정용 모듈을 태양에 수직으로 설치
  - 출력전류-전압 특성을 측정
  - 태양전지 모듈의 변환효율[%]

$$\eta = \frac{P_{\max}}{E \times S} \times 100$$

여기서, $P_{\max}$: 최대출력, E : 입사광 강도[W/m^2], S : 수광면적[m^2]

  - 입사광 강도 측정 장치 : 수평면 일사계, 직달 일사계, 기준전지

㉡ 옥내법

- 인공광원(제논램프)을 사용하여 모듈의 특성을 측정
- 정상광 방식과 펄스광 방식이 있음

② 절연저항 시험

㉠ 태양전지 모듈 곡면을 감싸고 있는 금속 프레임과의 절연성능을 시험

㉡ 0.1[m^2] 이하에서는 100[MΩ] 이상, 즉 0.1[m^2] 이상에서는 측정값과 면적의 곱이 40[MΩ·m^2] 이상일 때 합격

③ 기계적 성능평가

㉠ 모듈의 단자 강도시험과 바람 및 우박에 의한 기계 강도시험, 전기적 시험, 환경적 시험을 병행하여 시험

㉡ 기계적 하중 테스트는 통상 2,400[Pa] 또는 5,400[Pa]로 시행

④ 외관 검사

㉠ 1,000[lx] 이상의 광조사 상태에서 모듈외관, 태양전지 셀 등에 크랙, 구부러짐, 갈라짐 등이 없는지 확인

㉡ 셀 간 접속 및 다른 접속부분에 결함이 없는지 확인

㉢ 셀과 셀, 셀과 프레임상의 터치가 없는지 확인

㉣ 접착에 결함이 없는지 확인

㉤ 셀과 모듈 끝부분을 연결하는 기포 또는 박리가 없는지 확인

⑤ UV 시험

㉠ 태양전지 모듈의 열화 정도를 시험

㉡ 판정기준 : 발전성능은 시험 전의 95[%] 이상이며, 절연저항판정기준에 만족하고 외관은 두드러진 이상이 없고 표시는 판독 가능

02 | 품질관리기준

(1) KS, ISO 기준 및 IEC 기준규격(태양전지 모듈의 내구성에 관하여)

- 태양전지 모듈은 옥외에서 약 20년 이상 장기간 사용되므로 자외선, 온도변화, 습도, 바람, 적설, 결빙, 우박 등에 의한 기계적 스트레스, 염분, 기타 부식성 가스 또는 모래, 분진 등의 영향을 받는다.
- 태양전지 모듈에 영향은 크게 기상환경에 의한 열화, 열에 의한 열화, 기계적 충격에 의한 열화로 분류한다.

① 태양전지 모듈의 내구성에 미치는 영향

㉠ 기상환경에 의한 열화

- 자외선의 영향을 강하게 받는 EVA(충진재)의 황변현상, 필름 층의 크랙, 터미널 박스의 부식, 유리와 EVA 사이에 가수분해 등 여러 가지 문제점이 발견되어 단락전류의 저하현상

- 태양전지 모듈의 전기적 손실요인은 크게 직렬저항의 증가에 의한 손실과 광투과층의 투과율 감소에 대한 손실
- 직렬저항에 의한 손실을 줄이는 방법은 전극접촉저항 및 표면저항을 줄이는 일이 매우 중요
- 일사 강도가 크고 고온인 경우 또는 수분이 침투하여 리본 전극의 부식으로 직렬저항을 증가시켜 태양전지 모듈의 전기적 성능을 감소시킴
- EVA가 장기간 자외선에 노출될 경우 광분해에 의해 변색되어 광투과율이 감소되어 전기적 성능을 감소

㉡ 열에 의한 영향

- 기온 25[℃]에서 모듈온도는 40~70[℃]
- 온도상승・하강의 열 사이클과 고온으로부터 스트레스를 받음

㉢ 기계적 충격

- 우박과 풍압 등에 의한 충격
- 3[mm] 이상의 강화유리를 사용하는 경우에는 거의 문제가 되지 않는다.

② 제조 공정에서의 손실 유형

㉠ 불균일 셀의 사용

모듈은 셀을 직렬로 수십 장 연결하여 사용하는데, 다른 셀에 비해 출력이 작게 나오는 셀이 포함된 경우 전체적인 출력 감소로 모듈의 노화를 가속시켜 수명을 단축

㉡ Tabbing & String 공정에서 셀의 미세 균열

열과 물리적인 힘에 의해 셀에 미세하게 균열 발생

㉢ 래미네이션(접착) 과정에서 셀의 미세 균열

㉣ 래미네이션 후 모듈 Back Sheet의 분리

Back Sheet의 손상으로 습기 침투하여 모듈의 노화 가속

㉤ 래미네이션 후 기포 발생

미세한 기포는 햇빛이 셀에 도달하는 양을 감소시키므로 출력 저하

㉥ 모듈 설치 과정에서 Back Sheet의 손상

모듈 후면에 흠집이 발생하여 출력 감소

㉦ 경화(Curing)불량에 의한 de-Lamination

경화(Curing)시간의 부족이나 EVA의 불량으로 모듈의 층이 분리되어 모듈 전극 부식을 가속화시키고 햇빛의 투과량을 현저하게 감소시켜 출력을 감소시킴

03 | 신에너지 및 재생에너지 개발 · 이용 · 보급 촉진법

(1) 목 적

신에너지 및 재생에너지의 기술개발 및 이용 · 보급 촉진과 신에너지 및 재생에너지 산업의 활성화를 통하여 에너지원을 다양화하고, 에너지의 안정적인 공급, 에너지 구조의 환경 친화적 전환 및 온실가스 배출의 감소를 추진함으로써 환경의 보전, 국가경제의 건전하고 지속적인 발전 및 국민복지의 증진에 이바지함을 목적으로 한다.

(2) 용어의 정의

① 신재생에너지

기존의 화석연료를 변환시켜 이용하거나 햇빛 · 물 · 지열(地熱) · 강수(降水) · 생물유기체 등을 포함하는 재생 가능한 에너지를 변환시켜 이용하는 에너지로서 태양, 풍력, 바이오, 수력, 연료전지, 액화 · 가스화한 석탄, 중질잔사유를 가스화한 에너지, 해양에너지, 폐기물, 지열, 수소, 그 밖에 석유 · 석탄 · 원자력 또는 천연가스가 아닌 에너지로서 대통령령으로 정하는 에너지를 말한다.

㉠ 태양열

태양광선의 파동성질을 이용하는 태양에너지 광열학적 이용분야로 태양열의 흡수 · 저장 · 열변환 등을 통하여 건물의 냉난방 및 급탕 등에 활용하는 기술

㉡ 태양광

태양광발전은 태양의 빛에너지를 변환시켜 전기를 생산하는 발전 기술

㉢ 풍 력

바람에너지를 변환시켜 전기를 생산하는 발전 기술

㉣ 수 력

물의 유동 및 위치에너지를 이용하여 발전

㉤ 연료전지

수소와 산소의 화학반응으로 생기는 화학에너지를 직접 전기에너지로 변환시키는 기술

㉥ 석탄 가스화 · 액화

- 석탄(중질잔사유) 가스화 : 가스화 복합발전기술(IGCC ; Integrated Gasification Combined Cycle)은 석탄, 중질잔사유 등의 저급원료를 고온 · 고압의 가스화기에서 수증기와 함께 한정된 산소로 불완전연소 및 가스화시켜 일산화탄소와 수소가 주성분인 합성가스를 만들어 정제공정을 거친 후 가스터빈 및 증기터빈 등을 구동하여 발전하는 신기술

- 석탄 액화 : 고체연료인 석탄을 휘발유 및 디젤유 등의 액체연료로 전환시키는 기술로 고온·고압의 상태에서 용매를 사용하여 전환시키는 직접액화 방식과 석탄가스화 후 촉매상에서 액체연료로 전환시키는 간접액화 기술이 있음

ㅅ 지열에너지

물, 지하수 및 지하의 열 등의 온도차를 이용하여 냉·난방에 활용하는 기술

ㅇ 수소에너지

물, 유기물, 화석연료 등의 화합물 형태로 존재하는 수소를 분리, 생산해서 이용하는 기술

ㅈ 바이오에너지

바이오매스(Biomass, 유기성 생물체를 총칭)를 직접 또는 생·화학적, 물리적 변환과정을 통해 액체, 가스, 고체연료나 전기·열에너지 형태로 이용하는 화학, 생물, 연소공학 등의 기술

ㅊ 폐기물에너지

- 폐기물을 변환시켜 연료 및 에너지를 생산하는 기술
- 사업장 또는 가정에서 발생되는 가연성 폐기물 중 에너지 함량이 높은 폐기물을 열분해에 의한 오일화, 성형 고체 연료의 제조기술, 가스화에 의한 가연성 가스 제조기술 및 소각에 의한 열회수 기술 등의 가공·처리 방법을 통해 고체 연료, 액체 연료, 가스 연료, 폐열 등을 생산하고, 이를 산업 생산활동에 필요한 에너지로 이용될 수 있도록 재생에너지를 생산하는 기술

ㅋ 해양에너지

해양에너지는 해양의 조수·파도·해류·온도차 등을 변환시켜 전기 또는 열을 생산하는 기술로서 전기를 생산하는 방식은 조력·파력·조류·온도차 발전 등이 있음

- 조력발전 : 조석간만의 차를 동력원으로 해수면의 상승하강운동을 이용하여 전기를 생산하는 기술
- 파력발전 : 연안 또는 심해의 파랑에너지를 이용하여 전기를 생산하는 기술
- 조류발전 : 해수의 유동에 의한 운동에너지를 이용하여 전기를 생산하는 발전 기술
- 온도차발전 : 해양 표면층의 온수(예 25~30[℃])와 심해 500~1,000[m] 정도의 냉수(예 5~7[℃])와의 온도차를 이용하여 열에너지를 기계적 에너지로 변환시켜 발전하는 기술

ㅌ 수열에너지

해수 표층의 열을 히트펌프를 이용하여 냉난방에 활용하는 기술

② 신재생에너지 설비

신재생에너지를 생산하거나 이용하는 설비로서 산업통상자원부령으로 정하는 것

③ 신재생에너지 발전

신재생에너지를 이용하여 전기를 생산하는 것

④ 신재생에너지 발전사업자

전기사업법에 따른 발전사업자 또는 다른 자가용 전기설비를 설치한 자로서 신재생에너지 발전을 하는 사업자

(3) 기본계획과 연차별 실행계획

① 기본계획

㉠ 산업통상자원부장관은 관계 중앙행정기관의 장과 협의를 한 후 신재생에너지정책심의회의 심의를 거쳐 신재생에너지의 기술개발 및 이용·보급을 하기 위한 기본계획을 수립해야 함

㉡ 기본계획의 계획기간은 10년 이상

② 기본계획 변경

산업통상자원부장관은 수립된 기본계획을 변경할 필요가 있다고 인정하면 관계 중앙행정기관의 장과 협의를 한 후 신재생에너지정책심의회의 심의를 거쳐 변경

(4) 신재생에너지정책심의회

① 심의회의 설치

중요 사항을 심의하기 위해 산업통상자원부에 신재생에너지정책심의회를 둔다.

② 심의사항

㉠ 신재생에너지의 기술개발 및 이용·보급에 관한 중요 사항

㉡ 공급되는 전기의 기준가격 및 가격 변경에 관한 사항

㉢ 신재생에너지 이용·보급에 필요한 관계 법령의 정비 등 제도개선에 관한 사항

㉣ 산업통상자원부장관이 필요하다고 인정하는 사항

㉤ 심의회의 구성·운영과 그 밖에 필요한 사항은 대통령령

(5) 사업의 실시

산업통상자원부장관이 비용의 전부 또는 일부를 출연할 수 있다.

(6) 신재생에너지 이용의무화

① 산업통상자원부장관은 신재생에너지 이용·보급을 촉진하기 위해 에너지사용량의 일정 비율 이상을 신재생에너지를 이용하여 공급되는 에너지를 사용하도록 신재생에너지 설비를 의무적으로 설치하게 할 수 있다.

㉠ 국가 및 지방자치단체

㉡ 공공기관

㉢ 정부출연기관
㉣ 정부출자기업체
㉤ 출자 법인
㉥ 특별법 설립 법인

② 건축물로서 신축·증축 또는 개축하는 부분의 연면적이 1,000[m^2] 이상인 건축물일 때

해당 연도	2020~2021	2022~2023	2024~2025	2026~2027	2028~2029	2030 이후
공급의무비율[%]	30	32	34	36	38	40

(7) 신재생에너지 공급의무화 등

① 산업통상자원부장관은 공급의무자에게 발전량의 일정량 이상을 의무적으로 신재생에너지를 이용하여 공급하게 할 수 있다.

② 공급의무자
㉠ 전기사업법에 따른 발전사업자
㉡ 발전사업의 허가를 받은 것으로 보는 자
㉢ 공공기관

(8) 신재생에너지 공급의무화(RPS) 제도

① RPS 개요
일정규모 이상의 발전설비를 보유한 발전사업자에게 총발전량의 일정량 이상을 신재생에너지로 생산한 전력을 공급토록 의무화한 제도

② 공급인증기관
㉠ 공급인증기관 지정
에너지관리공단 신재생에너지센터
㉡ 공급인증기관 업무
- 공급인증서 발급, 등록, 관리 및 폐기
- 공급인증서 거래시장의 개설 및 운영
- 공급인증서 관련 정보의 제공
- 공급의무자의 의무이행 관리
- 공급인증서 발급대상 설비 확인 및 사후관리
- 공급의무화제도 관련 종합적 통계관리 및 정책지원

③ 공급의무자
㉠ 공급의무자(24개 발전사)
신재생에너지 설비를 제외한 설비규모 500[MW] 이상의 발전설비(신재생에너지 설비는 제외)를 보유한 발전사업자

- 한국수력원자력
- 남동발전
- 중부발전
- 서부발전
- 동서발전
- 남부발전
- 지역난방공사
- 수자원공사
- SK E&S
- GS EPS
- GS 파워
- 씨지앤율촌전력
- 포스코에너지
- 평택에너지서비스
- 대륜발전
- 에스파워
- 포천파워
- 동두천드림파워
- 파주에너지서비스
- GS동해전력
- 포천민자발전
- 신평택발전
- 나래에너지
- 고성그린파워

㉡ 산업통상자원부장관은 공급의무자별 의무공급량 및 별도 의무공급량을 매년 1월 31일까지 공고

㉢ 의무공급량

의무공급량[GWh] = 기준 발전량[GWh] × 조정의무비율[%]

㉣ 연도별 의무공급량의 비율

해당연도	비율[%]	해당연도	비율[%]
2012	2.0	2022	12.5
2013	2.5	2023	13.0
2014	3.0	2024	13.5
2015	3.0	2025	14.0
2016	3.5	2026	15.0
2017	4.0	2027	17.0
2018	5.0	2028	19.0
2019	6.0	2029	22.5
2020	7.0	2030 이후	25.0
2021	9.0		

④ 신재생에너지 공급인증서(REC ; Renewable Energy Certificate)

㉠ 공급인증서 발급대상 설비에서 공급되는 전력량에 가중치를 곱하여 [MWh] 단위를 기준으로 발급

㉡ 발전사업자가 신재생에너지 설비를 이용하여 전기를 생산·공급하였음을 증명하는 인증서로 공급의무자는 공급의무량에 대해 신재생에너지 공급인증서를 구매하여 충당할 수 있음

㉢ 신재생에너지 공급인증서 가중치

구 분	공급인증서 가중치	대상 에너지 및 기준	
		설치유형	세부기준
태양광에너지	1.2	일반부지에 설치하는 경우	100[kW] 미만
	1.0		100[kW]부터
	0.8		3,000[kW] 초과부터
	0.5	임야에 설치하는 경우	-
	1.5	건축물 등 기존 시설물을 이용하는 경우	3,000[kW] 이하
	1.0		3,000[kW] 초과부터
	1.6	유지 등의 수면에 부유하여 설치하는 경우	100[kW] 미만
	1.4		100[kW]부터
	1.2		3,000[kW] 초과부터
	1.0	자가용 발전설비를 통해 전력을 거래하는 경우	

(9) 신재생에너지 공급 불이행 과징금

① 산업통상자원부장관은 공급의무자에게 부족 공급 부족분에 공급인증서의 해당 연도 평균거래 가격 1.5배 금액의 범위에서 과징금을 부과한다.

② 과징금을 납부한 공급의무자는 과징금의 부과기간에 해당하는 의무공급량을 공급한 것으로 본다.

③ 납부기한까지 그 과징금을 납부하지 아니한 때 : 국세 체납 처분의 예에 따라 징수

④ 과징금은 전기사업법에 따른 전력산업기반기금의 재원으로 귀속된다.

(10) 신재생에너지 공급인증서(REC ; Renewable Energy Certificate)

① 신 청

신재생에너지 공급자는 공급인증기관에 신청하여 공급인증서를 발급받을 수 있다.

※ 정부의 지원을 받은 경우 발급 제한 가능

② 공급인증서 발급(실 공급량에 가중치를 곱한 양을 공급량으로 공급인증서를 발급)

㉠ 기재내용

- 신재생에너지 공급자
- 신재생에너지의 종류별 공급량 및 공급기간
- 유효기간(3년)

㉡ 의무공급량 충당, 산업통상자원부장관에게 제출한 공급인증서는 효력 상실 (유효기간이 지나거나 효력을 상실한 공급인증서는 폐기)

③ 공급인증서 거래

㉠ 공급인증서를 발급받은 자의 공급인증서 거래 : 공급인증기관이 개설한 거래시장에서만 거래

㉡ 공급인증서 거래 제한 : 산업통상자원부장관은 형평을 고려하여 일정 규모 이상의 수력 에너지를 공급하고 발급된 경우 산업통상자원부령 사유에 해당할 때에는 거래시장에서 해당 공급인증서가 거래될 수 없도록 한다.

(11) 공급인증기관의 지정

① 공급인증기관 지정

산업통상자원부장관이 공급인증기관으로 지정

㉠ 신재생에너지센터

㉡ 전기사업법에 따른 한국전력거래소

㉢ 인력·기술능력·시설·장비 등 대통령령으로 정하는 기준에 맞는 자

② 지정 신청

㉠ 공급인증기관으로 지정받으려는 자는 산업통상자원부장관에게 지정을 신청

㉡ 공급인증기관의 지정에 필요한 사항은 산업통상자원부령으로 정함

(12) 공급인증기관의 업무

① 공급인증서의 발급, 등록, 관리 및 폐기

② 거래시장의 개설

③ 공급인증서 관련 정보의 제공

④ 그 밖에 공급인증서의 발급 및 거래에 딸린 업무

(13) 신재생에너지 설비의 인증

① 신재생에너지 설비를 제조하거나 수입하여 판매하려는 자는 산업표준화법 제15조에 따른 제품의 인증을 받을 수 있다.

산업표준화법 제15조

- 산업통상자원부장관이 필요하다고 인정하여 심의회의 심의를 거쳐 지정한 광공업품을 제조하는 자는 공장 또는 사업장마다 산업통상자원부령으로 정하는 바에 따라 인증기관으로부터 그 제품의 인증을 받을 수 있다.
- 제품의 인증을 받은 자는 그 제품·포장·용기·납품서 또는 보증서에 산업통상자원부령으로 정하는 바에 따라 그 제품이 한국산업표준에 적합한 것임을 나타내는 표시(이하 "제품인증표시")를 하거나 이를 홍보할 수 있다.
- 인증을 받은 자가 아니면 제품·포장·용기·납품서·보증서 또는 홍보물에 제품인증표시를 하거나 이와 유사한 표시를 하여서는 안 된다.
- 인증을 받지 않은 자가 제품인증표시를 하거나 이와 유사한 표시를 한 제품을 그 사실을 알고 판매·수입하거나 판매를 위하여 진열·보관 또는 운반하여서는 안 된다.

② 산업통상자원부장관은 산업통상자원부령으로 정하는 바에 따라 설비인증에 드는 경비의 일부를 지원하거나, 설비인증기관에 대하여 지정 목적상 필요한 범위에서 행정상의 지원 등을 할 수 있다.

(14) 신재생에너지 발전 기준가격의 고시 및 차액 지원

① 산업통상자원부장관은 신재생에너지 발전에 의하여 공급되는 전기의 기준가격을 발전원별로 정한 경우에는 고시하여야 한다(기준가격의 산정기준 : 대통령령).

② 산업통상자원부장관은 신재생에너지 발전에 의하여 공급한 전기의 전력거래가격이 고시한 기준가격보다 낮은 경우 기준가격과 전력거래가격의 차액(발전차액)을 전력산업기반기금에서 우선 지원한다.

③ 산업통상자원부장관은 발전차액을 지원받은 신재생에너지 발전사업자에게 결산재무제표 등 기준가격 설정을 위하여 필요한 자료를 제출할 것을 요구할 수 있다.

(15) 지원 중단 등

① 경고 및 시정 명령

㉠ 산업통상자원부장관이 경고하거나 시정 명령을 하는 경우

- 거짓이나 부정한 방법으로 발전차액을 지원받은 경우
- 자료요구에 따르지 아니하거나 거짓으로 자료를 제출한 경우

㉡ 시정명령에 따르지 않는 경우 : 발전차액 지원을 중단

② 발전차액의 환수

30일 이내 반환하지 아니하면 국세체납처분의 예에 따라 징수

(16) 발전차액지원제도(FIT)와 신재생에너지 공급의무화제도(RPS)의 비교

구 분	발전차액지원제도(FIT)	공급의무화제도(RPS)
메커니즘	• 생산전력을 정부가 정한 가격으로 구매 • 전력량은 사업자가 결정	• 생산물량 사전 설정 • 발전의무량을 부과하면 시장에서 가격 결정
보급 목표	보급 목표량이 유동적	의무할당
전원 선택	대상 전원의 경우 구입요청 물량을 모두 구입해야 함	전원별 보급 목표량 설정 가능
도입 국가	독일, 이탈리아, 프랑스, 그리스 등	미국, 영국, 스웨덴, 캐나다 등
장 점	• 중장기 가격을 보장하여 타자의 확실성, 단순성 유지 • 안정적 투자유치로 기술개발과 산업 성장 가능 • 중소기업 발전 촉진 • 신재생에너지 분산 배치 가능	• 공급규모 예측이 용이 • 신재생에너지 사업자 간 경쟁을 촉진시켜 생산비용 절감 가능 • 민간에서 가격이 결정됨으로써 정부의 재정 부담 완화
단 점	• 정부의 재정부담 증가 • 적정가격 책정에 어려움 • 기업 간의 경쟁이 부족하여 생산가격을 낮추기 위한 유인 부족 • 안정적 사업 영위가 가능하여 신재생에너지 기술개발 저해	• 경제성이 좋은 특정 에너지로 편중 • 외국 기술의 시장 선점 유리 • 투자회수에 대한 불확실성으로 투자 및 공급이 감소할 가능성으로 가격 상승 • 중소기업의 참여 어려움

PART 03

태양광발전시스템 운영 및 유지보수

실전예상문제

01 태양광발전소의 안전관리 선임에 대한 설명이다. ①~③에 알맞은 내용을 답란에 쓰시오.

- 용량이 (①)[kW] 이상의 태양광발전설비에는 전기분야의 기술자격을 취득한 안전관리자가 상주해야 한다.
- 용량이 (②)[kW] 미만일 경우에는 안전관리업무를 안전공사나 대행사업자에게 대행관리를 할 수 있다.
- 용량이 (③)[kW] 미만일 경우에는 장비를 보유한 자격개인대행자에게 대행관리를 할 수 있다.

①

②

③

정답

① 1,000
② 1,000
③ 250

02 태양광발전설비 유지보수 관점에서의 점검방법을 3가지로 분류해 쓰시오.

-
-
-

정답

일상점검, 정기점검, 임시점검

해설

태양광발전설비의 점검은 준공 시 점검, 일상점검, 정기점검으로 나눌 수 있고 유지보수 관점에서는 준공 시 점검 대신 임시점검을 포함한다.

03 태양광발전설비의 용량이 다음과 같이 주어졌을 때 그에 따른 점검횟수를 ①~④에 맞게 써넣으시오.

용량[kW]	250[kW]	470[kW]	940[kW]	1,800[kW]
점검횟수(월)	(①)회	(②)회	(③)회	(④)회

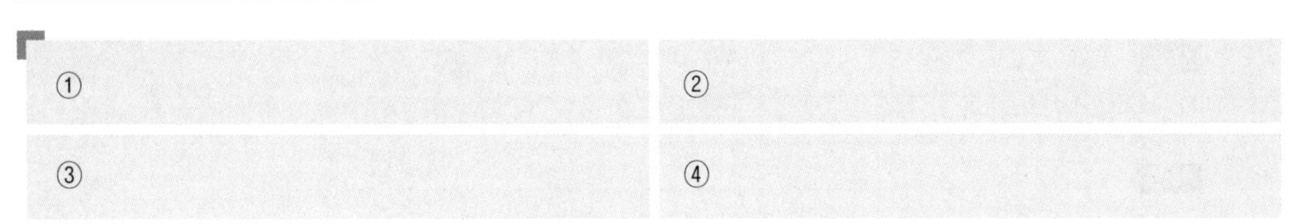

정답

① 1　　② 2　　③ 4　　④ 5

해설

용량별 점검횟수

용량별		점검횟수
저 압	1~300[kW] 이하	월 1회
	300[kW] 초과	월 2회
고압 이상	1~300[kW] 이하	월 1회
	300[kW] 초과 500[kW] 이하	월 2회
	500[kW] 초과 700[kW] 이하	월 3회
	700[kW] 초과 1,500[kW] 이하	월 4회
	1,500[kW] 초과 2,000[kW] 이하	월 5회
	2,000[kW] 초과	월 6회

04 태양광발전시스템 운영 시 갖추어야 할 목록을 4가지를 쓰시오.

•　　•

•　　•

정답

계약서 사본, 시방서, 건설관련 도면, 구조물 구조 계산서, 운영 매뉴얼, 한전계통연계 관련 서류, 핵심기기의 매뉴얼(인버터, PCS 등), 기기 및 부품의 카탈로그, 일반 점검표, 긴급복구 안내문, 안전교육 표지판, 전기안전 관련 주의 명판 및 안전 경고표시 위치도, 전기안전 관리용 정기 점검표

05 **발전용량이 3,000[kW]를 초과하는 태양광발전사업을 하고자 한다. 전기발전사업의 인허가권자는 누구인지 쓰시오.**

정답

산업통상자원부장관

해설

전기발전사업허가

- 3,000[kW] 초과 설비 : 산업통상자원부장관
- 3,000[kW] 이하 설비 : 시·도지사/제주도는 초과도 가능

06 **신재생에너지 공급의무화(RPS) 제도에 대한 간단히 설명하시오.**

정답

일정규모(500[MW]) 이상의 발전설비를 보유한 사업자에게 총발전량의 일정량 이상을 신재생에너지로 생산전력을 공급토록 의무화한 제도

07 태양광발전시스템의 안전관리자의 역할 4가지를 쓰시오.

-
-
-
-

정답

- 도면관리 및 기술관리
- 유지보수 필요한 소모품 및 물품보관 관리
- 태양광발전소 시설 확인 및 건전성 유지
- 상시 및 정기 점검 관리
- 안전관리 및 효율 이상 유무 확인

08 태양광발전설비가 작동되지 않는 경우 응급조치방법이다. 빈 칸에 알맞은 답을 쓰시오.

① 접속함 내부 DC 차단기 개방(Off) ② AC 차단기 개방(Off) ③ (   ) ④ AC 차단기 투입(On) ⑤ 접속함 내부 DC 차단기 투입(On)

정답

인버터 정지 후 점검

해설

태양광발전설비가 작동되지 않을 경우 응급조치로 인버터를 계통과 태양전지 어레이 측과 분리하고 인버터를 점검한 후 재투입해 본다.

09 태양광발전시스템의 운전 시 조작방법을 차례대로 쓰시오.

① Main VCB반 전압 확인
② AC 측 차단기 On, DC용 차단기 On
③ 5분 후 인버터 정상작동 여부 확인
④ 접속반, 인버터 DC 전압 확인

( ) – ( ) – ( ) – ( )

정답

① – ④ – ② – ③

10 태양광발전시스템의 정전 시 조작방법을 차례대로 쓰시오.

① 태양광 인버터 상태 확인(정지)
② 한전 전원복구 여부 확인
③ Main VCB반 전압 확인 및 계전기를 확인하여 정전 여부 확인, 버저 Off
④ 인버터 DC 전압 확인 후 운전 시 조작방법에 의해 재시동

( ) – ( ) – ( ) – ( )

정답

③ – ① – ② – ④

11 태양광발전시스템에서 풍력, 열 병합, 디젤 발전 등 타 에너지원의 발전시스템과 결합하여 축전지, 부하 또는 상용계통에 전력을 공급하는 시스템을 무엇이라고 하는지 쓰시오.

정답

하이브리드형 시스템

해설

하이브리드형 시스템

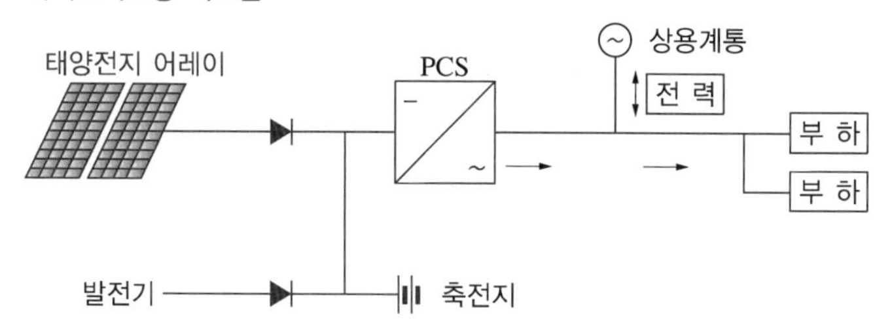

12 태양광발전시스템에서 태양전지 모듈이 직렬로 접속하여 하나로 합쳐진 회로를 무엇이라고 하는지 명칭을 쓰시오.

정답

스트링

해설

셀 < 모듈 < 스트링 < 어레이

13 태양전지 모듈이나 지지대 등의 지지물뿐 아니라 태양전지 모듈 결선회로나 접지 회로 및 출력단의 개폐회로까지를 총칭하여 무엇이라고 하는지 명칭을 쓰시오.

정답

태양전지 어레이

14 태양광발전시스템에 대한 설명이다. 무엇에 대한 설명인지 소자의 명칭을 쓰시오.

> 모듈 내의 셀이 직렬로 연결되어 있는데, 이 중에 셀 하나 이상이 그림자나 이물질로 인하여 특정 셀이 전력을 발생하지 못하면 그 셀의 전류가 감소하여 직렬로 연결된 전체 셀의 전류 흐름을 막게 되고, 모듈 전체에 전력 손실이 발생한다. 또한 그 셀은 열을 발생하게 되어 다른 이차적인 나쁜 영향을 미치게 되고, 이를 피하고자 전류 감소를 막고 나머지 정상적인 셀들의 전류를 원활히 흐르게 하기 위하여 일정 셀 수마다 셀 직렬 마디에 병렬로 다이오드를 설치한다.

정답

바이패스 다이오드(바이패스 소자)

15 태양광발전시스템의 어레이에 역류방지 다이오드를 설치하는 이유를 구체적으로 쓰시오.

정답

어레이 내의 스트링과 스트링 사이에서도 전압불균형 등의 원인으로 병렬 접속한 스트링 사이에 서로 전류가 흘러 어레이에 악영향을 미칠 수 있는데, 이를 방지하기 위해 설치한다.

해설

- 역류방지 다이오드는 태양광발전시스템에서 축전지를 가진 시스템에서 야간에 태양광발전이 정지된 상태에서 축전지 전력이 태양전지 모듈 쪽으로 흘러들어 소모되는 것을 방지하는 목적으로도 사용된다.
- 역전류방지 다이오드 용량은 모듈 단락전류(I_{sc})의 1.4배 이상, 개방전압(V_{oc})의 1.2배 이상이어야 하며, 현장에서 확인할 수 있도록 표시하여야 한다.

16 태양광발전계측시스템을 구성하는 기구 및 장치를 4가지만 쓰시오.

•	•
•	•

정답

검출기(센서), 신호변환기(트랜스듀서), 연산장치, 기억장치, 표시장치

해설

신호변환기(트랜스듀서)

검출기로 검출된 데이터를 컴퓨터 및 먼 거리에 설치된 표시장치에 전송하는 경우에 사용하는 장치를 말한다.

17 태양광발전소에서 모니터링한 사항 중 한국에너지공단 신재생에너지센터에 전송해야 하는 항목을 2가지만 쓰시오.

정답

일일발전량[kWh], 발전시간[분]

해설

모니터링 필수 기준사항

에너지 생산량 및 생산시간을 누적으로 모니터링하여야 한다.

구 분	모니터링 항목	데이터(누계치)	측정 위치
태양광	일일발전량[kWh]	24개(시간당)	인버터 출력
	발전시간[분]	1개(1일)	

18 태양광발전시스템에서 일반적으로 모니터링하여 표시하는 사항 3가지만 쓰시오.

정답

- 모듈 전력량(V_{dc}, I_{dc}, P_{dc})
- 인버터 출력(V_{ac}, I_{ac}, P_{ac})
- 누적발전량

해설

보통은 현재의 출력(현재 발전량)과 일일 발전량, 전체 누적발전량 등을 표시한다.

19 태양광발전시스템의 모니터링 설비의 계측설비기준이다. ①~④에 알맞은 답을 쓰시오.

계측설비	요구사항
인버터	CT 정확도 (①)[%] 이내
온도 센서	정확도 ±(②)[℃](−20~100[℃]) 미만
	정확도 ±(③)[℃](100~1,000[℃]) 이내
전력량계	정확도 (④)[%] 이내

①	②
③	④

정답

① 3
② 0.3
③ 1
④ 1

해설

모니터링 시스템은 일반적으로 위 사항을 모니터링 하여 모듈전력량, 인버터 출력, 누적발전량을 표시한다. 또한 한국에너지공단 신재생에너지센터에 일일발전량[kWh], 발전시간[분] 항목을 전송한다.

20 태양광발전시스템의 모니터링 요소를 5가지만 쓰시오.

•	•
•	•
•	

정답

일사 강도, 대기온도, 풍속, 모듈의 온도, 전압 및 전류, 전력

21 태양광발전시스템에 쓰이는 모니터링 프로그램의 4가지 주요기능을 쓰시오.

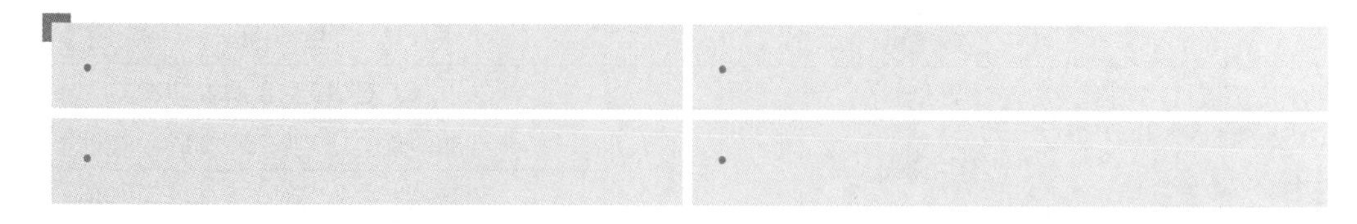

정답

데이터 수집기능, 데이터 저장기능, 데이터 분석기능, 데이터 통계기능

22 설비 장치 간 통신방법에 대한 설명이다. ①~③에 알맞은 답을 쓰시오.

- 일반적으로 장치 간에는 RS232/422/485에서 선택하여 설치한다.
- 다수설비 공통 전송 시 (①) 통신을 한다.
- 중앙서버와의 통신방식은 호환성과 확장성을 고려하여 (②) 방식으로 표현하고, (③) 프로토콜을 통해 전송한다.

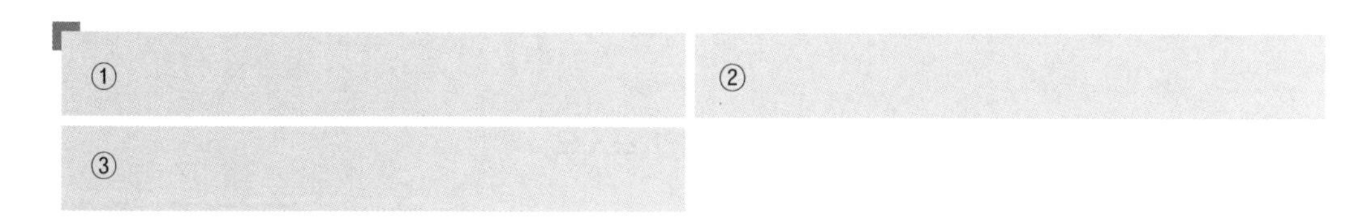

정답

① RS485
② XML
③ http

해설

XML(eXtensible Markup Language)
인터넷 웹페이지를 만드는 html을 획기적으로 개선하여 만든 차세대 정보포맷 표준언어이다.

23 원격 단말 장치 원격지에서 데이터를 수집해 전송 가능한 형식으로 데이터를 변환한 뒤 중앙기지국으로 송신하는 장치의 명칭을 쓰시오.

정답

전송장치(RTU ; Remote Terminal Unit)

24 설비 장치 간에 일반적으로 쓰이는 직렬 통신방식 3가지를 쓰시오.

정답

RS-232, RS-422, RS-485

해설

직렬(시리얼) 통신

- 한 번에 하나의 비트 정보를 전달하는 통신방식
- 한 번에 한 비트씩 전송되므로 주로 저속통신
- 마이크로프로세서와 컴퓨터 외부의 장치 간의 통신에 주로 사용
- 양단 간 통신 거리가 먼 경우 사용
- 대표적인 직렬 통신 장치 : PC의 COM Port, USB, IEEE1394, PCI Express 등

25 수변전설비의 한전과 발전사업자 간의 책임 분계점(재산한계점)은 어디를 기준으로 하는지 쓰시오.

정답

컷아웃 스위치 2차 측(COS 2차 측)

26 태양광발전설비의 수변전설비에 사용되는 기기들의 설명이다. 각각의 설명에 맞는 기기들의 명칭을 쓰시오.

- (①) : 주로 수변전설비 앞단에 설치되어 수변전설비에 설치되는 기기들을 이상전압(개폐 시 이상전압 또는 낙뢰)으로부터 보호하는 장치를 말한다.
- (②) : 수전한 주회로의 전압을 이에 비례하는 낮은 저압으로 변성하기 위해서 사용하는 기기를 말한다.
- (③) : (특)고압의 전압, 전류를 변성하여 한전계량기와 결선하는 기기를 말한다.
- (④) : 일반적으로 수전받은 전압을 수용가에서 사용되는 전압으로 변성하는 기기로, 태양광발전설비에서는 저압을 특고압으로 승압할 때 사용된다.

①	②
③	④

정답

① 피뢰기(LA)
② 계기용 변압기(PT)
③ 계기용 변성기(MOF)
④ 변압기(TR)

27 태양광발전설비의 수변전설비에 사용되는 기기의 기호이다. ①~③에 알맞은 명칭을 쓰시오.

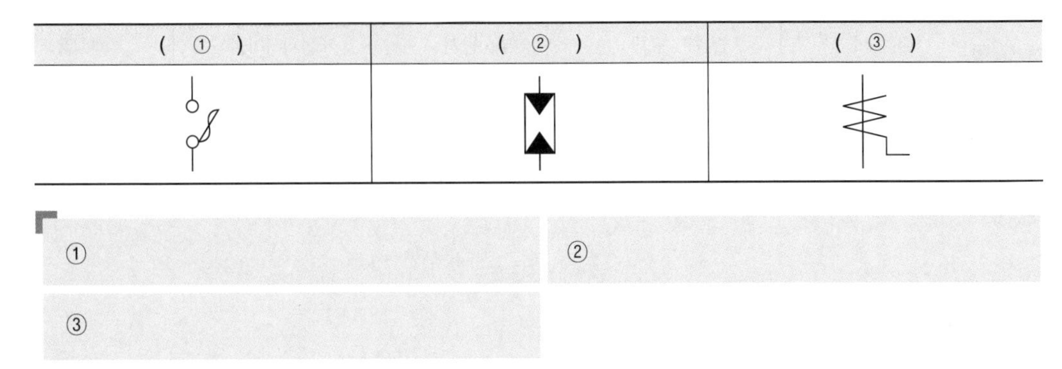

①

②

③

정답

① 전력퓨즈(PF) 또는 컷아웃 스위치(COS)
② 피뢰기(LA)
③ 계기용 변류기(CT)

28 태양광발전소에서 계통연계를 하기 위해 설치된 승압용 변압기의 일상점검방법을 3가지만 쓰시오.

•

•

•

정답

• 육안에 의해 관찰로 점검한다.
• 전기설비의 운전 중에 이상의 유무를 점검한다.
• 냄새, 소리, 변색, 파손 등을 확인한다.
• 전압, 전류, 전력, 역률 등을 체크하여 운전 상태를 관리한다.

해설

변압기의 점검방법 실제

• 주로 온도, 외관 상태, 정격전압, 과전류, 누설전류, 절연유 상태, 흡습장치 등을 점검한다.
• 변압기 점검에서 가장 중요한 것은 외관의 이상 유무 점검이다.

29 몰드형 변압기를 점검할 때 점검개소에 따른 점검사항을 쓰시오.

점검개소	변압기 본체	부싱단자	접지터미널	캐치홀더
점검사항	(①)	(②)	(③)	(④)

①	②
③	④

정답

① 이상음, 진동　　② 과열, 균열

③ 조임 상태　　④ 퓨즈 상태

30 변압기의 절연저항 측정에 대한 설명이다. ①~④에 알맞은 답을 쓰시오.

- 변압기의 절연저항 측정은 반드시 정전 상태에서 (①)를 이용하여 변압기 1차(고압)와 2차(저압) 권선 간, 1차와 대지, 2차와 대지 간의 순서로 절연저항을 측정한다.
- 측정 시 유의사항으로 변압기 외함은 반드시 (②)하고, 변압기 고저압 권선은 각각 접속한다.
- 절연저항은 변압기 내부의 (③), (④) 또는 불순물의 함유량에 결정되며, [MΩ] 단위로 측정한다.

①	②
③	④

정답

① 절연저항계 또는 메거　　② 접 지

③ 온 도　　④ 습 도

해설

변압기 절연유의 온도에 따라 절연저항이 변화한다(부특성).

31 차단기 중 주로 고압에 사용되는 차단기를 3가지만 쓰시오.

정답

유입차단기(OCB), 진공차단기(VCB), 공기차단기(ABB), 자기차단기(MBB), 가스차단기(GCB)

해설

- 고압용차단기에는 유입차단기(OCB), 진공차단기(VCB), 공기차단기(ABB), 자기차단기(MBB), 가스차단기(GCB)가 있다.
- 저압에서 많이 사용되는 차단기는 기중차단기(ACB), 배선용 차단기(MCCB), 누전차단기(ELB) 등이 있다.

32 태양광발전소의 수변전설비에서 전류, 전압, 주파수, 역률 등을 측정하여 이상 발생 시 차단기의 투입과 차단을 제어하는 기기의 명칭을 쓰시오.

정답

보호계전기

33 태양광발전소의 수변전설비에서 사용되는 주요 보호계전기 중 4가지만 쓰시오.

정답

- OVR(59/직류 45) : 과전압계전기
- UVR(27) : 부족전압계전기
- OCR(51) : 과전류계전기(G : 지락, S : 단락)
- SR(50) : 선택계전기
- UFR(81U) : 부족주파수계전기, OFR 과주파수계전기
- RDR(87) : 비율차동계전기

34 일반적인 차단기의 일상점검을 할 때 점검항목 4가지를 쓰시오.

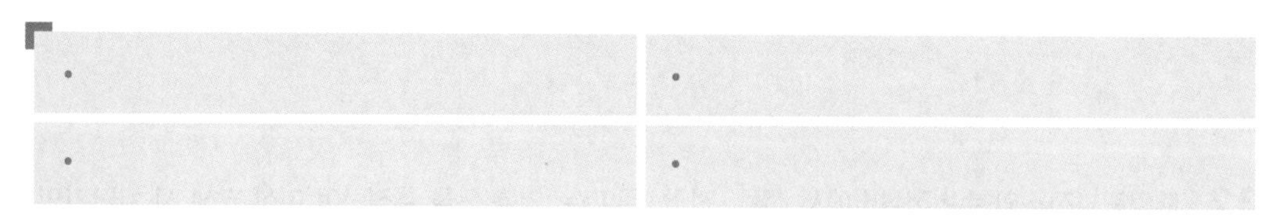

정답

- 개폐표시기의 표시 확인
- 이상한 냄새, 소리 유무
- 과열로 인한 변색
- 애자류 균열, 접속단자 확인
- 녹, 변형, 오손 유무

35 정기점검 시 차단기의 점검항목을 4가지만 쓰시오(단, 차단기는 진공차단기를 기준으로 점검항목을 작성한다).

정답

- 투입시간, 개극시간, 3상 불균형 시간
- 투입 조작전류, 최저 투입전압, 최저 트립전압
- 트립 자유시험
- 진공밸브의 접점 소모량 측정
- 진공도 판정

36 전원 차단 후 차단기를 점검할 때 주의할 사항을 3가지만 쓰시오.

-
-
-

정답

- 개폐 상태를 확인한다.
- 차단기의 제어회로 전원 개로한다.
- 단로기는 개로하고 차단기의 주회로를 접지한다.
- 점검 작업은 되도록 차단기가 개로 상태에서 실시한다.
- 폐로 상태에서 점검을 시행할 경우 로크장치 등을 사용하여 불시에 개로되지 않도록 한다.

37 태양광발전시스템의 점검에 대한 설명이다. 다음 분류에 따라 알맞은 답을 각각 3가지씩 쓰시오.

- 일반적인 관점의 점검 종류 :
- 유지보수 관점의 점검 종류 :

정답

- 일반적인 관점의 점검 종류 : 준공 시의 점검, 일상점검, 정기점검
- 유지보수 관점의 점검 종류 : 일상점검, 정기점검, 임시점검

해설

태양광발전시스템의 점검은 일반적으로 준공 시의 점검, 일상점검, 정기점검의 3가지로 구별되나 유지보수 관점에서의 점검의 종류에는 일상점검, 정기점검, 임시점검으로 재분류된다.

38 태양광발전시스템의 주회로를 점검할 때 안전을 위하여 점검 전에 확인해야 할 사항 4가지를 쓰시오.

-
-
-
-

정답

- 원격지의 무임감시 제어시스템의 경우 원격지에서 차단기가 투입되지 않도록 연동장치를 쇄정
- 관련된 차단기, 단로기를 열고 주회로에 무전압이 되게 함
- 검전기로서 무전압 상태를 확인하고 필요개소에 접지
- 차단기는 단로 상태가 되도록 인출하고 '점검 중'이라는 표시판을 부착
- 단로기 조작은 쇄정(쇄정장치가 없는 경우 '점검 중'이라는 표시판을 부착)
- 콘덴서 및 케이블의 접속부를 점검할 경우에는 잔류전압을 방전시키고 접지를 행함
- 전원의 쇄정 및 주의 표지를 부착
- 절연용 보호 기구를 준비

39 전기설비기술기준에 따른 절연저항 기준이다. ①~③에 알맞은 답을 쓰시오.

사용전압[V]	DC시험전압[V]	절연저항[MΩ]
SELV 및 PELV	(①)	0.5[MΩ]
FELV, 500[V] 이하	500[V]	(②)
500[V] 초과	(③)	1.0[MΩ]

※ 특별저압(Extra Low Voltage : 2차 전압이 AC 50[V], DC 120[V] 이하)으로 SELV(비접지회로 구성) 및 PELV(접지회로 구성)는 1차와 2차가 전기적으로 절연된 회로, FELV는 1차와 2차가 전기적으로 절연되지 않은 회로

다만, 전선 상호 간의 절연저항은 기계기구를 쉽게 분리가 곤란한 분기회로의 경우 기기 접속 전에 측정할 수 있다. 또한, 측정 시 영향을 주거나 손상을 받을 수 있는 SPD 또는 기타 기기 등은 측정 전에 분리시켜야 하고, 부득이하게 분리가 어려운 경우에는 시험전압을 250[V] DC로 낮추어 측정할 수 있지만 절연저항 값은 1[MΩ] 이상이어야 한다.

①

②

③

정답

① 250[V]
② 1.0[MΩ]
③ 1,000[V]

40 태양광발전시스템의 인버터에 대한 절연저항을 측정하기 위한 측정기기를 쓰시오.

• 인버터 정격전압 300[V] 이하 :

• 인버터 정격전압 300[V] 초과 600[V] 이하 :

정답

• 인버터 정격전압 300[V] 이하 : 500[V] 절연저항계(메거)
• 인버터 정격전압 300[V] 초과 600[V] 이하 : 1,000[V] 절연저항계(메거)

41 **태양전지 모듈의 전압 이상 시 고장 조치방법이다. ①~③에 알맞은 답을 쓰시오.**

- 개방전압의 저하는 대부분 셀이나 (①)의 손상이 원인이므로 손상된 모듈을 찾아 교체한다.
- 전체 스트링 중 중간지점에서 접속커넥터를 분리하여 전압을 측정(모듈 1개 개방전압 × 모듈직렬개수 값)하여 모듈 1개 개방전압이 (②) 이상 저감되는지 여부를 확인한다.
- 개방전압이 (③) 쪽으로 범위를 축소하여 불량모듈을 선별한다.

①	②
③	

정답

① 바이패스 다이오드

② $\frac{1}{2}$

③ 낮은

42 **전기설비나 시설의 안전한 정전작업을 위한 작업절차이다. ①~②에 알맞은 답을 쓰시오.**

차단기나 부하개폐기로 개로 → 단로기는 (①) 확인 후에 개로 → 전로에 따른 검전기구로 검전 → 검전 종료 후에 (②) 방전(단락접지기구로 접지) → 정전작업 중에 차단기, 개폐기를 잠가 놓거나 통전 금지 표시를 하거나 감시인을 배치하여 오통전을 방지할 것

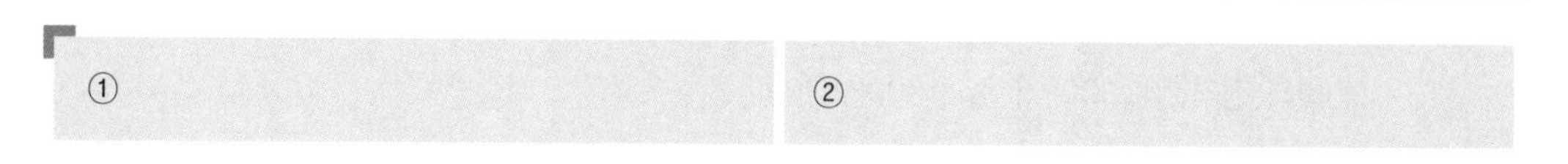

정답

① 무부하

② 잔류전하

43 한전계통에 연계된 태양광발전소에서 22.9[kV] 활선에 근접하여 작업하고자 할 때 접근한계거리는 몇 [cm]인가?

정답

90[cm]

해설

접근한계거리(활선근접작업 시)

충전전로의 선간전압[kV]	충전전로에 대한 접근한계거리[cm]
0.3 이하	접촉금지
0.3 초과 0.75 이하	30
0.75 초과 2 이하	45
2 초과 15 이하	60
15 초과 37 이하	90
37 초과 88 이하	110
88 초과 121 이하	130
121 초과 145 이하	150
145 초과 169 이하	170
169 초과 242 이하	230
242 초과 362 이하	380
362 초과 550 이하	550
550 초과 800 이하	790

44 7,000[V] 이하의 전로의 활선작업 또는 활선근접작업을 할 때 작업자의 감전 사고를 방지하기 위해 작업자 몸에 부착하는 것을 절연용 보호구라고 한다. 절연용 보호구의 종류를 3가지만 쓰시오.

정답

안전모, 전기용 고무장갑(7,000[V] 이하), 절연장화(7,000[V] 이하)

45 전기설비가 다음과 같이 설치되어 있다. 순서대로 번호를 쓰시오.

① 개폐기	② 차단기	③ COS(PF)	④ MCCB

• 차단순서 :

• 투입순서 :

정답

• 차단순서 : ④ - ② - ③ - ①
• 투입순서 : ③ - ① - ② - ④

해설

고압기기 차단순서

배선용 차단기(MCCB) → 차단기(CB) → 전력용 퓨즈(COS, PF) → 인입 개폐기(ASS, LBS)

고압기기 투입순서

전력용 퓨즈(COS, PF) → 인입 개폐기(ASS, LBS) → 차단기(CB) → 배선용 차단기(MCCB)

46 전선로 또는 발전소, 변전소의 전기설비에서 작업을 착수하기 전에 정해진 개소에 설치하여 오송전 또는 유도에 의한 충전의 위험을 방지하기 위한 용구를 무엇이라고 하는지 명칭을 쓰시오.

정답

접지용구

47 접지용구의 종류에 따라 사용범위를 구분하여 쓰시오.

종 류	사용범위
갑 종	(①)
(②)	가공송전선로용
병 종	(③)

① ②

③

정답

① 발전소, 변전소 또는 지중송전선로용
② 을 종
③ 배전선로용

48 조건이 다음과 같을 때 태양전지 어레이의 변환효율을 구하시오.

- 어레이의 발전량 : 2,000[W]
- 어레이의 넓이 : 3[m] × 4[m]
- 일사 강도 : 1,000[W/m²]

정답

$$\eta = \frac{P_{\max}}{E \times S} \times 100 = \frac{2,000}{1,000 \times 12} \times 100 \fallingdotseq 16.67[\%]$$

49 **일정규모 이상의 발전설비를 보유한 발전사업자에게 총발전량의 일정량 이상을 신재생에너지로 생산한 전력을 공급토록 의무화한 제도를 무엇이라고 하는지 쓰시오.**

정답

신재생에너지 공급의무화(RPS) 제도

해설

공급의무자는 신재생에너지 설비를 제외한 설비규모 500[MW] 이상의 발전설비를 보유한 발전사업자

50 **다음은 무엇에 대한 설명인지 그 명칭을 쓰시오.**

> 이 증서의 발급대상 설비에서 공급되는 전력량에 가중치를 곱하여 [MWh] 단위를 기준으로 발급하며, 발전사업자가 신재생에너지 설비를 이용하여 전기를 생산・공급하였음을 증명하는 인증서로 공급의무자는 공급의무량에 대해 이 증서를 구매하여 충당할 수 있다.

정답

신재생에너지 공급인증서(REC)

부 록

실전모의고사

신재생에너지발전설비기능사(태양광) [실기] 한권으로 끝내기

www.sdedu.co.kr

부록 실전모의고사

제 1 회 실전모의고사

※ 예상 답안입니다. 출제자의 의도에 따라 답이 다를 수도 있습니다.

01 다음 그림은 회로시험기(멀티 테스터)를 이용하여 태양전지의 어떤 값을 측정하기 위한 시험인지 각각 쓰시오.

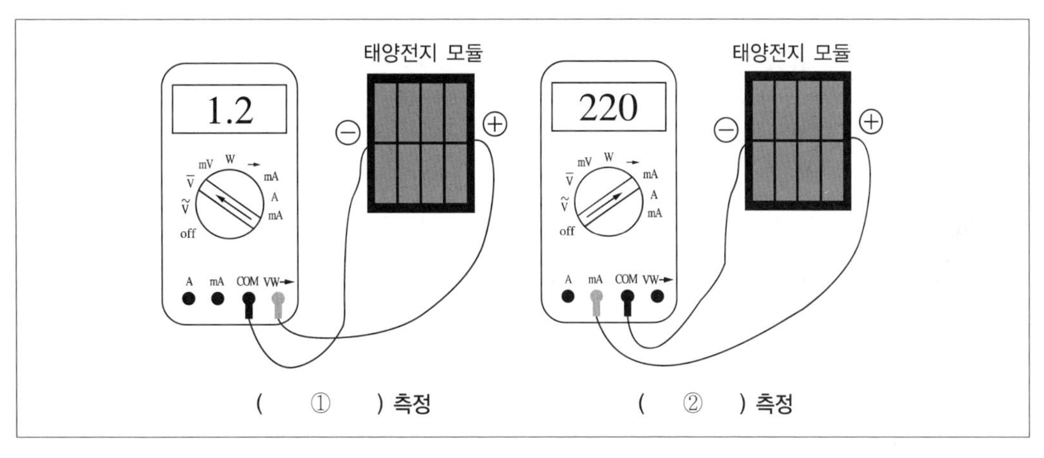

①

②

정답

① 개방전압

② 단락전류

02 그림과 같이 태양전지가 병렬로 접속된 경우 총발전량을 구하시오.

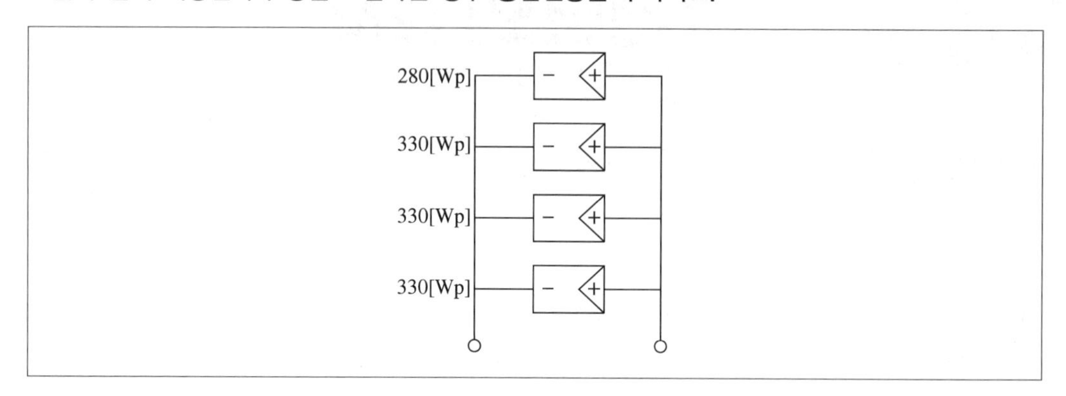

- 계산과정 :
- 답 :

정답

- 계산과정 : 발전량 = 280 + (330 × 3) = 1,270[Wp]
- 답 : 1,270[Wp]

해설

- 병렬연결 태양전지 모듈 : 모듈 각각의 출력 총합
- 직렬연결 태양전지 모듈 : 모듈 중 가장 작은 출력의 모듈에 의해 결정

  예 총발전량 = 가장 작은 모듈의 출력 × 직렬연결 모듈 수

03 태양전지 어레이 구조물 조립 시 사용되는 볼트의 풀림방지 방법을 4가지만 쓰시오.

-
-
-
-

정답

- 스프링와셔 사용
- 너트 용접
- 이중 너트 사용
- 콘크리트에 매립

04 태양전지 어레이의 설치장소에 태양광의 입사 방향으로 높이가 5[m]인 장애물이 있을 경우 장애물과 어레이 간 최소 이격거리[m]를 구하시오(단, 발전 가능한 태양의 입사각은 30°이며, sin30° = 0.5, cos30° = 0.866, tan30° = 0.577이다).

- 계산과정 :
- 답 :

정답

- 계산과정 : 최소 이격거리(d) = $\frac{5}{\tan 30°} = \frac{5}{0.577} ≒ 8.665 ≒ 8.67$[m]
- 답 : 8.67[m]

해설

장애물과 이격거리(d)

$\tan\beta = \frac{h}{d}$

$\therefore\ d = \frac{h}{\tan\beta}$[m]($\beta$: 태양의 고도각, h : 장애물의 높이)

05 다음은 태양전지판의 일조시간에 대한 사항이다. ①~④에 알맞은 내용을 쓰시오.

- 장애물로 인한 음영에도 불구하고 일조시간은 1일 (①)시간[춘계(3~5월), 추계(9~11월)기준] 이상이어야 한다. 다만, (②), (③), 안테나 등 경미한 음영은 장애물로 보지 아니한다.
- 태양전지 모듈 설치열이 2열 이상일 경우 앞 열은 뒤 열에 (④)이 지지 않도록 설치하여야 한다.

①	②
③	④

정답

① 5　　② 전 선

③ 피뢰침　　④ 음 영

06 태양광발전시스템의 시공 시 작업자의 안전보호와 2차 재해방지를 위하여 작업자가 착용하여야 하는 보호구의 명칭과 착용목적을 3가지만 쓰시오.

정답

- 안전모 : 낙하물 등에 대한 머리 보호 및 머리 감전방지
- 안전대 : 추락방지
- 안전화 : 미끄럼 방지 및 발가락 보호

07 전선 상호 및 전선과 다른 기기간의 전기적 접속을 할 경우, 접속방법 선정을 위한 고려사항을 3가지만 쓰시오.

정답

- 접속으로 인해 전기 저항이 증가해서는 안 된다.
- 전선의 강도를 20[%] 이상 감소시키지 말 것
- 접속 부분의 절연을 절연전선의 절연물과 동등 이상의 절연 효력이 있는 것으로 피복할 것

08 납축전지 55셀(Cell)을 직렬 연결하여 축전지로 부하 공급 시 부하의 최종 허용전압이 110±10[V]이며, 즉 최저전압이 100[V]이고 선로의 전압강하가 5[V]일 때 전지(셀)당 방전종지전압[V]을 구하시오.

• 계산과정 :

• 답 :

정답

• 계산과정

$$\text{전지(셀)당 방전종지전압} = \frac{\text{최저전압+선로의 전압강하}}{\text{셀수}}$$

$$= \frac{100+5}{55}$$

$$≒ 1.909$$

$$≒ 1.91[V]$$

• 답 : 1.91[V]

09 다음은 태양전지 판의 시공기준에 대한 사항이다. ①~⑤에 알맞은 내용을 쓰시오.

• 모 듈
(①)받은 설비를 설치하여야 한다. 다만, 건물일체형 태양광시스템은 센터의 장이 별도로 정하는 품질기준(KS C 8561 또는 8562 일부 준용)에 따라 '(②)' 및 '(③)' 등을 만족하는 시험결과가 포함된 시험성적서를 센터로 제출할 경우, (①)받은 설비와 유사한 형태(모듈의 종류 및 구조가 동일한 형태)의 모듈을 사용할 수 있다.

• 설치용량
설치용량은 사업계획서 상의 모듈 설계용량과 (④)하여야 한다. 다만, 단위 모듈당 용량에 따라 설계용량과 (④)하게 설치할 수 없을 경우에 한하여 설계용량의 (⑤)[%] 이내까지 가능하다.

①
②
③
④
⑤

정답

① 인 증
② 발전성능
③ 내구성
④ 동 일
⑤ 110

10 태양광발전시스템의 유지보수 계획 시 점검의 내용 및 주기를 결정하기 위한 고려사항을 3가지만 쓰시오.

정답

• 설비의 중요도
• 설비의 주변 환경조건
• 설비의 사용기간
• 고장이력
• 부하 상태 등

11 태양광발전설비 유지보수 시 점검의 종류를 3가지 쓰시오.

정답

일상점검, 정기점검, 임시점검

해설

태양광발전설비 유지보수 시 일상점검은 육안점검 위주로 진행되며, 정기점검은 육안점검 외의 기능, 작동, 측정 위주로 진행한다.

- 일상점검 : 전기설비의 외관점검, 작동점검, 기능점검 등을 실시하여 이상 유무를 확인하기 위하여 상시 점검하는 것을 말한다.
- 정기점검 : 월차, 분기, 반기 등의 일정한 주기를 기준으로 전기설비의 이상 유무를 점검하는 것을 말한다.
- 임시점검 : 정기점검 실시 후 다음 점검기일 이전에 임시로 실시하는 점검이나 기계·기구 또는 설비의 이상 발견 시 임시로 점검하는 것이다.

12 태양광발전시스템의 인버터 회로방식의 종류 3가지를 쓰시오

정답

- 상용주파 절연방식
- 고주파 절연방식
- 무변압기 절연방식

해설

- 상용주파 절연방식 : PWM 인버터를 이용하여 상용주파수의 교류로 만들고 상용주파수의 변압기를 이용하여 절연과 전압변환을 하는 방식
- 고주파 절연방식 : 태양전지의 직류출력을 고주파 교류로 변환한 후, 소형 고주파 변압기로 절연하고, 그 후 직류로 변환하고, 다시 상용주파수의 교류로 변환
- 무변압기(트랜스리스) 방식 : 태양전지의 직류를 DC/DC 컨버터로 승압 후 DC/AC 인버터로 상용주파수의 교류로 변환하는 방식으로, 2차 회로에 변압기를 사용하지 않는 방식

13 다음 그림은 지붕 위에 설치한 태양전지 어레이로부터 접속함에 이르는 배선을 나타낸 것이다. 다음 각 물음에 답하시오.

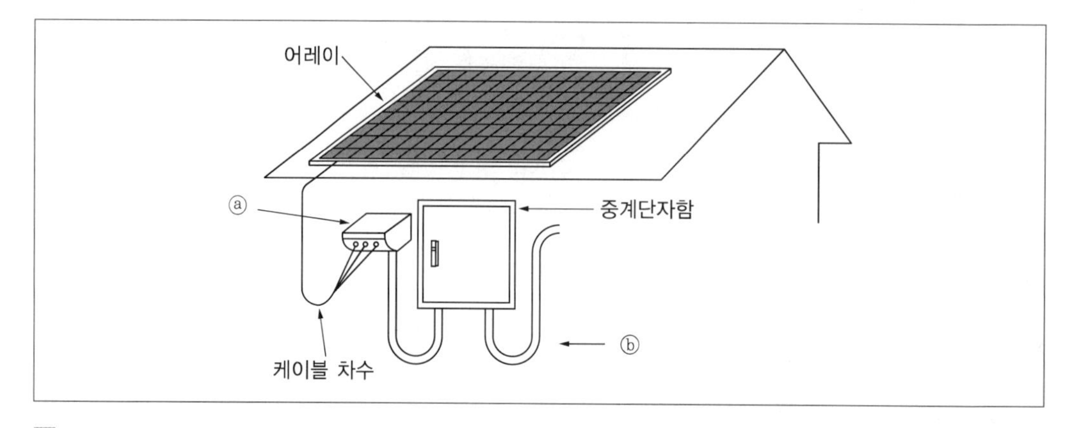

(1) 그림 ⓐ와 같이 인입구 및 인출구 관 끝에 설치하며, 금속관에 접속하여 옥외의 빗물을 막아주는 데 사용하는 재료 명칭을 쓰시오.

(2) 그림 ⓑ와 같은 전선관의 굴곡반경은 어떻게 시공하여야 하는지 쓰시오.

(3) 전선관의 굵기는 전선피복을 포함한 단면적의 총합계가 관 내 단면적의 몇 [%] 이하가 되도록 선정하여야 하는지 쓰시오(단, 전선의 굵기는 동일하다).

정답

(1) 엔트런스 캡
(2) 굴곡반경은 관 내경의 6배 이상으로, 찌그러짐이 없어야 한다.
(3) 관 내 단면적의 48[%] 이하

해설

- 엔트런스 캡 : 관로의 인입구에 설치하여 빗물의 유입을 방지한다.
- 굵기가 다른 케이블의 경우 전선관의 굵기는 전선피복을 포함한 단면적의 총합계가 32[%] 이하를 원칙으로 한다.

14 태양전지 어레이의 절연저항 측정 시 출력단의 피뢰 소자는 어떤 조치를 취해야 하는지 쓰시오.

정답

피뢰 소자의 접지 측 단자를 분리

15 태양광발전시스템을 900[m^2] 부지에 하나의 어레이로 설치할 때, 생산되는 전력[kW]을 구하시오(단, 모듈 효율 13[%], 일사량 600[W/m^2], 기타 조건은 무시한다).

• 계산과정 :

• 답 :

정답

• 계산과정 : 생산되는 전력 = 면적 × 일사량 × 모듈 효율

= 900[m^2] × 600[W/m^2] × 0.13

= 70,200[W]

= 70.2[kW]

• 답 : 70.2[kW]

16 그림은 태양전지 모듈을 고정 프레임에 고정하는 방법을 나타낸 것이다. ①~③의 부품 명칭을 답란에 쓰시오.

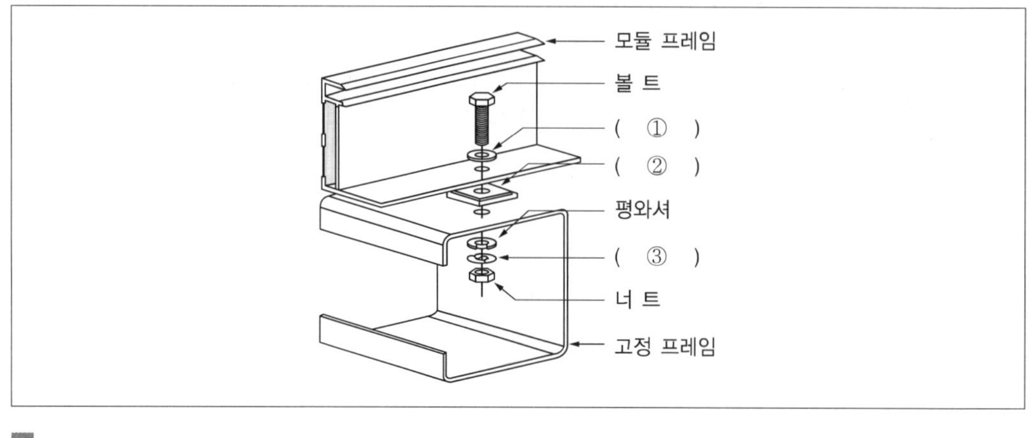

①

②

③

정답

① 평와셔
② 개스킷
③ 스프링와셔

17 태양광발전시스템의 인버터 설치장소에 대한 조건을 3가지만 쓰시오.

정답

- 시원하고 건조한 장소
- 통풍이 잘되는 장소
- 먼지 또는 유독가스가 없는 장소
- 비와 습기에 노출되지 않는 장소
- 어레이와 전력량계와 가까운 장소

18 모니터링 설비 설치기준에 관련된 내용이다. 다음 설명의 (　) 안에 알맞은 내용을 답란에 쓰시오.

태양광발전 모니터링 설비의 경우 단위 사업별 설비용량 (①)[kW] 이상의 발전설비에 대해 의무적으로 설치하도록 규정되어 있다. 모니터링 항목은 (②), (③)이고, 측정 위치는 (④)이다.

정답

① 50
② 일일발전량
③ 발전시간
④ 인버터 출력

해설

모니터링 설치기준

구 분	모니터링 항목	데이터(누계치)	측정 위치
태양광	일일발전량[kWh]	24개(시간당)	인버터 출력
	생산시간(분)	1개(1일)	

19 그림과 같은 태양광발전시스템의 명칭과 특징을 쓰시오.

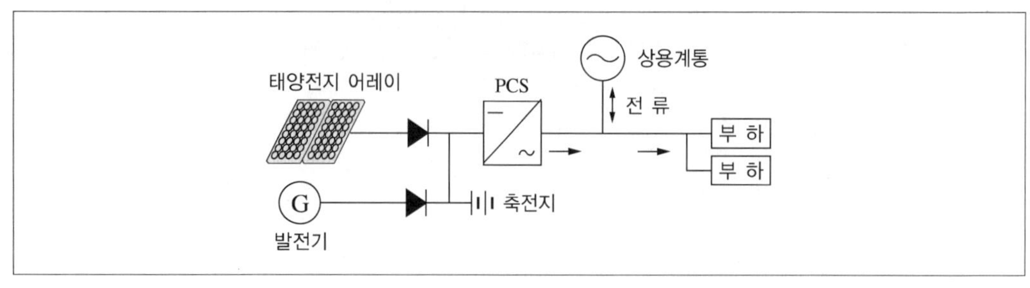

정답

- 명칭 : 하이브리드형 태양광발전시스템
- 특징 : 낮에는 태양광발전으로 발전을 하고 필요시에는 발전기로 발전을 한다. 잉여 전력 발생이 될 때는 축전지에 충전하여 피크 시간대에 전력 수요를 절감한다. 또한 상용전원 정전 시 비상부하에 전력을 공급할 수도 있다.

20 한국전기설비규정(KEC)에 따른 지중선로 케이블의 시설방법 3가지를 쓰시오.

정답

- 직접매설식
- 관로식
- 암거식

해설

지중전선로의 시설(KEC 334.1)

지중 전선로는 전선에 케이블을 사용하고 또한 관로식 · 암거식(暗渠式) 또는 직접 매설식에 의하여 시설하여야 한다.

부록 실전모의고사

제 2 회 실전모의고사

※ 예상 답안입니다. 출제자의 의도에 따라 답이 다를 수도 있습니다.

01 **태양광발전시스템의 성능을 시험할 때 국제적인 기준이 되는 표준시험조건(STC)이다. 다음 (   ) 안에 알맞은 내용을 쓰시오.**

- 수광조건(일사조건)은 대기질량 정수(AM) (①)의 지역을 기준으로 한다.
- 빛의 일조 강도는 (②)[W/m^2]를 기준으로 한다.
- 모든 시험의 기준 온도는 (③)[℃]로 한다.

①	②
③	

정답

① 1.5
② 1,000
③ 25

해설

태양광 전지 표준시험조건(STC ; Standard Test Condition)

- 일사 강도 : 1,000[W/m^2]
- 온도 : 25[℃]±2[℃]
- 대기질량정수 : AM1.5

02 태양광발전시스템 점검 시 감전방지 대책을 3가지만 쓰시오.

•

•

•

정답

• 모듈에 차광막을 씌워 태양광을 차폐
• 저압 절연장갑 착용
• 절연공구 사용

해설

강우 시에는 감전사고 뿐만 아니라 미끄러짐으로 인한 추락사고로 이어질 우려가 있으므로 작업을 금지한다.

03 태양광발전시스템 시공절차의 구분에서 배선공사의 종류를 3가지만 쓰시오.

•

•

•

정답

• 태양전지 모듈 간 배선공사
• 어레이와 접속함의 배선공사
• 접속함과 PCS 간 배선공사
• PCS와 분전반 간 배선공사

04 태양광발전시스템의 설치 시 강우에 의해 모듈 표면으로 흙탕물이 튀는 것을 방지하기 위해 몇 [m] 이상으로 설치하여야 하는지 쓰시오.

정답

0.6[m]

05 태양광발전시스템의 계측기나 표시장치의 사용 목적을 3가지만 쓰시오.

•

•

•

정답

- 시스템의 운전 상태 감시
- 시스템에 의한 발전 전력량 알기
- 시스템 기기 또는 시스템 종합평가
- 시스템의 홍보

06 전기설비의 접지 목적을 2가지만 쓰시오.

정답

- 뇌격전류나 고장전류에 대한 기기보호
- 국부적인 전위상승에 따른 인축의 감전사고 방지
- 1선 지락 시 전위상승 억제 및 보호계전기의 동작신뢰성 확보

해설

- 계통접지 : 전력계통의 이상현상에 대비하여 대지와 계통을 접속
- 보호접지 : 감전보호를 목적으로 기기의 한 점 이상을 접지
- 피뢰시스템접지 : 뇌격전류를 안전하게 대지로 방류하기 위한 접지

07 태양광발전시스템의 인버터에서 옥내 분전반간의 배선방법은 전압강하 계산에 의해 전선의 단면적을 구해야 한다. 빈 칸에 들어갈 공식을 기입하여 표를 완성하시오(단, e : 각 전선의 전압강하[V], A : 전선의 단면적[(mm^2], L : 전선 1본의 길이[m], I : 전류[A]를 나타낸다).

[회로의 전기방식에 따른 전압강하 및 전선의 단면적]

회로의 전기방식	전압강하	전선의 단면적
직류 2선식 교류 2선식	$e=\dfrac{35.6\times L\times I}{1,000\times A}$	

정답

$A=\dfrac{35.6\times L\times I}{1,000\times e}[\text{mm}^2]$

08 태양광발전시스템의 정기점검 항목 중에서 인버터의 육안점검항목을 3가지만 쓰시오.

정답

- 외함의 부식 및 손상
- 외부배선(접속 케이블)의 손상
- 환기 확인(환기구멍, 환기필터)
- 이상음, 악취, 이상 과열 확인
- 표시부의 이상표시

해설

설 비	점검항목		점검요령
인버터	육안점검	외함의 부식 및 손상	부식 및 녹이 없고 충전부가 노출되지 않을 것
		외부배선(접속 케이블)의 손상	인버터에 접속된 배선에 손상이 없을 것
		환기 확인(환기구멍, 환기필터)	환기구를 막고 있지 않을 것
		이상음, 악취, 이상 과열	운전 시 이상음, 악취, 이상과열이 없을 것
		표시부의 이상표시	표시부에 이상표시가 없을 것
		발전현황	표시부의 발전상황에 이상이 없을 것

09 태양전지 구조물 기초공사의 분류에서 깊은 기초에 해당하는 것을 [보기]에서 모두 골라 기호로 쓰시오.

보기

① 케이슨 기초　② Footing 기초　③ 말뚝기초　④ 전면기초

정답

①, ③

해설

직접기초와 깊은 기초(폭보다 깊이가 크면 깊은 기초로 분류)

직접기초(얕은)		깊은 기초		
Footing 기초	온통기초 (전면기초)	말뚝기초	피어기초	케이슨 기초 (하천 내 교량)
독립 Footing 기초 복합 Footing 기초 연속 Footing 기초				

10 태양전지 모듈에서 그 일부의 태양전지 셀에 그늘(음영)이 발생하면, 음영 셀은 발전을 하지 못하고 열점(Hot Spot)을 일으켜 셀의 파손 등을 일으킬 수 있다. 이를 방지하기 위한 목적으로 태양전지 셀들과 병렬로 접속하는 소자의 명칭을 쓰시오.

정답

바이패스 다이오드

11 태양전지 어레이에서 인버터 입력단 간 및 인버터 출력단과 계통연계점 간의 전압강하는 몇 [%]를 초과하지 않아야 하는지 쓰시오(단, 전선길이가 150[m]이다).

정답

6[%]

해설

태양전지 모듈에서 인버터 입력단 간 및 인버터 출력단과 계통연계점 간의 전압강하는 60[m] 이하의 경우 3[%]를 초과하여서는 안 되나, 전선의 길이가 60[m]를 초과할 경우에는 다음 표에 따라 시공할 수 있다.

전선길이	120[m] 이하	200[m] 이하	200[m] 초과
전압강하	5[%]	6[%]	7[%]

12 다결정 36셀-PV 모듈의 출력이 110[W]이다. 정격전압과 정격전류를 구하시오(단, 셀의 단위 정격전압은 0.5[V]이다).

- 정격전압 :

- 정격전류 :

정답

- 정격전압

  계산과정 : 정격전압 = 셀의 수 × 셀의 단위 정격전압 = 36 × 0.5 = 18[V]

  답 : 18[V]

- 정격전류

  계산과정 : $\text{정격전류} = \frac{\text{모듈의 출력}}{\text{모듈의 정격전압}} = \frac{110[\text{W}]}{18[\text{V}]} \fallingdotseq 6.11[\text{A}]$

  답 : 6.11[A]

13 다음 설명의 ( ) 안에 알맞은 내용을 쓰시오.

- 태양전지 모듈 설치용량은 사업계획상의 제시된 설계용량 이상이어야 하며, 설계용량의 (①)[%]를 초과하지 않아야 한다.
- 인버터의 용량은 설계 용량 이상이어야 하고, 인버터에 연결된 모듈의 설치 용량은 인버터 용량의 (②)[%] 이내이어야 한다.

①	②

정답

① 110

② 105

14 독립형 태양광발전시스템에서 축전지를 가진 시스템에서 야간에 태양광발전이 정지된 상태에서 축전지 전력이 태양전지 모듈 쪽으로 흘러들어 소모되는 것을 방지하기 위한 목적으로 설치되는 소자의 명칭을 쓰시오.

정답

역류방지 다이오드

15 **태양광발전시스템에 관한 설명이다. ①~③의 (　　) 안에 들어갈 알맞은 내용을 답란에 쓰시오.**

태양전지 모듈에서 생산되는 (①)을(를) (②)(으)로 변환하는 장치를 (③)(이)라 하며, 변환된 전력은 전력계통에 접속하여 부하설비에 공급한다.

정답

① 직류전력
② 교류전력
③ 인버터

16 **태양광발전시스템에서 변전설비, 적산전력계, 인버터, 배전반 등 장비들을 수납하고 원활한 유지보수를 위해 부지 내에 전기실을 시설한다. 전기실의 위치 선정 시 고려하여야 할 사항을 3가지만 쓰시오.**

•
•
•

정답

• 어레이와 가깝고, 배전에 유리한 장소
• 기기의 반출입이 편리한 곳
• 침수의 우려가 없는 곳
• 고온이나 다습한 곳은 피할 것
• 부식성 가스, 먼지가 없는 곳
• 폭발물, 가연성의 저장소 부근은 피할 것
• 전력계통과의 인입과 인출이 편리한 곳

17 **인버터 회로의 유지보수 시 정격전압 별로 몇 볼트의 절연저항계를 이용하여야 하는지 각각 쓰시오.**

- 인버터 정격전압이 300[V] 이하인 경우 : (①)
- 인버터 정격전압이 300[V]를 넘고 600[V] 이하인 경우 : (②)

①

②

정답

① 500[V] 절연저항계

② 1,000[V] 절연저항계

18 **태양광발전설비의 준공 후 감리원이 발주자에게 인수인계할 목록에 반드시 포함되어야 하는 문서를 3가지만 쓰시오.**

정답

- 준공사진첩
- 준공도면
- 준공내역서

해설

시방서, 시공도, 시설물 인수인계서, 유지관리 지침서, 기자재 구매서류, 품질시험 및 검사성과 총괄표, 공사 관련 기록부, 공사감리일지 등

19 **태양전지 셀을 여러 장 직렬 연결하여 하나의 프레임으로 조립하여 만든 것을 무엇이라 하는지 쓰시오.**

정답

모 듈

해설

- 셀 : 태양전지의 최소단위
- 모듈 : 셀을 내후성 패키지에 수십 장을 모아 일정한 틀에 고정하여 구성되는 것으로, 태양전지 모듈 속에 태양전지 셀을 직렬 연결하여 일정 전압, 출력을 얻을 수 있도록 제작
- 스트링 : 모듈의 직렬회로 집합
- 어레이 : 태양전지 모듈뿐만 아니라 직/병렬접속을 위한 배선과 보호장치, 모듈들을 설치하기 위한 가대, 그리고 가대의 기초나 주위를 둘러 싼 것을 포함한 하나의 직류발전 전체

20 **접속함으로부터 인버터 입력단자까지의 허용 전압강하는 몇 [%] 이내로 하여야 하는가?**

정답

2[%]

해설

- 접속함에서 인버터까지 배선은 전압강하율 2[%] 이하로 산정한다.
- 태양전지 모듈에서 PCS 입력단 간 및 PCS 출력단과 계통연계점 간 전압강하율

전선의 길이	60[m] 이하	120[m] 이하	200[m] 이하	200[m] 초과
전압강하	3[%]	5[%]	6[%]	7[%]

부록 실전모의고사

제 3 회 실전모의고사

※ 예상 답안입니다. 출제자의 의도에 따라 답이 다를 수도 있습니다.

01 태양전지 모듈에서 인버터 입력단 간 및 인버터 출력단과 계통연계점 간의 전압강하는 3[%]를 초과하여서는 안 되나, 전선의 길이가 60[m]를 초과할 경우에는 다음 표에 따라 시공할 수 있다. 다음 주어진 표의 (   )에 들어갈 내용을 답란에 쓰시오.

전선길이	120[m] 이하	200[m] 이하	200[m] 초과
전압강하	(①)	(②)	(③)

①

②

③

정답

① 5[%]

② 6[%]

③ 7[%]

02 전기사업용 전기설비의 정기검사 항목 중 태양광발전설비의 전력변환장치에 대한 세부 검사 내용을 3가지만 쓰시오.

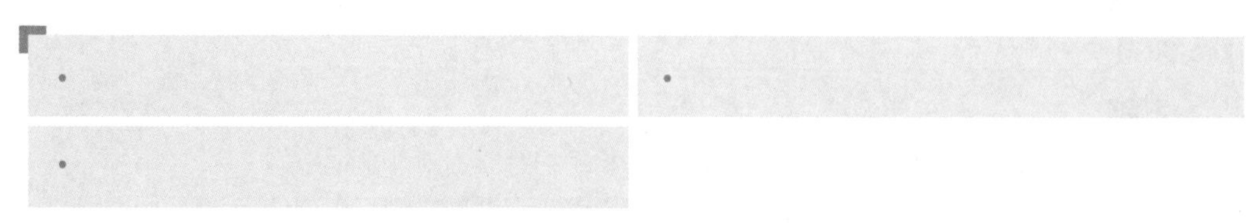

정답

외관 검사, 절연저항 측정, 제어회로 및 경보장치 확인, 단독운전방지시험, 인버터운전시험

03 다음 그림은 회로시험기(멀티테스터)를 이용하여 태양전지의 어떤 값을 측정하기 위한 시험인지 각각 쓰시오.

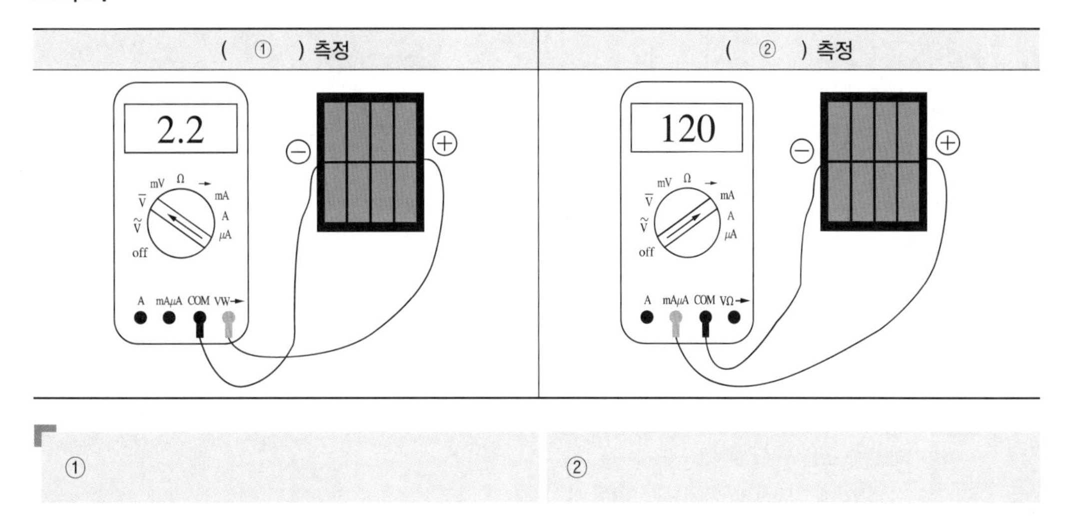

①

②

정답

① 개방전압

② 단락전류

해설

최대전압 및 최대전류 측정방법

- 전류-전압의 간이 측정방법은 아래 그림과 같이 태양전지의 표면전극과 반대편 이면 전극에 부하(전압원) 회로를 연결시키고, 이 회로에 전압계와 전류계를 설치하고, 태양전지 표면에 유사 태양광을 비추어서 전압과 전류를 측정한다.

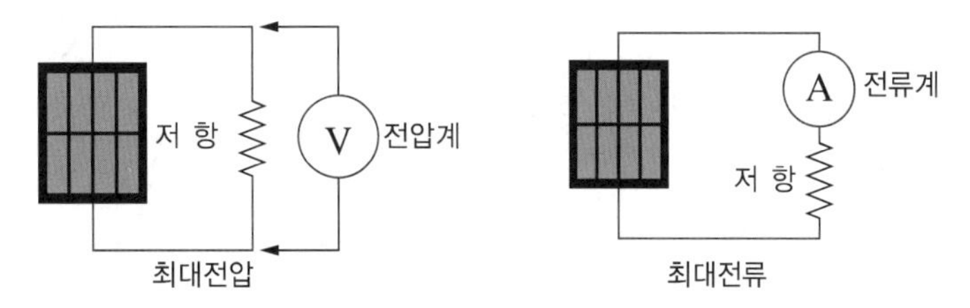

- 유사 태양광으로는 일반적으로 제논(Xenon) 램프가 사용되며 통상 일사 강도는 0.1[W/cm^2](1,000 [W/m^2]), 온도는 25[℃]로 맞춘다.

04 태양광발전시스템에서 태양전지 모듈의 고장원인 3가지만 쓰시오.

•

•

•

정답

- 제조상 결함
- 시공 시 불량
- 운영과정에서의 충격에 의한 손상
- 전기적, 기계적 스트레스에 의한 셀의 손상
- 경년 열화에 의한 셀 및 리본의 손상
- 주변 환경(염해, 부식성 가스)에 의한 부식

05 태양광발전시스템의 지지대를 주택이나 일반 건축물에 설치하는 방식과 대지에 설치하는 방식으로 분류하여 3가지씩 쓰시오.

(1) 주택이나 일반건축물에 설치하는 방식 :

(2) 대지에 설치하는 방식 :

정답

(1) 건물설치형, 건물부착형(BAPV형), 건물일체형(BIPV형)
(2) 고정식, 경사가변식(반고정식), 추적식

해설

- 건물설치형 : 건축물 옥상 등에 설치하는 태양광설비의 유형
- 건물부착형(BAPV형) : 건축물 경사 지붕 또는 외벽 등에 밀착하여 설치하는 태양광설비의 유형
- 건물일체형(BIPV형) : 태양전지 모듈을 건축물에 설치하여 건축 부자재의 역할 및 기능과 전력생산을 동시에 할 수 있는 태양광설비의 유형

06 절연보호구에 대한 설명을 기준으로 각 보호구의 종별 및 종류(기호)를 쓰시오.

① 300[V]를 초과하고, 교류 600[V] 또는 직류 750[V] 이하의 작업에 사용되는 절연 고무장갑의 종별
② 물체의 낙하 및 비래에 의한 위험을 방지 또는 경감하고, 머리 부위 감전에 의한 위험을 방지하기 위한 절연 안전모의 종류(기호)
③ 3,500[V]를 초과하고, 7,000[V] 이하의 작업에 사용되는 절연 고무장갑의 종별

①

②

③

정답

① A종
② AE
③ C종

해설

• 절연 고무장갑 구분

종 류	용 도
A종	300[V] 초과, 교류 600[V] 또는 직류 750[V] 이하
B종	3,500[V] 이하의 작업에 사용
C종	7,000[V] 이하의 작업에 사용

• 전기작업용 안전모 구분

종 류	용 도
AE	물체의 낙하 및 비래, 감전 위험방지
ABE	낙하 또는 비래, 추락, 감전 위험방지

07 다음 (   )에 들어갈 내용을 답란에 쓰시오.

지중 전선로를 직접 매설식에 의하여 시설하는 경우에는 매설 깊이를 차량 기타 중량물의 압력을 받을 우려가 있는 장소에는 (①)[m] 이상, 기타 장소에는 (②)[m] 이상으로 하고 또한 지중 전선을 견고한 트로프 등 기타 방호물에 넣어 시설하여야 한다.

①	②

정답

① 1.0

② 0.6

해설

지중전선로(KEC 334.1)

- 지중전선로 직접 매설식의 매설깊이 중량물의 압력이 있을 경우 : 1.0[m]
- 지중전선로 직접 매설식의 매설깊이 중량물의 압력이 없는 경우 : 0.6[m]

※ 지중전선로 직접 매설식 기준의 변경(1.2[m] → 1.0[m] 변경)으로 관로식 매설깊이 기준과 같아짐

08 태양광발전시스템의 인버터 설치장소에 대한 조건을 3가지만 쓰시오.

정답

- 시원하고 건조한 장소
- 통풍이 잘되는 장소
- 먼지 또는 유독가스가 없는 장소
- 비와 습기에 노출되지 않는 장소
- 어레이와 전력량계와 가까운 장소

09 인터넷 기반의 태양광발전시스템 운영분석시스템의 데이터를 전달 및 분석하기 위하여 설정된 웹(Web) 표준 방식을 쓰시오.

정답

XML 방식

해설

- XML 방식은 인터넷 웹페이지를 만드는 html을 획기적으로 개선하여 만든 차세대 정보포맷 표준 언어이다.
- 중앙서버와의 통신 방식은 호환성과 확장성을 고려하여 XML 방식으로 표현하고 http 프로토콜을 통해 전송한다.

10 태양광발전시스템용 어레이 가대 및 구조물의 형태이다. 그림에서 ①~⑤의 각각의 명칭을 답란에 쓰시오.

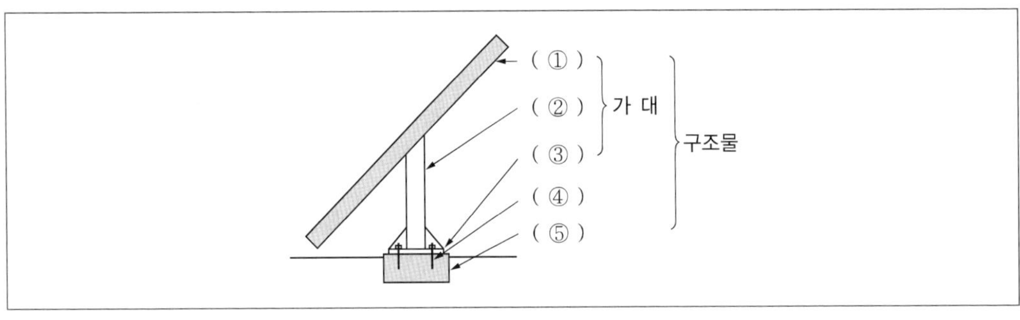

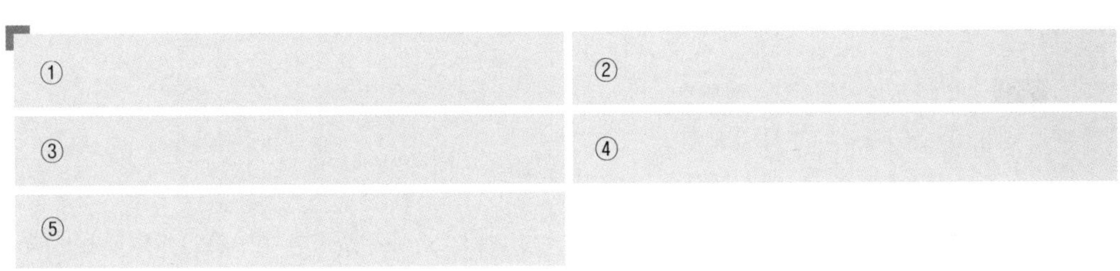

정답

① 프레임　　② 지지대

③ 기초판　　④ 앵커볼트

⑤ 기 초

11 태양전지 모듈 선정 시 고려되는 변환효율을 구하는 식을 쓰시오(단, A : 모듈 전체면적[m^2], E : 일사량[W/m^2] P_{max} : 최대출력[W]).

정답

$$변환효율 = \frac{P_{max}}{A \cdot E} \times 100[\%]$$

해설

변환효율은 단위면적당 입사하는 일사량과 태양전지 출력에너지의 비율로 나타낸다.

$$변환효율 = \frac{P_{output}}{P_{input}} = \frac{P_{max}}{P_{input}} = \frac{I_m V_m}{P_{input}} = \frac{I_{sc} V_{oc}}{P_{input}} \times \mathrm{F.F} = \frac{P_{max}}{A \cdot E} \times 100[\%]$$

12 태양광에너지를 전기에너지로 변환한 다음 실제로 사용할 수 있는 규격의 전기로 만들어 주는 기술적 체계를 태양광발전시스템이라고 하는데, 이러한 태양광발전시스템의 종류 3가지를 쓰시오.

정답

독립형, 계통연계형, 하이브리드형

해설

- 독립형 : 계통과 직접 연계되지 않고 분리된 발전방식으로 태양광발전시스템의 발전전력만으로 부하에 전력을 공급하는 시스템
- 계통연계형 : 생산된 전력을 지역 전력망에 공급할 수 있도록 구성되며, 병렬로 한국전력 등 전력 계통에 연결되어 작은 발전소 역할을 함
- 하이브리드형 : 태양광발전시스템에서 풍력, 열 병합, 디젤 발전 등 타 에너지원의 발전시스템과 결합하여 축전지, 부하 또는 상용계통에 전력을 공급하는 시스템

13 태양전지 어레이의 설치장소에 태양광의 입사 방향으로 높이가 4[m]인 장애물이 있을 경우 장애물과 어레이 간 최소 이격거리[m]를 구하시오(단, 발전 가능한 태양의 입사각은 30°이며, sin30°= 0.5, cos30°= 0.866, tan30°= 0.577이다).

- 계산과정 :

- 답 :

정답

- 계산과정 : 최소 이격거리$(d) = \dfrac{4}{\tan 30°} ≒ \dfrac{4}{0.577} ≒ 6.93$[m]
- 답 : 6.93[m]

해설

장애물과 이격거리(d)

$$\tan\beta = \frac{h}{d}$$

$$\therefore\ d = \frac{h}{\tan\beta}\text{[m]}$$(β : 태양의 고도각, h : 장애물의 높이)

14 태양전지 셀의 표면에 낙엽이나 구름, 황사먼지 등으로 그림자가 발생되는 경우 음영 부분의 전류가 감소하고, 태양전지 모듈의 전체 효율이 감소하므로 셀 에너지의 우회경로를 만들어 주는 소자의 명칭을 쓰시오.

정답

바이패스 다이오드(소자)

15 다결정 72셀로 구성된 태양전지 모듈의 출력이 310[W]이다. 정격전압과 정격전류를 구하시오(단, 셀의 단위 정격전압은 0.6[V]이다).

• 정격전압 :

• 정격전류 :

정답

• 정격전압

계산과정 : 정격전압 = 셀의 수 × 셀의 단위 정격전압 = 72 × 0.6 = 43.2[V]

답 : 43.2[V]

• 정격전류

계산과정 : $정격전류 = \frac{모듈의\ 출력}{모듈의\ 정격전압} = \frac{310[W]}{43.2[V]} \fallingdotseq 7.1759 \fallingdotseq 7.18[A]$

답 : 7.18[A]

16 공사 완공단계에서 실제 시공된 대로 작성되어야 하는 도면의 명칭을 쓰시오.

정답

준공도면

해설

• 준공도서 : 시설물의 시공에 관련된 도면, 시방서, 계산서, 보고서 등의 각종 서류
• 준공도면 : 공사가 완료되었을 때 시설물의 형태구조를 나타낸 도면으로서, 최종 도면
• 준공내역서 : 공사가 완료되었을 때 설계 변경분을 포함하여 소요된 공사비, 자재수량 등 설계물량을 기술한 내역서
• 시방서 : 구조물 등의 설계, 제작, 시공 등에 대하여 기준이 될 사항을 규정한 문서로서 표준시방서 및 특별시방서 등

17 **태양광발전시스템의 시공절차는 다음과 같이 나눌 수 있다. 그중 전기배선공사의 종류 4가지만 쓰시오.**

지반공사 및 구조물시공 → 반입자재검수 → 태양광기기설치공사 → 전기배선공사 → 점검 및 검사

정답

- 태양전지 모듈 간 배선공사
- 어레이와 접속함의 배선공사
- 접속함과 PCS(인버터) 간 배선공사
- PCS(인버터)와 분전반 간 배선공사

해설

마지막 절차의 점검 및 검사에는 어레이 검사, 어레이 출력 확인, 절연저항 측정, 접지저항 측정 등이 있다.

18 **접속함에 입력되는 태양전지 모듈의 스트링 전압을 800[V] 이상으로 하려고 한다. 모듈의 공칭전압이 36[V]이다. 이때 하나의 스트링에는 몇 개의 모듈이 직렬로 연결되어야 하는지 구하시오.**

- 계산과정 :
- 답 :

정답

- 계산과정 : 직렬수 $= \dfrac{\text{스트링 전압}}{\text{모듈의 공칭전압}} = \dfrac{800}{36} \fallingdotseq 22.222$ (무조건 올림을 한다)

  $\fallingdotseq 23$
- 답 : 23개

19 인버터에 대한 모니터링 시 인버터 표시차의 각 표시내용에 따른 원인현상에 대하여 쓰시오.

(1) Solar Cell OV Fault :

(2) Utility Line Fault :

(3) Line Under Voltage Fault :

정답

(1) 태양전지 전압이 규정값 이상일 때 발생
(2) 정전 시 발생
(3) 계통전압이 규정값 이하일 때 발생

해설

모니터링 신호	모니터링 상의 표현	원격진단	조치사항
태양전지 과전압	Solar Cell OV Fault	태양전지 전압이 규정 이상일 때 발생, H/W	태양전지 전압 점검 후 정상 시 5분 후 재기동
태양전지 저전압	Solar Cell UV Fault	태양전지 전압이 규정 이하일 때 발생, H/W	태양전지 전압 점검 후 정상 시 5분 후 재기동
한전계통 역상	Line Phase Sequence Fault	계통 전압이 역상일 때 발생	상회전 확인 후 정상 시 재운전
한전 입력전원	Utility Line Fault	정전 시 발생	계통전압 확인 후 정상 시 5분 후 재기동
한전 과전압	Line Over Voltage Fault	계통 전압이 규정치 이상일 때 발생	계통전압 확인 후 정상 시 5분 후 재기동
한전 부족전압	Line Under Voltage Fault	계통 전압이 규정치 이하일 때 발생	계통전압 확인 후 정상 시 5분 후 재기동
한전 저주파수	Line Under Frequency Fault	계통 주파수가 규정치 이하일 때 발생	계통주파수 확인 후 정상 시 5분 후 재기동
한전계통 과주파수	Line Over Frequency Fault	계통 주파수가 규정치 이상일 때 발생	계통주파수 확인 후 정상 시 5분 후 재기동
인버터 과전류	Inverter Over Current Fault	인버터 전류가 규정값 이상으로 흐를 때 발생	시스템 정지 후 고장 부분 수리 또는 계통 점검 후 운전
인버터 과온	Inverter Over Temperature	인버터 과온 시 발생	인버터 및 팬 점검 후 운전
인버터 MC 이상	Inverter M/C Fault	전자 접촉기 고장	전자 접촉기 교체 점검 후 운전
인버터 출력전압	Inverter Voltage Fault	인버터 전압이 규정전압을 벗어났을 때 발생	인버터 및 계통 전압 점검 후 운전
위상 : 한전 인버터	Line Inverter Async Fault	인버터와 계통의 주파수가 동기되지 않을 때 발생	인버터 점검 또는 계통 주파수 점검 후 운전
누전 발생	Inverter Ground Fault	인버터의 누전이 발생했을 때 발생	인버터 및 부하의 고장 부분을 수리 또는 접지저항 확인 후 운전

20 다음 그림처럼 a = 1.2[m], b = 0.6[m], h = 0.6[m], 길이 20[m]만큼 터파기할 때 터파기량을 계산하시오.

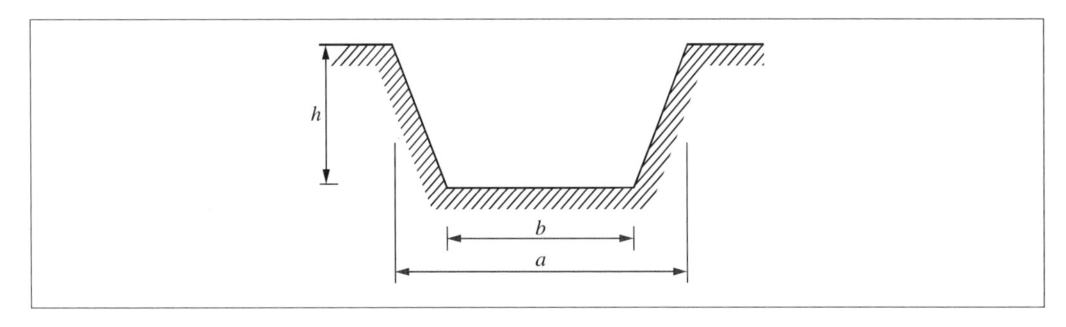

• 계산과정 :

• 답 :

정답

• 계산과정 : 터파기량 $= \frac{a+b}{2} \times h \times$ 길이 $= \frac{1.2+0.6}{2} \times 0.6 \times 20 = 10.8[\mathrm{m}^3]$

• 답 : 10.8[m³]

해설

문제에 구하는 값의 단위가 없을 때는 정확한 단위를 답란에 반드시 적어야 한다.
반대로 문제에 구하는 값의 단위가 주어질 때는 답란에 단위를 생략해도 된다.

부록 실전모의고사

제 4 회 실전모의고사

※ 예상 답안입니다. 출제자의 의도에 따라 답이 다를 수도 있습니다.

01 태양광발전시스템의 안정적인 운용을 위해 정기적으로 검사를 받아야 한다. 사업용 전기설비의 검사업무 처리규정에 따라 태양광발전용 변압기의 정기검사 시 점검하는 세부 검사 내용을 3가지만 쓰시오.

•

•

•

정답

- 조작용 전원 및 회로 점검
- 보호장치 및 계전기 시험
- 제어회로 및 경보장치 시험
- 절연저항 측정
- 절연유 내압시험(유입변압기)

02 누전차단기의 일반관리에 관한 기술지침에 따라 다음 ①~③에 들어갈 내용을 답란에 쓰시오.

> 전로에 설치된 누전차단기는 시험용 버튼을 이용하여 월 (①)회 이상, 누전차단기 시험기를 이용하여 (②)개월에 (③)회 이상 정상작동 여부를 확인한다.

① ②

③

정답

① 1
② 3
③ 1

03 태양광발전시스템의 구조설계에 적용되는 설계하중의 종류를 3가지만 쓰시오.

-
-
-

정답

고정하중, 적설하중, 풍하중

해설

- 수직하중 : 고정하중, 적설하중, 활하중
- 수평하중 : 풍하중, 지진하중

04 태양광발전용 인버터의 육안점검사항을 3가지만 쓰시오.

-
-
-

정답

- 외함의 부식 및 손상
- 외부배선(접속 케이블)의 손상
- 환기 확인(환기구멍, 환기필터)
- 이상음, 악취, 이상 과열 확인
- 표시부의 이상표시

05 태양광발전시스템 시공 시 구조물을 볼트 접합하는 경우 너트 풀림을 방지하는 방법을 2가지만 쓰시오.

-
-

정답

스프링와셔 사용, 풀림방지너트 사용, 너트 용접

06 신재생에너지 설비의 지원 등에 관한 지침에 따라 다음의 ①~③에 들어갈 내용을 답란에 쓰시오.

1. 설치 상태
   (1) 모듈의 일조면은 정남향 방향으로 설치되어야 한다. 정남향으로 설치가 불가능할 경우에 한하여 정남향을 기준으로 동쪽 또는 서쪽 방향으로 (①)° 이내에 설치하여야 한다.
   (2) 모듈의 일조시간은 장애물로 인한 음영에도 불구하고 1일 (②) 시간[춘계(3~5월), 추계(9~11월)기준] 이상이어야 한다. 전선, 피뢰침, 안테나 등 경미한 음영은 장애물로 보지 않는다.
   (3) 모듈 설치 열이 (③)열 이상일 경우 앞 열은 뒤 열에 음영이 지지 않도록 설치하여야 한다.

①

②

③

정답

① 45

② 5

③ 2

07 태양광발전설비 유지보수 시 점검의 종류를 3가지만 쓰시오.

정답

일상점검, 정기점검, 임시점검

08 태양광발전시스템의 정상운전 상태에서 계측장치 및 표시장치의 사용목적을 2가지만 쓰시오.

•

•

정답

• 시스템의 운전 상태를 감시
• 시스템에 의한 발전 전력량을 알 수 있음
• 시스템 기기 또는 시스템 종합평가
• 시스템의 홍보

09 태양광발전시스템을 시공할 경우 작업 중 감전을 방지할 수 있는 안전대책을 3가지만 쓰시오.

•

•

•

정답

• 작업 시 태양전지 모듈 표면에 차광막을 씌워 태양광을 차폐한다.
• 저압 절연장갑을 착용한다.
• 절연 처리된 공구를 사용한다.
• 강우 시 작업을 중단한다.

10 모니터링설비(KS C 8576:2015)에 따라 다음 ①~②에 들어갈 내용을 답란에 쓰시오.

클라이언트와 중앙서버 간의 통신은 클라이언트 시스템의 구현 및 향후 모니터링 시스템의 발전 가능성을 최대한 보장하기 위해 전송할 데이터를 (①)(으)로 표현하고 (②) 프로토콜을 통해 전송한다.

정답

① XML

② HTTP

해설

- 일반적으로 장치 간에는 RS232/422/485에서 선택하여 설치
- 다수설비 공통 전송 시 RS485 통신
- 중앙서버와의 통신 방식 : 호환성과 확장성을 고려 XML 방식으로 표현하고 http 프로토콜을 통해 전송
- XML(eXtensible Markup Language) : 인터넷 웹페이지를 만드는 html을 획기적으로 개선하여 만든 차세대 정보포맷 표준언어

11 신재생에너지 설비의 지원 등에 관한 지침에 따라 다음의 ①~③에 들어갈 내용을 답란에 쓰시오.

1. 역류방지 다이오드
   (1) 모듈 보호를 위해 독립형 태양광설비 또는 2차 전지와 연결되는 태양광설비는 역류방지 다이오드가 시설된 (①)을 사용하여야 한다.
   (2) 역류방지 다이오드 용량은 모듈 단락전류(I_{sc})의 (②)배 이상, 개방전압(V_{oc})의 (③)배 이상이어야 하며, 현장에서 확인할 수 있도록 표시하여야 한다.

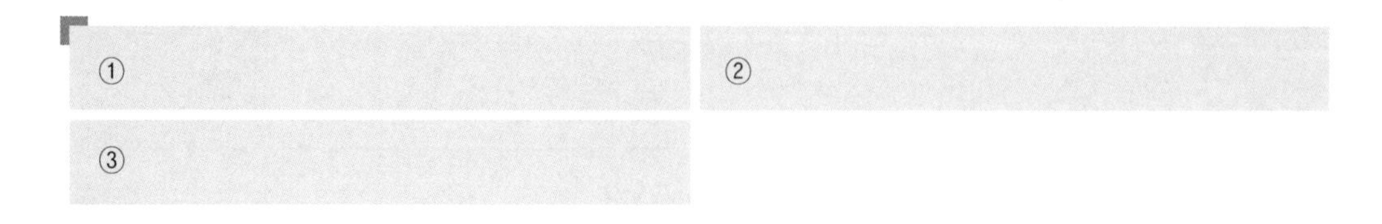

정답

① 접속함

② 1.4

③ 1.2

12 고압 이상 수전설비의 개폐기 및 차단기 조작은 책임자의 승인을 받아 담당자가 조작순서에 의해 조작하여야 한다. 투입순서 및 차단순서를 답란에 기호(ⓐ, ⓑ, ⓒ)로 쓰시오.

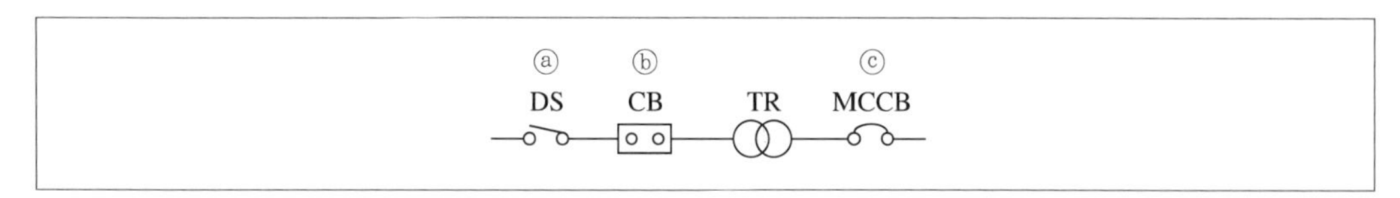

• 차단순서 : ( ) → ( ) → ( )

• 투입순서 : ( ) → ( ) → ( )

정답

• 차단순서 : (ⓒ) → (ⓑ) → (ⓐ)
• 투입순서 : (ⓐ) → (ⓑ) → (ⓒ)

해설

차단은 부하 측 차단기에서 전원 측 차단기 순서로 하고, 투입은 그 반대로 한다.

13 태양광발전시스템의 운영조작방법 중 태양광발전시스템이 작동되지 않을 때 응급조치방법에 대하여 설명하시오(단, DC 차단기, AC 차단기, 인버터를 이용하여 설명하시오).

정답

접속함 DC 차단기 Off(개방) → 배전반 내부 AC 차단기 Off(개방) → 인버터 정지 후 점검

해설

점검 완료 후 복귀순서

배전반 내부 AC 차단기 On(투입) → 접속함 DC 차단기 On

14 태양광발전시스템을 전력망(Grid)과 병렬운전을 위해서 인버터가 일치시켜야 하는 것을 3가지만 쓰시오.

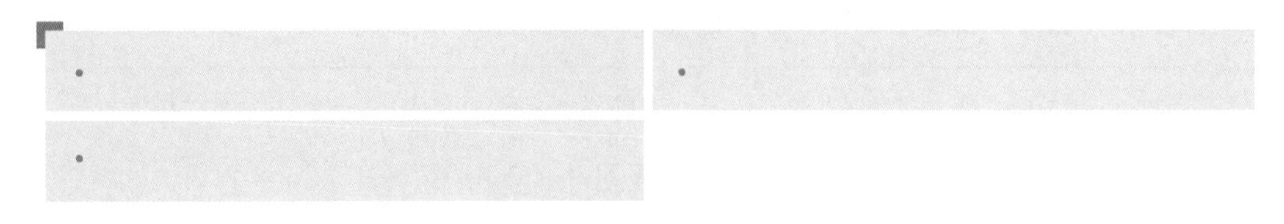

정답

전압, 주파수, 위상각

해설

계통연계(병렬운전) 동기화 변수 범위

정격용량[kW]	주파수 차(Δf, [Hz])	전압 차(ΔV, [%])	위상각 차($\Delta\phi$, °)
0~500	0.3	10	20
500 초과~1,500	0.2	5	15
1,500 초과~20,000 미만	0.1	3	10

15 진공차단기의 특징을 3가지만 쓰시오.

정답

- 소형 경량이다.
- 불연성, 저소음으로 수명이 길다.
- 고속 개폐가 가능하다.
- 차단성능이 우수하다.
- 진공도 유지 등의 문제가 있다.

16 태양광발전시스템의 보수점검 시 점검 전 유의사항을 3가지만 쓰시오.

•

•

•

정답

• 응급처치방법 및 작업 주변을 정리한다.
• 설비 및 기계의 안전을 확인한다.
• 회로도에 대한 검토를 진행한다.
• 비상 연락망을 사전에 확인한다.
• 무전압 상태 확인 및 안전조치를 한다.

해설

• 원격지의 무인감시 제어시스템의 경우 원격지에서 차단기가 투입되지 않도록 연동장치를 쇄정한다.
• 관련된 차단기, 단로기를 열고 주회로에 무전압이 되게 한다.
• 검전기로서 무전압 상태를 확인하고 필요개소에 접지한다.
• 전원의 쇄정 및 주의 표지를 부착한다.
• 절연용 보호 기구를 준비한다.
• 쥐, 곤충류 등이 배전반에 침입할 수 없도록 대책을 세운다.

17 태양광발전시스템을 1,000[m^2] 부지에 하나의 어레이로 설치할 때, 생산되는 전력[kW]을 구하시오(단, 모듈 효율 16[%], 일사량 700[W/m^2], 기타 조건은 무시한다).

• 계산과정 :

• 답 :

정답

• 계산과정 : 전력 = 면적 × 일사량 × 모듈 효율
$= 1,000[m^2] \times 700[W/m^2] \times 0.16$
$= 112,000[W] = 112[kW]$

• 답 : 112[kW]

18 안전대 사용지침에 따라 다음 안전대의 등급에 맞는 사용구분을 쓰시오.

종 류	등 급	사용구분
벨트식(B식), 안전그네식(H식)	1종	(①)
	2종	(②)
	3종	(③)

①

②

③

정답

① U자 걸이 전용
② 1개 걸이 전용
③ 1개 걸이, U자 걸이 공용

해설

안전대의 종류

종 류	등 급	사용구분
벨트식(B식), 안전그네식(H식)	1종	U자 걸이 전용
	2종	1개 걸이 전용
	3종	1개 걸이, U자 걸이 공용
	4종	안전블록
	5종	추락방지대

19 다음 그림은 태양전지 모듈의 바이패스 다이오드를 연결한 개략도이다. 점선 부분에 바이패스 다이오드의 기호를 넣어 완성하시오.

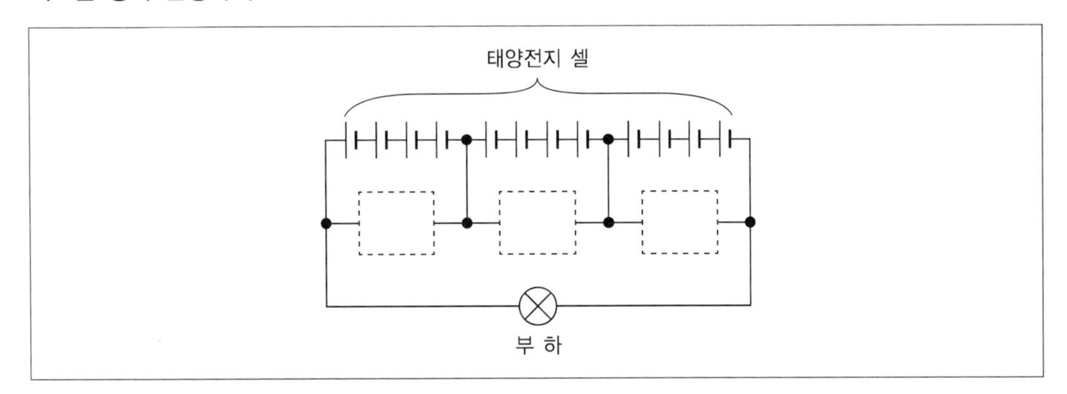

정답

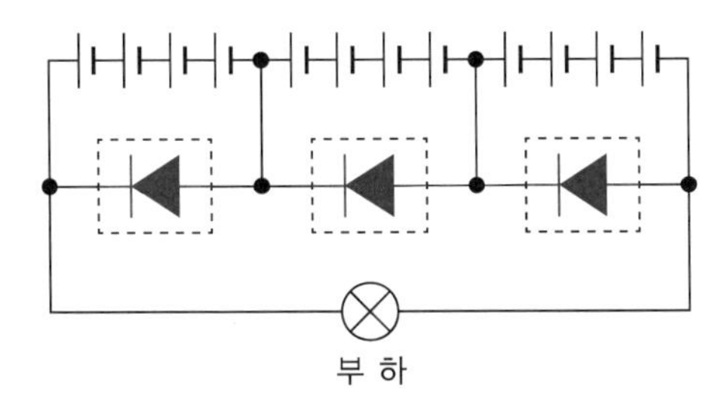

20 토목제도통칙(KS F 1001:2000)에 따라 다음은 단면의 경계를 표시할 필요가 있는 경우에 따르는 그림기호이다. 각 그림기호에 맞는 한글 명칭을 쓰시오.

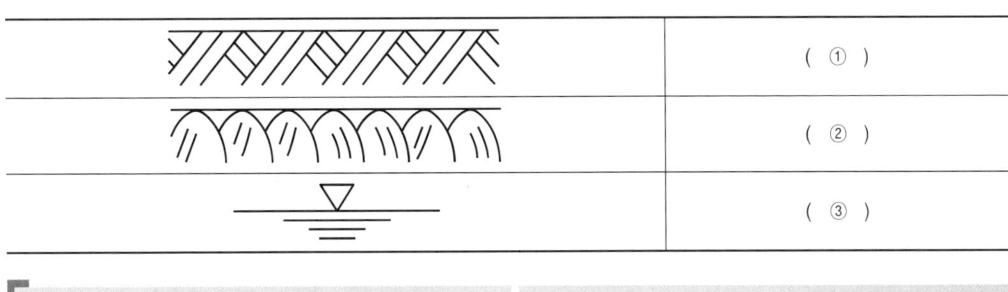

그림기호	명칭
	(①)
	(②)
	(③)

정답

① 지반면(흙)
② 암반면
③ 수 면

부록 실전모의고사

제 5 회 실전모의고사

※ 예상 답안입니다. 출제자의 의도에 따라 답이 다를 수도 있습니다.

01 태양광발전시스템에서 축전지가 부착된 계통연계 시스템의 종류를 3가지 쓰시오.

정답

- 방재 대응형
- 계통안정화 대응형
- 부하 평준화 대응형

해설

계통연계 시스템용 축전지의 종류

- 방재 대응형 : 재해 시 인버터를 자립운전으로 전환하고 특정 재해대응 부하로 전력을 공급한다.
- 부하 평준화 대응형(피크 시프트형, 야간전력 저장형) : 태양전지 출력과 축전지 출력을 병용하여 부하의 피크 시에 인버터를 필요 출력으로 운전하여 수전전력을 증대를 막고 기본전력요금을 절감하려는 시스템이다.
- 계통안정화 대응형 : 기후가 급변할 때나 계통부하가 급변할 때는 축전지를 방전하고, 태양전지 출력이 증대하여 계통전압이 상승하도록 할 때에는 축전지를 충전하여 역류를 줄이고 전압의 상승을 방지하는 역할을 한다.

02 태양광발전시스템의 공사가 완료되면 시스템을 점검해야 한다. 태양전지 어레이의 육안점검항목을 쓰시오(3가지).

정답

- 표면의 오염 및 파손이 없을 것
- 프레임의 파손 및 변형이 없을 것
- 가대의 부식 및 녹이 없을 것
- 접지선의 고정상태가 확실할 것

해설

시스템 준공 시의 점검

육안점검 외에 태양전지 어레이의 개방전압 측정, 각 부의 절연저항 측정, 접지저항 등을 측정한다.

설 비	점검항목		점검요령
태양전지 어레이	육안점검	표면의 오염 및 파손	오염 및 파손의 유무
		프레임 파손 및 변형	파손 및 두드러진 변형이 없을 것
		가대의 부식 및 녹발생	부식 및 녹이 없을 것
		가대의 고정	볼트 및 너트의 풀림이 없을 것
		가대접지	배선공사 및 접지접속이 확실할 것
		코 킹	코킹의 망가짐 및 불량이 없을 것
		지붕재의 파손	지붕재의 파손, 어긋남, 뒤틀림, 균열이 없을 것
	측 정	접지저항	–

03 태양광발전시스템의 시공에 있어서 안전보호와 재해방지를 위해 작업자가 착용해야 할 보호구를 4가지 쓰시오.

•	•
•	•

정답

- 안전모
- 안전화
- 전기용 고무장갑
- 안전벨트

해설

절연용 보호구 용도

- 7,000[V] 이하의 전로의 활선작업 또는 활선 근접작업을 할 때 작업자의 감전사고를 방지하기 위해 작업자의 몸에 부착하는 것
- 안전모, 전기용 고무장갑(7,000[V] 이하), 안전화(절연화 : 직류 750[V] 또는 교류 600[V] 이하, 절연장화 : 7,000[V] 이하), 추락방지를 위한 안전대(안전벨트) 등이 있다.

04 태양광발전시스템의 지지대를 대지에 설치하는 방식과 일반 건축물에 설치하는 방식으로 분류하여 3가지씩 쓰시오.

(1) 대지에 설치하는 방식 :

(2) 일반 건축물에 설치하는 방식 :

정답

(1) 고정식, 경사가변식(반고정식), 추적식

(2) 건물설치형, 건물부착형(BAPV형), 건물일체형(BIPV형)

05 태양전지 모듈의 표준상태에서의 최대출력 P_{max} = 0.25[kW], 가로 = 2[m], 세로 = 1[m]일 때 태양전지 모듈의 효율을 구하시오(단, E : 입사광 강도 1,000[W/m^2], S : 수광면적[m^2]이다).

정답

$$\eta = \frac{P}{E \times S} \times 100 = \frac{250}{1{,}000 \times 2 \times 1} \times 100 = 12.5[\%]$$

해설

단위를 꼭 기입해야 정답으로 인정된다.

06 포화 점토층의 공극을 통해 공극수가 빠져 나감으로써 발생하는 침하를 무슨 침하라 하는가?

정답

압밀침하

해설

침하의 종류

- 즉시침하(탄성침하) : 하중재하 시 발생되는 침하로 주로 모래지반에서 발생되며 단기간에 발생한다.
- 압밀침하 : 흙속에 하중이 가해지면 공극수가 배출되면서 천천히 압축되는 침하로 점토지반에서 오랜 기간 압축이 이루어지며 침하량이 모래에 비하여 대단히 크다.

07 태양광발전시스템에서 사용되는 피뢰대책용 부품 및 기기를 2가지 이상 쓰시오.

정답

서지업소버, 어레스터, 내뢰 트랜스

해설

피뢰대책용 부품

- 어레스터 : 낙뢰에 의한 충격성 과전압에 대하여 전기설비의 단자전압을 규정치 이내로 저감시켜 정전을 일으키지 않고 원상태로 회귀하는 장치이다.
- 서지업소버 : 전선로에 침입하는 이상전압의 높이를 완화하고 파고치를 저하시키는 장치이다.
- 내뢰 트랜스 : 실드부착 절연트랜스를 주체로 이에 어레스터 및 콘덴서를 부가시킨 것으로, 절연 트랜스에 의해 뇌서지의 흐름을 완전히 차단할 수 있도록 한 장치이다.

08 태양광발전시스템 접속함의 부품을 쓰시오(3가지).

정답

단자대, 직류개폐기(어레이 측 개폐기, 주개폐기), 역류방지 소자, 피뢰 소자(서지보호장치)

해설

접속함은 여러 개의 태양전지 모듈 접속을 효율적으로 하고, 보수점검 시에 회로를 분리하여 점검 작업을 용이하게 한다. 또한 태양전지 어레이에 고장이 발생하여도 고장범위를 최소화한다. 이러한 목적에 적합하도록 유지, 보수, 점검이 용이한 장소에 설치한다. 접속함에는 직류개폐기, 피뢰 소자, 역류방지 소자, 단자대 등을 설치한다. 또한 절연저항 측정이나 정기적인 단락전류 확인을 위해서 출력단락용 개폐기를 설치하는 경우도 있다.

09 현장시험 및 검사에서 현장시험 세부내용 중 절연저항 측정하는 3개소를 쓰시오.

정답

인버터, 접속함, 태양전지 어레이 또는 태양전지 모듈

해설

절연저항 측정

태양광발전시스템의 각 부분의 절연상태를 운전하기 전에 충분히 확인할 필요가 있다. 운전 개시나 정기점검의 경우는 물론 사고 시에도 불량개소를 판정하고자 하는 경우에 실시한다.

10 750[kW] 태양광발전시스템의 점검 주기를 쓰시오.

정답

월 4회 이상

해설

용량별 점검 횟수

용량별	300[kW] 이하	500[kW] 이하	700[kW] 이하	1,500[kW] 이하	공사 중인 전기설비
횟 수	월 1회 이상	월 2회 이상	월 3회 이상	월 4회 이상	매주 1회 이상

11 인버터의 육안점검사항 4가지를 쓰시오.

정답

- 외함의 부식 및 파손이 없을 것
- 통풍구가 막혀 있지 않을 것
- 나사의 풀림이 없을 것
- 운전 시 이상음이나, 이상진동, 악취 등이 없을 것
- 표시부에 이상이 없을 것

해설

일상 점검

주로 육안점검에 의해서 매월 1회 정도 실시한다.

설 비		점검항목
인버터	외함의 부식 및 손상	부식 및 녹이 없고 충전부가 노출되지 않을 것
	외부배선(접속 케이블)의 손상	인버터에 접속된 배선에 손상이 없을 것
	환기 확인(환기구멍, 환기필터)	환기구를 막고 있지 않을 것
	이상음, 악취, 이상과열	운전 시 이상음, 악취, 이상과열이 없을 것
	표시부의 이상표시	표시부에 이상표시가 없을 것
	발전현황	표시부의 발전상황에 이상이 없을 것

12 태양광발전시스템의 시공 시 감전방지책을 4가지 쓰시오.

정답

- 태양전지 모듈 표면에 차광막을 씌워 태양광을 차폐한다.
- 저압 절연장갑을 착용하고 작업한다.
- 절연 처리된 공구를 사용하여 작업한다.
- 강우 시에는 작업을 금지한다.

해설

- 감전사고 원인 : 태양전지 모듈 1장의 출력전압은 모듈 종류에 따라 직류 25~35[V] 정도이지만 모듈을 필요한 개수만큼 직·병렬로 접속하면 말단의 전압은 250~450[V]까지의 높은 전압이 된다.
- 안전대책
  - 작업 전 태양전지 모듈 표면에 차광막을 씌워 태양광을 차폐한다.
  - 절연장갑을 착용한다.
  - 절연처리 공구를 사용한다.
  - 우천 시에는 반드시 작업을 금지한다.

13 60개의 셀로 구성된 태양전지 모듈의 출력이 250[W], 셀의 단위 정격전압은 약 0.6[V]일 때 정격전압과 정격전류를 구하시오.

• 정격전압 :

• 정격전류 :

정답

• 정격전압

정격전압 = 셀의 단위 정격전압 × 셀의 수

= 0.6 × 60 = 36

답 : 36[V]

• 정격전류

정격전류 = 태양전지 모듈의 출력 ÷ 정격전압

= 250 ÷ 36 ≒ 6.94

답 : 6.94[A]

해설

P(전력) = V(전압) × I(전류)를 이용하여 푼다(단위도 꼭 적어야 한다).

14 설계도서 · 법령해석 · 감리자의 지시 등이 서로 일치하지 않을 때 계약으로 그 적용의 우선순위를 정하지 아니한 경우 설계도서 해석의 우선순위를 다음 [보기]를 이용하여 순서대로 나열하시오.

보기
전문시방서, 산출내역서, 표준시방서, 설계도면, 공사시방서

정답

공사시방서 → 설계도면 → 전문시방서 → 표준시방서 → 산출내역서

15 다음은 태양광발전시스템의 송변전설비 유지관리 점검에 대한 설명이다. 각 항목에 맞는 점검방식을 쓰시오.

- (①) : 유지보수 요원의 감각에 의거하여 점검한다.
- (②) : 원칙적으로 정전을 시키고, 무전압 상태에서 기기의 이상상태를 점검하고 필요에 따라 기기를 분해하여 점검한다.

정답

① 일상점검(일상순시점검)

② 정기점검

해설

송변전설비의 유지관리 점검

- 일상순시점검 : 배전반의 기능을 유지하기 위한 점검
  - 매일의 일상순시점검은 문을 열어 점검하든지 커버를 해체한 후, 점검한다든지 하는 것이 아니고 이상한 소리, 냄새, 손상 등을 배전반 외부에서 점검항목의 대상항목에 따라서 점검한다.
  - 이상상태를 발견한 경우에는 배전반의 문을 열고 이상의 정도를 확인한다.
  - 이상상태의 내용을 기록하여 정기점검 시에 반영함으로써 참고자료로 활용한다.
- 정기점검 : 배전반의 기능을 확인하고 유지하기 위한 계획을 수립하여 점검
  - 원칙적으로 정전을 시키고 무전압 상태에서 기기의 이상 상태를 점검한다.
  - 필요에 따라 기기를 분해하여 점검한다.
- 일시점검 : 상세하게 점검할 경우가 발생되는 경우에 점검

16 분전함 내에 설치되는 소자로 태양전지 모듈의 직렬회로에 접속하는 소자를 쓰시오.

정답

역류방지 다이오드

해설

역류방지 소자

- 태양전지 모듈에서 다른 태양전지 회로나 축전지에서의 전류가 돌아 들어가는 것을 저지하기 위해서 설치하는 것으로서 일반적으로 다이오드가 사용된다.
- 태양전지 모듈의 직렬회로(스트링) 간에 출력전압이 일정치 이상으로 다르게 되면 다른 모듈의 직렬회로(스트링)에서 전류 공급을 받아 본래와는 역방향 전류가 흐른다. 이 역전류를 방지하기 위해서 각 모듈의 직렬회로(스트링)마다 역류방지 소자를 설치한다.

17 태양전지 어레이의 개방전압을 측정하는 계기와 태양전지 회로의 절연저항을 측정하는 계기를 각각 쓰시오.

- 태양전지 어레이 개방전압 :
- 태양전지 회로의 절연저항 :

정답

- 태양전지 어레이 개방전압 : 전압계(직류) 또는 멀티테스터
- 태양전지 회로의 절연저항 : 절연저항계 또는 메거

해설

- 개방전압의 측정
  태양전지 어레이의 각 스트링의 개방전압을 측정하여 개방전압의 불균일에 따라 동작 불량의 스트링이나 태양전지 모듈의 검출 및 직렬 접속선의 결선 누락사고 등을 검출하기 위해 측정해야 한다.
- 개방전압을 측정할 때 유의해야 할 사항
  - 태양전지 어레이의 표면을 청소할 필요가 있다.
  - 각 스트링의 측정은 안정된 일사 강도가 얻어질 때 실시한다.
  - 측정시각은 일사 강도, 온도의 변동을 극히 적게 하기 위해 맑을 때, 남쪽에 있을 때의 전후 1시간에 실시하는 것이 바람직하다.
  - 태양전지 셀은 비오는 날에도 미소한 전압을 발생하고 있으므로 매우 주의하여 측정해야 한다.
  - 개방전압은 직류전압계로 측정하며, 측정회로이다.
- 절연저항은 절연저항계로 측정하며, 이밖에도 온도계, 습도계, 단락용 개폐기가 필요하다.

18 태양전지 모듈의 $I-V$ 특성곡선이다. ①~⑤에 알맞은 것을 적으시오.

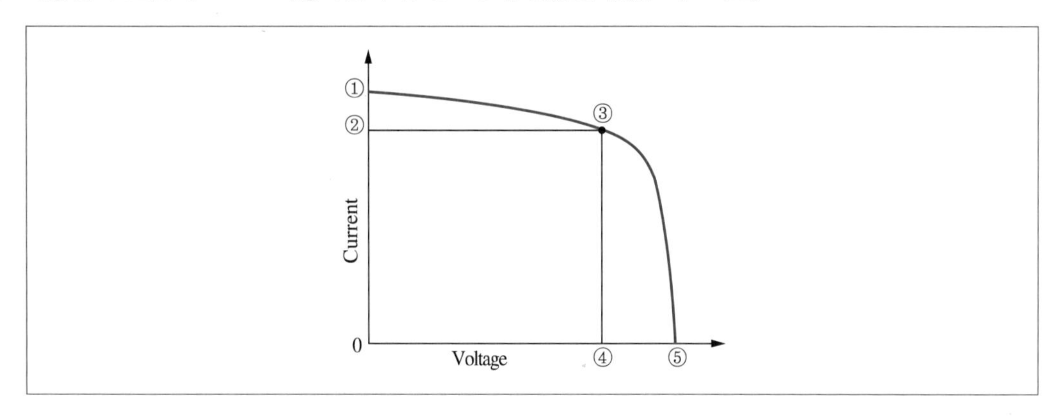

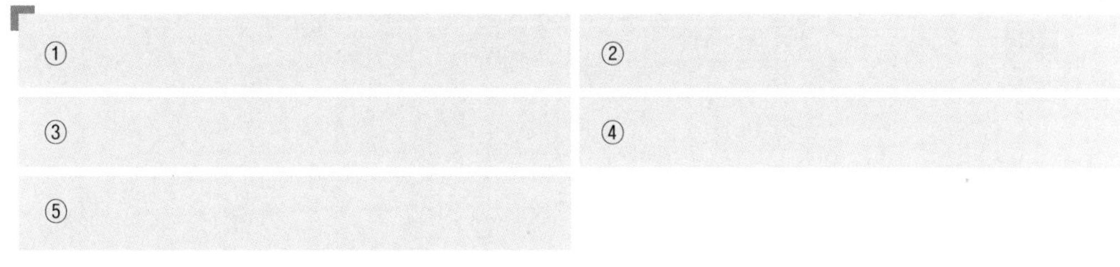

정답

① 단락전류(I_{sc})

② 최대출력 동작전류($I_{\max}$)

③ 최대출력($P_{\max}$)

④ 최대출력 동작전압($V_{\max}$)

⑤ 개방전압(V_{oc})

19 인체 감전보호 및 전기로 인한 화재방지 목적으로 저압전로에 설치하는 차단기의 명칭을 쓰시오.

정답

누전차단기

해설

누전차단기(RCD) : 인체 감전보호 및 전기로 인한 화재방지 목적으로 저압전로에 설치

20 태양전지의 개방전압과 단락전류의 곱에 대한 출력비를 무엇이라고 하는가?

정답

충진율(Fill Factor)

해설

충진율 : 전지의 효율에 직접적인 영향을 미치는 중요한 파라미터. Fill Factor 약어로서 개방전압과 단락전류의 곱에 대한 최대 출력(최대출력전압과 최대출력전류)의 곱한 값의 비율로 통상 0.7~0.8

$$\mathrm{F.F} = \frac{I_m V_m}{I_{sc} V_{oc}} = \frac{P_{\max}}{I_{sc} V_{oc}}$$

부록 실전모의고사

제 6 회 실전모의고사

※ 예상 답안입니다. 출제자의 의도에 따라 답이 다를 수도 있습니다.

01 태양광발전시스템 접속함의 주요 구성요소 5가지를 쓰시오.

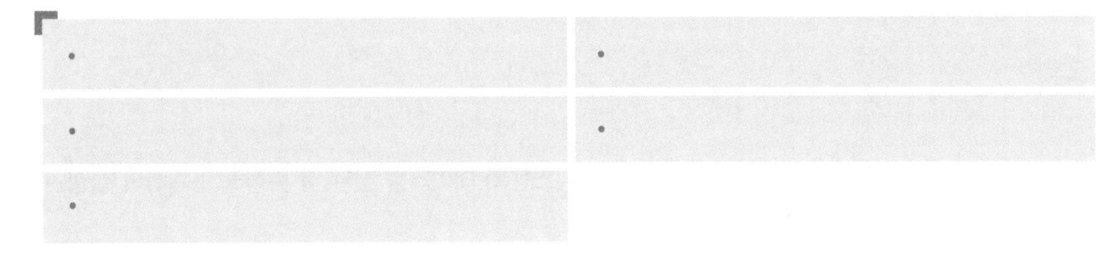

정답

- 태양전지 어레이 측 개폐기
- 주개폐기
- 서지보호장치(SPD ; Surge Protected Device)
- 역류방지 소자
- 단자대
- 감시용 DCCT(계기용 변류기), DCPT(계기용 변압기), T/D(Transducer)

02 태양광발전시스템 준공 시 인버터(파워컨디셔너) 취부항목의 육안점검사항을 5가지만 쓰시오.

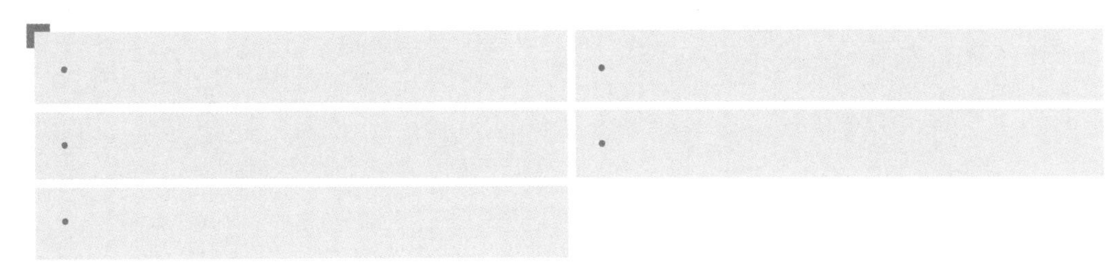

정답

외함의 부식 및 파손, 취부, 배선의 극성, 단자대 나사의 풀림, 접지단자와의 접속

03 환경영향평가의 대상이 되는 태양광발전용량은 몇 [kW] 이상인지 쓰시오.

정답

100,000[kW]

해설

100,000[kW] 이상일 경우 환경영향평가 대상이다.

04 인터넷 기반의 태양광발전시스템 운영 분석 시스템의 데이터를 전달 및 분석하기 위하여 설정된 통상의 웹 표준 형식을 쓰시오.

정답

XML

해설

XML(eXtensible Markup Lanuage)

웹이나 인트라넷 환경에서 데이터 교환과 공유의 수단으로 매우 편리하며, HTML(HyperText Markup Language)을 획기적으로 개선한 차세대 정보포맷 표준언어이다.

05 태양전지 모듈 선정 시 고려되는 변환효율을 구하는 식을 쓰시오(단, A_t : 모듈전면적[m^2], G : 방사조도[W/m^2], P_{max} : 최대출력[W]).

정답

태양전지 모듈 변환효율

$$변환효율 = \frac{P_{max}}{(A_t \cdot G)} \cdot 100[\%]$$

06 연간 태양궤적에 비추어 볼 때, 일반적인 태양전지 어레이 설치 시 가장 효율적인 설치방향을 북반구와 남반구로 구분하여 쓰시오.

• 북반구 :

• 남반구 :

정답

• 북반구 : 정남향
• 남반구 : 정북향

07 태양광발전설비의 표준시험 조건을 쓰시오.

•

•

•

정답

• 일사 강도 : 1[kW/m^2]
• 에어매스 : 1.5
• 표준온도(어레이 대표온도) : 25[℃]

해설

태양광의 도달 에너지

• 대기질량정수(AM ; Air Mass) : 태양복사 강도는 무엇보다도 태양 고도각(θ)에 따라 달라진다.
  – AM0 : 대기권 밖의 스펙트럼
  – AM1 : 태양이 중천(적도)에 있을 때 스펙트럼
  – AM1.5 : 지상의 누적 평균일조량에 적합하며, 우리나라와 같은 중위도 지역의 태양전지 개발 시 기준 값
• 우리나라의 스펙트럼 분포는 AM1.5이다. $AM = \dfrac{1}{\cos\theta}$ 로 나타낸다.
• 태양전지 모듈의 성능평가를 위한 표준검사 조건(STC ; Standard Test Condition)
  – 1,000[W/m^2] 세기의 수직 복사 에너지
  – 허용 오차 ±2[℃]의 25[℃]의 전지 온도
  – AM=1.5

08 다음은 계통연계형 태양광발전시스템의 세부구성도이다. 표의 빈칸의 번호에 알맞은 부품명칭을 쓰시오.

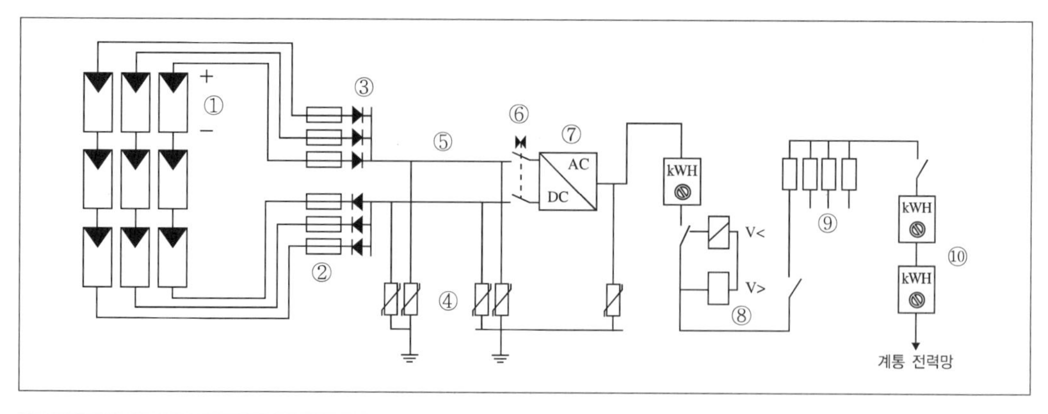

번 호	명 칭	번 호	명 칭
①		⑥	인버터 보호용 차단기
②		⑦	
③		⑧	
④	과전압 보호 다이오드(배리스터)	⑨	옥내 분배기
⑤	직류송전선	⑩	

①	②
③	⑦
⑧	⑩

정답

① 태양전지(모듈)
② 과전류보호장치(퓨즈)
③ 역류방지 다이오드
⑦ 인버터
⑧ 자동전압조정장치
⑩ 전력량계

09 다음의 표를 참고하여 전력소비량을 바탕으로 독립형 태양광발전시스템이 부담해야 할 각 항목(①, ②, ③)을 구하시오.

[표1] 주택의 부하용량

구 분		부하기기명	수 량	소비전력[W]	사용시간[h]	1일 소비전력량 [Wh]
교 류	1	LED 전등1	2	7.1	5	71
	2	LED 전등2	1	4.4×2	5	44
	3	냉장고	1	주1) 참조		993
	4	청소기	1	800	15분	200
	5	TV 32″	1	100	4	400
	6	세탁기(10kg)	1	주2) 참조	1일 1회	760
	7	컴퓨터	1	60	2	120
	8	전자레인지	1	800	20분	267
	9	기 타	1	15	2	30
	소계(1일 소비전력량[Wh])					(①)
비 고	주1 : 월간 소비전력 29.8[kWh]의 1/30=0.993[kWh] 주2 : 최대용량으로 1회 세탁 시 소비전력=760[Wh]					

[표2] 1일 전력수요량 판단을 위한 계산표

전원 구분	1일 소비전력량[Wh]	×	손실률(20[%])	=	1일 부하량[Wh]
교 류	(①)	×	(②)	=	(③)

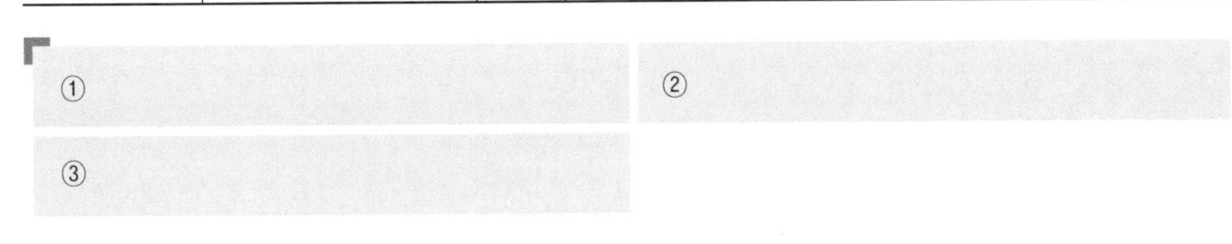

정답

① 2,885[Wh]

② 1.2

③ 3,462[Wh]

해설

- 1일 소비전력량 소계 = 71 + 44 + 993 + 200 + 400 + 760 + 120 + 267 + 30 = 2,885[Wh]
- 손실률이 20[%]이므로 0.2를 1일 소비전력량과 곱하면 손실량의 값만 얻을 수 있다.
  [표2] 중 손실률 부분이 좀 오해의 소지가 많다.
- 1일 부하량을 얻기 위해서는
  1(1일 소비전력량) + 0.2(손실률) = 1.2를 1일 소비전력량과 곱해야 1일 부하량을 얻을 수 있다.
  1일 소비전력량 × 손실률(20[%]) = 1일 부하량

∴ 2,885 × 1.2 = 3,462

10 태양광발전시스템을 건설하기 위한 최적 후보지 선정기준 중 지리적인 요소 2가지를 쓰시오.

정답

- 부지의 접근성
- 주변환경
- 자연환경 요소

해설

태양광발전시스템 부지 선정 시 일반적 고려사항

- 지정학적 조건 : 일조량, 일조시간 등
- 설치, 운영상의 조건 : 부지의 접근성, 주변환경, 자연환경 요소 등(지리적인 조건)
- 행정상의 조건 : 발전사업허가, 개발행위허가 등 인허가 관련 규제
- 전력계통과의 연계 조건 : 전력계통연계점(인입선로) 위치, 계통병입 가능용량
- 경제성 : 부지매입비 및 공사비, RPS 공급인증서 가중치 적용 여부
- 기타 : 주민협의 및 민원발생 가능성 여부

11 태양광발전설비 설치공사에서 감전방지 대책 3가지를 쓰시오.

정답

- 작업 전 태양전지 모듈 표면에 차광막을 씌워 태양광을 차폐
- 저압 절연장갑을 착용
- 절연처리된 공구를 사용
- 강우 시에는 감전사고 및 추락사고의 위험이 있으므로 작업 금지

12 태양전지 모듈을 여러 장 연결하는 직렬회로에서 역류방지 다이오드(Blocking Diode)를 설치하는 목적을 쓰시오.

정답

- 태양전지 모듈에 음영이 생긴 경우 그 스트링 전압이 낮아져 부하가 되는 것을 방지하기 위해 설치한다.
- 축전지를 가진 독립형 태양광발전시스템에서 야간에 태양광발전이 정지될 때 축전지 전력이 태양전지 모듈 쪽으로 흘러들어 소모되는 것을 방지하기 위해 설치한다.

13 태양광발전시스템을 시설할 때 작업자는 자신의 안전 확보와 2차 재해방지를 위해 작업에 적합한 복장을 갖추어야 한다. 이 복장과 관련한 작업자가 갖추어야 할 안전장비 3가지를 쓰시오.

정답

안전모, 안전대, 안전화, 안전허리띠

해설

- 안전모 : 낙하로부터 보호
- 안전대 : 추락 방지
- 안전화 : 미끄럼 방지 효과가 있는 신발
- 안전허리띠 : 공구, 공사 부재의 낙하방지

14 태양광발전설비의 태양광 전기실의 점검 대상물 중 차단기의 일상점검 항목 5가지를 쓰시오.

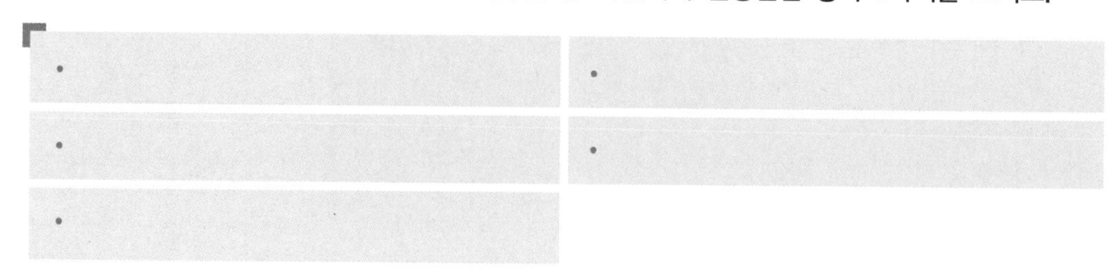

정답

- 개폐표시기의 표시 확인
- 이상한 냄새, 소리의 발생 유무
- 과열 변색의 유무
- 애관류의 균열, 파손의 유무
- 녹, 변형, 오손의 유무
- 공기조작 방식에 있어 누기음의 유무

해설

차단기의 일상점검

배전반에 수납되어 있는 것은 뚜껑을 열지 않고 점검할 수 있는 항목을 점검하는 것을 원칙적으로 하고 이상을 발견한 경우는 필요에 따라서 임시점검으로 전환한다.

15 태양광발전시스템의 인버터 이상 시 자동으로 정지하고 이상신호를 나타낸다. 이때 인버터에서 태양전지 저전압이 모니터링되었을 경우의 적합한 조치사항을 쓰시오.

정답

저전압 경보 시 계통 전압 확인 후 재투입한다. 대부분의 인버터는 전압이 기준치에 이르면 자동으로 해제된다. 이상상태가 지속될 경우 인버터를 정지시키고 제조사나 인버터 관리업체에 연락 및 수리요청을 한다.

16 태양전지 모듈에서 생산되는 직류전력을 교류전력으로 변환하는 장치의 명칭을 쓰시오.

정답

인버터

17 납축전지 55셀을 직렬 연결하여 축전지로 부하 공급 시 부하의 최종 허용전압이 110±10[V]이다. 최저전압이 100[V]이고 선로의 전압강하가 5[V]일 때 전지(셀)당 방전종지전압을 구하시오.

• 계산과정 :

• 답 :

정답

• 계산과정

$$\text{전지(셀)당 방전종지전압} = \frac{\text{최저전압+선로의 전압강하}}{\text{셀수}} = \frac{100+5}{55} ≒ 1.909[\text{V}]$$

• 답 : 1.91[V]

해설

보통 계산문제에서 소수점 이하가 나올 때는 소수점 셋째 자리에서 반올림하여 소수점 둘째 자리로 적는다.

18 **인버터 회로의 유지보수 시 정격전압별 몇 볼트의 절연저항계를 이용하여야 하는가?**

•

•

정답

• 인버터 정격전압이 300[V] 이하인 경우 : 500[V] 절연저항계(메거)
• 인버터 정격전압이 300[V]를 넘고 600[V] 이하인 경우 : 1,000[V] 절연저항계(메거)

19 **태양광발전시스템을 직격뢰로부터 보호하기 위해 시설되는 것이 무엇인지 쓰시오.**

정답

피뢰시스템

20 **태양전지의 스트링별 직류 전력을 병렬로 접속하여 인버터에 직류전력을 공급하기 위해 설치하는 설비의 명칭을 쓰시오.**

정답

접속함

해설

접속함

• 스트링 단위로 발전된 전력을 합쳐 파워컨디셔너회로에 전력을 공급하기 위하여 어레이와 파워컨디셔너 사이에 설치된다.
• 내부에는 직류출력개폐기, 피뢰소자, 역류방지 다이오드, 단자대, 서지보호장치(SPD), 통신장치 등이 내장

제 7 회

부록 실전모의고사

실전모의고사

※ 예상 답안입니다. 출제자의 의도에 따라 답이 다를 수도 있습니다.

01 태양광발전시스템 점검 시 감전방지대책 3가지를 쓰시오.

정답

- 작업 전 태양전지 모듈 표면에 차광막을 씌워 태양광을 차폐
- 저압 절연장갑을 착용
- 절연처리된 공구를 사용
- 강우 시에는 감전사고 및 추락사고의 위험이 있으므로 작업 금지

02 태양광발전 시방서의 시운전 방법 2가지를 쓰시오.

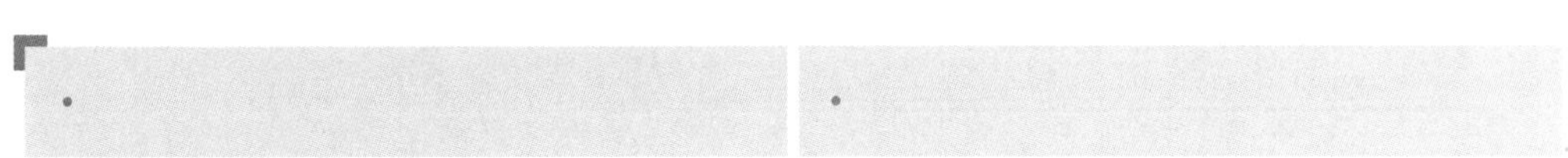

정답

- 단독 시운전
- 종합 시운전

해설

시운전은 단독 시운전(단위기기별, 계통별 예비점검 및 시험운전)과 종합 시운전(최초병입, 상업운전)으로 구분한다.

03 다음은 태양전지 모듈의 바이패스 다이오드를 연결한 개략도이다. 점선 부분에 바이패스 다이오드의 기호를 완성하시오.

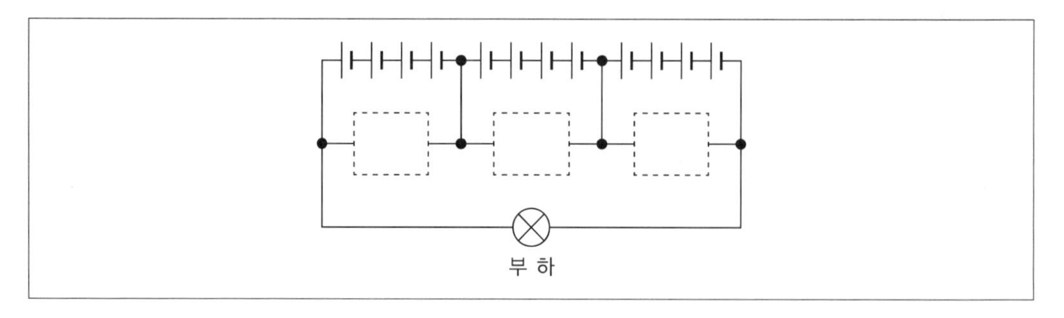

정답

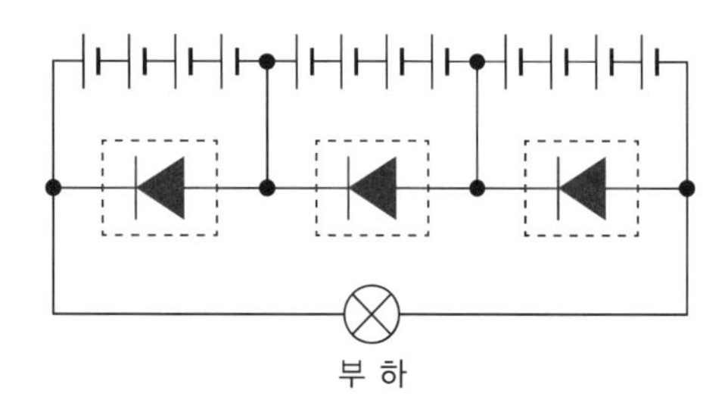

04 태양전지 인버터 회로의 절연내압 측정기준을 1가지만 설명하시오.

정답

절연 내전압 시험은 입력 쪽과 출력 쪽으로 나누어 시험한다. 입력 쪽은 입력 단자를 단락하고 그 단자와 대지 사이에 입력 정격전압(E_1)에 따라 50[V] 이하에서는 500[V], 50[V] 이상에서는 $(2 \times E_1 + 1,000)$[V]의 크기를 갖는 상용주파수의 교류전압을 1분간 인가한다. 출력 쪽은 출력단자를 단락하고, 그 단자와 대지 사이에 출력 정격전압(E_2)에 따라 $(2 \times E_2 + 1,000)$[V] 상용주파수의 교류전압을 1분간 인가한다.

05 공사의 품질확보를 위해 시공사가 설치공사 착공과 동시에 제출하여야 할 필수 보유 장비 5가지를 쓰시오.

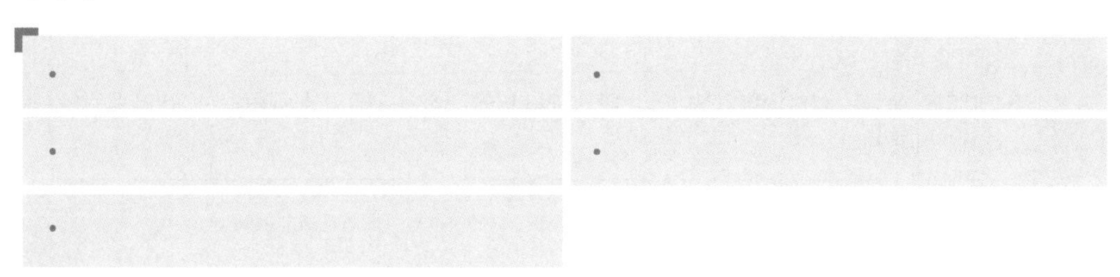

정답

- 접지저항계
- 절연저항계
- 전류계
- 전압 테스터기
- 검전기
- 상회전기(상테스터기)
- 각도계
- 수평 및 수직 일사량 측정계
- 오실로스코프

06 독립형 태양광발전시스템 설계에 필요한 축전지의 수명에 영향을 주는 요소 3가지를 쓰시오.

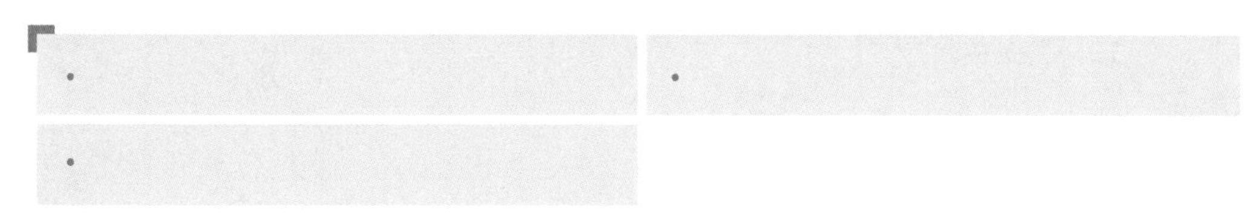

정답

- 온 도
- 방전심도
- 방전횟수

07 다음 설명의 괄호 안에 알맞은 내용을 쓰시오.

- 태양전지 모듈 설치용량은 사업계획상의 제시된 설계용량 이상이어야 하며, 설계용량 (①)[%]를 초과하지 않아야 한다.
- 인버터의 용량은 설계용량 이상이어야 하고, 인버터에 연결된 모듈의 설치용량은 인버터 용량의 (②)[%] 이내이어야 한다.

정답

① 110

② 105

해설

- 태양전지판 시공기준
  - 모듈 : 신재생에너지 센터에서 인증한 태양전지 모듈을 사용하여야 한다.
  - 설치용량 : 설치용량은 사업계획서상의 모듈 설계용량과 동일하여야 한다. 다만, 단위 모듈당 용량에 따라 설계용량과 동일하게 설치할 수 없을 경우에 한하여 설계용량의 110[%] 이내까지 가능하다.
  - 방위각 : 그림자를 받지 않는 곳에 정남향으로 한다.
  - 경사각 : 현장여건에 따라 조정한다.
  - 일사시간 : 일사시간은 1일 5시간(춘분, 추분 기준) 이상, 2열 이상일 경우 앞열은 뒷열에 음영이 지지 않도록 설치한다.
- 인버터
  - 설치방법 : 옥내・옥외용을 구분하여 설치하고, 옥내용을 옥외에 설치하는 경우는 5[kW] 이상 용량일 경우에만 가능하며 방수처리용 외함을 설치한다.
  - 설치용량 : 설계용량 이상이어야 하며 105[%] 이내, 각 직렬군의 태양전지 개방전압은 인버터의 입력전압 범위 안에 있어야 한다.
  - 입력단(모듈 출력) : 전압, 전류, 전력과 출력단(인버터 출력)의 전압, 전류, 전력, 역률, 주파수, 누적발전량, 최대출력량이 표시되어야 한다.

08 태양광발전시스템 설치 시 토목 기초의 구비조건 3가지만 쓰시오.

•

•

•

정답

• 경제적이고 시공가능
• 침하에 대해 안정성
• 지지력에 대해 안정성
• 최소 근입 깊이 보유

09 태양광발전시스템 안전관리에서 복장 및 추락방지를 위해서 취해야 할 조치사항을 3가지만 쓰시오.

정답

• 안전모 착용
• 안전대 착용
• 안전화
• 안전허리띠 착용

10 태양전지판에서 인버터 입력단 간 및 출력단과 계통연계점 간의 전압강하에 대한 내용이다. 다음 표의 괄호 안에 알맞은 내용을 쓰시오(단, 전선의 길이가 60[m]를 초과할 경우).

전선길이[m]	전압강하[%]
120[m] 이하	(①)
200[m] 이하	(②)
200[m] 초과	(③)

①

②

③

정답

① 5[%]

② 6[%]

③ 7[%]

해설

- 태양전지판에서 인버터 입력단 간 또는 인버터 출력단과 계통연계점 간의 전압강하는 3[%]를 초과하여서는 안 된다(단, 전선의 길이가 60[m] 이하인 경우).
- 전선의 길이가 60[m]를 초과한 경우는 다음과 같다.
  - 전선길이 120[m] 이하 : 5[%]
  - 전선길이 200[m] 이하 : 6[%]
  - 전선길이 200[m] 초과 : 7[%]

11 20[A]의 전류를 흘렸을 때의 전력이 60[W]인 저항이 있다. 이 저항에 30[A]를 흘렸을 때의 전력[W]을 구하시오.

• 계산과정 :

• 답 :

정답

• 계산과정 : 전력 $P=I^2\times R$

부하의 저항 $R=\frac{P}{I^2}=\frac{60}{20^2}=\frac{60}{400}=0.15[\Omega]$

$P_{30}=30^2\times 0.15=135[\text{W}]$

• 답 : 135[W]

12 해양에너지를 이용한 발전종류 4가지를 쓰시오.

•	•
•	•

정답

조력발전, 조류발전, 파력발전, 온도차발전

해설

• 조력발전 : 조석간만의 차를 동력원으로 해수면의 상승하강운동을 이용하여 전기를 생산하는 기술
• 파력발전 : 연안 또는 심해의 파랑에너지를 이용하여 전기를 생산하는 기술
• 조류발전 : 해수의 유동에 의한 운동에너지를 이용하여 전기를 생산하는 발전기술
• 온도차발전 : 해양 표면층의 온수(25~30[℃])와 심해 500~1,000[m] 정도의 냉수(5~7[℃])와의 온도차를 이용하여 열에너지를 기계적 에너지로 변환시켜 발전하는 기술

13 태양전지 회로에서 DC시험전압이 250[V] 초과 300[V] 이하인 경우 절연저항값은 몇 [MΩ] 이상인지 쓰시오.

정답

1[MΩ]

해설

전기설비기술기준 제52조(저압전로의 절연성능)

사용전압[V]	DC시험전압[V]	절연저항[MΩ]
SELV 및 PELV	250	0.5
FELV, 500[V] 이하	500	1.0
500[V] 초과	1,000	1.0

※ 특별저압(Extra Low Voltage : 2차 전압이 AC 50[V], DC 120[V] 이하)으로 SELV(비접지회로 구성) 및 PELV(접지회로 구성)는 1차와 2차가 전기적으로 절연된 회로, FELV는 1차와 2차가 전기적으로 절연되지 않은 회로

14 소수력 발전방식 3가지를 쓰시오.

정답

수로식, 댐식, 터널식

해설

발전방식에 따른 분류

- 수로식(자연 유하식) : 하천의 경사와 굴곡에 의한 수로에 의해서 낙차를 얻는 방식, 중류, 상류에 유리하다.
- 댐식 : 하천경사가 작고 유량이 풍부한 하류에 유리하다.
- 터널식(댐수로식) : 댐식과 수로식 발전방식을 혼합방식이다.

15 태양전지 어레이의 스트링별로 설치되며, 태양전지 모듈에 다른 태양전지 회로와 축전지의 전류가 유입되는 것을 방지하기 위해 설치하는 소자를 무엇이라 하는지 쓰시오.

정답

역류방지 소자(다이오드)

16 태양광발전시스템의 모든 구조물과 연결 철물은 염해로부터 부식이 되지 않도록 어떤 도금처리를 하여야 하는지 쓰시오.

정답

용융아연도금

17 태양광발전시스템의 설치 시 강우에 의해 모듈 표면으로 흙탕물이 튀는 것을 방지하기 위해 몇 [m] 이상으로 설치하여야 하는지 쓰시오.

정답

0.6[m]

해설

강우 시 모듈 표면으로 흙탕물이 튀는 것을 방지하기 위해 지면으로부터 0.6[m] 이상의 높이에 설치한다.

18 태양광발전시스템 최적 후보지의 선정기준 중 지정학적 고려사항을 2가지만 쓰시오.

정답

- 일조량
- 일조시간

해설

태양광발전시스템 부지선정 시 일반적 고려사항

- 지정학적 조건 : 일조량, 일조시간 등
- 설치, 운영상의 조건 : 부지의 접근성, 주변환경, 자연환경 요소 등(지리적인 조건)
- 행정상의 조건 : 발전사업허가, 개발행위허가 등 인허가 관련 규제
- 전력계통과의 연계 조건 : 전력계통연계점(인입선로) 위치, 계통병입 가능용량
- 경제성 : 부지매입비 및 공사비, RPS 공급인증서 가중치 적용 여부
- 기타 : 주민협의 및 민원발생 가능성 여부

19 태양광발전시스템의 전기실은 매우 중요한 건축적 요소이다. 이 전기실의 역할을 담당하는 통풍상태 점검사항을 3가지만 쓰시오.

정답

- 통풍구 막힘 확인
- 환기필터 점검
- 환풍기 확인

20 태양광발전소 시설에 관련된 설명이다. 빈칸에 알맞은 것을 쓰시오.

태양전지 모듈의 직렬군 최대개방전압이 직류 750[V] 초과 1,500[V] 이하인 경우 태양광발전소의 울타리・담 등의 높이는 (①)[m] 이상으로 하고, 지표면과 울타리・담 등의 하단 사이의 간격은 (②)[m] 이하로 하여야 한다.

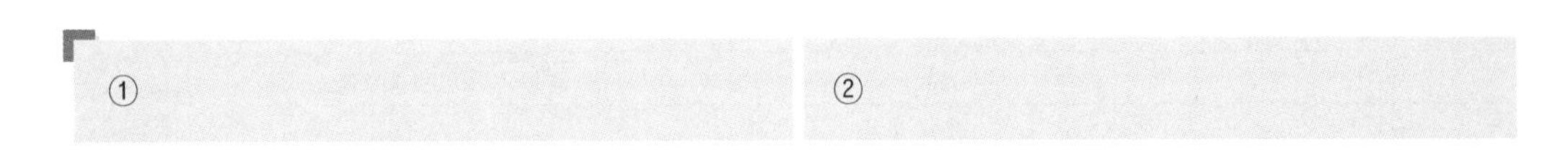

정답

① 2[m]

② 0.15[m]

해설

- 태양전지 모듈의 직렬군 최대개방전압이 직류 750[V] 초과 1,500[V] 이하인 시설장소는 울타리 등의 안전조치를 하여야 한다.
- 태양전지 모듈을 지상에 설치하는 경우는 울타리・담 등의 높이는 2[m] 이상으로 하고 지표면과 울타리・담 등의 하단 사이의 간격은 0.15[m] 이하로 시설하여야 한다.

부록 실전모의고사

제 8 회 실전모의고사

※ 예상 답안입니다. 출제자의 의도에 따라 답이 다를 수도 있습니다.

01 태양광발전설비의 계통연계형 고압 수변전설비에서 개폐기 및 차단기의 조작은 책임자의 승인을 받아 담당자가 조작한다. 개폐기 등의 조작순서를 투입 시와 차단 시로 구분하여 번호(①~④)를 쓰시오.

[수전계통 순서]
LS(①) → CB(②) → COS(③) → TR → MCCB(④)

- 투입순서 :
- 차단순서 :

정답

- 투입순서 : ③ → ① → ② → ④
- 차단순서 : ④ → ② → ③ → ①

02 태양광발전시스템의 유지보수 관점에 따른 점검방법을 3가지로 구분하여 쓰시오.

-
-
-

정답

- 일상점검
- 정기점검
- 임시점검

해설

일반적인 점검은 준공 시 점검, 일상점검, 정기점검이다.

03 태양광발전시스템의 운영방법에 대한 내용이다. 각 물음에 답하시오.

(1) 태양광발전설비가 작동되지 않는 경우 조치하여야 할 사항을 순서대로 쓰시오.

(2) 태양광발전시스템 점검 완료 후 차단기 복귀순서를 쓰시오.

정답

(1) 태양광발전설비가 작동되지 않는 경우

1. 접속함 내부 DC 차단기 개방
2. AC 차단기 개방
3. 인버터 정지 후 점검

(2) 점검 완료 후 차단기 복귀순서

1. AC 차단기 투입
2. 접속함 내부 DC 차단기 투입

04 태양전지 모듈에서 일부 셀에 그늘(음영)이 발생하면 음영 셀은 발전을 하지 못하고 열점(Hot Spot)을 일으켜 셀이 파손될 수 있다. 이를 방지하기 위한 방법을 설명하시오.

정답

바이패스 다이오드를 접속(설치)하여 음영된 셀에 흐르는 전류를 바이패스하도록 한다.

05 태양광발전시스템에 관한 설명이다. ①~③의 ( ) 안에 들어갈 알맞은 내용을 답란에 쓰시오.

> 태양전지 모듈에서 생산되는 (①)을(를) (②)(으)로 변환하는 장치를 (③)(이)라 하며, 변환된 전력은 전력계통에 접속하여 부하설비에 공급한다.

①

②

③

정답

① 직 류

② 교 류

③ 인버터 또는 PCS

06 다음과 같은 조건일 때 태양광발전시스템의 발전용량은 몇 [kW]인지 구하시오.

- 모듈의 최대출력 : 260[Wp]
- 직렬 회로수 : 18개
- 병렬 회로수 : 26개

- 계산과정 :
- 답 :

정답

- 계산과정 : 발전용량 = 18 × 26 × 260[Wp] = 121,680[W]
- 답 : 121.68[kW]

해설

문제에서 요구하는 단위로 값을 변환하여 기록한다.

07 태양광발전시스템에서 발전량을 극대화하기 위하여 추적식 어레이를 적용하고 있다. 추적방향에 따른 분류방식과 추적방식에 따른 분류방식을 구분하여 각각 쓰시오.

- 추적방향에 따른 분류방식 :
- 추적방식에 따른 분류방식 :

정답

- 추적방향 : 단방향, 양방향
- 추적방식 : 감지식(Senser) 추적법, 프로그램 추적법, 혼합식 추적법

해설

- 감지식 추적법(Sensor Tracking) : 센서를 이용하여 태양을 추적하는 방식으로, 태양이 구름에 가리거나 부분 음영이 발생하는 경우 오차가 발생한다.
- 프로그램 추적법 : 태양의 연중 이동궤도를 추적하는 프로그램을 설치하여 연, 월, 일에 따라 태양의 위치를 추적하는 방식으로, 비교적 안정하게 태양의 위치를 추적할 수 있다.
- 혼합식 추적법 : 주로 프로그램 추적법을 중심으로 운영되고, 설치 위치에 따라 발생하는 편차를 감지부를 이용하여 주기적으로 보정해주는 방식이다.

08 인버터 선정 시 종합적으로 체크(Check)하여야 할 주요사항을 6가지만 쓰시오.

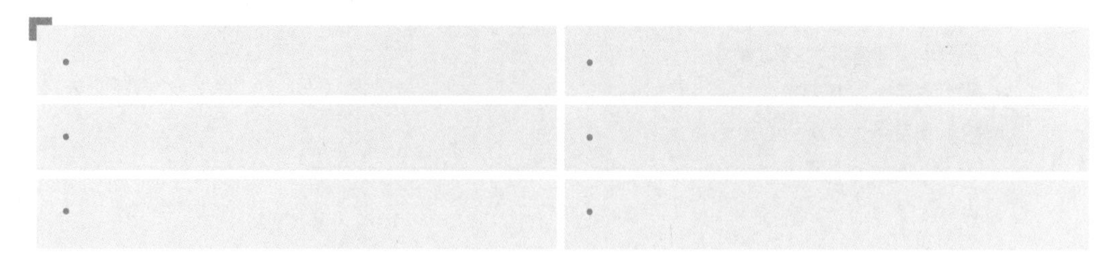

정답

- 연계하는 계통 측(한전 측)과 전압 및 전기방식이 일치하고 있는가?
- 국내외 인증된 제품인가?
- 설치는 용이한가?
- 비상 재해 시에 자립운전이 가능한가?(비상전원으로 사용할 경우)
- 축전지 부착 운전은 가능한가?(정전 시에도 사용하고자 할 경우)
- 수명이 길고 신뢰성이 높은 기기인가?
- 보호장치의 설정이나 시험은 간단한가?
- 발전량을 간단하게 알 수 있는가?
- 서비스 네트워크는 완전한가?

09 다음은 전기배선의 전압강하에 대한 사항이다. (　　) 안에 알맞은 내용을 답란에 쓰시오.

> 태양전지판에서 인버터 입력단 간 및 인버터 출력단과 계통연계점 간의 전압강하는 각 (　　)[%]를 초과하여서는 아니 된다(단, 전선길이가 60[m] 이하인 경우이다).

정답

3[%]

해설

- 태양전지 모듈에서 인버터 입력단 간 및 인버터 출력단과 계통연계점 간의 전압강하는 각 3[%]를 초과하지 말아야 한다(60[m] 이하).
- 전선 길이에 따른 전압강하 허용치는 다음과 같다(전선의 길이가 60[m]를 초과하는 경우).

전선의 길이	120[m] 이하	200[m] 이하	200[m] 초과
전압강하	5[%]	6[%]	7[%]

10 태양광발전시스템에서 개방전압을 측정하는 목적을 쓰시오.

정답

• 불량모듈 검출
• 직렬접속 결선누락
• 오결선(극성) 접속 검출

11 태양전지 구조물 기초공사의 분류에서 깊은 기초에 해당하는 3가지를 쓰시오.

정답

• 말뚝기초
• 피어기초
• 케이슨기초

12 다음에서 설명하고 있는 점검방식의 명칭을 쓰시오.

- 유지보수 요원의 감각에 의하여 점검하는 방식으로 시각점검, 비정상적인 소리, 냄새, 손상 등을 시설물 외부에서 점검항목의 대상항목에 따라서 점검을 실시하는 방식
- 이상 상태를 발견한 경우에는 시설물의 문을 열고 이상의 정도를 확인하는 방식

정답

일상점검

해설

태양광발전시스템의 점검은 일반적으로 준공 시의 사용 전 검사, 일상점검, 정기점검의 3가지로 구별된다. 유지보수의 관점에서는 일상점검, 정기점검, 임시점검으로 구분한다.

13 태양광발전시스템의 시공절차이다. 빈 칸에 알맞은 내용을 답란에 쓰시오.

현장여건 분석 → 시스템 설계 → (①) → 기초공사 → (②) → 모듈 설치 → (③) → (④) → 시운전 → 운전 개시

정답

① 구성요소 제작
② 설치가대 설치
③ 인버터(PCS) 설치
④ 간선공사

14 태양광발전시스템을 시공할 경우 작업 중 감전을 방지할 수 있는 안전대책을 3가지만 쓰시오.

•

•

•

정답

• 작업 전 태양전지 모듈 표면에 차광막을 씌워 태양광을 차폐한다.
• 저압 절연장갑을 착용한다.
• 절연 처리된 공구를 사용한다.
• 강우 시에는 감전사고뿐만 아니라 미끄러짐으로 인한 추락사고로 이어질 우려가 있으므로 작업을 금지한다.

15 태양광발전시스템에서 사용하는 용어 중 경사각(Tilt Angle)이란 무엇을 의미하는지 쓰시오.

정답

태양전지 어레이가 지면과 이루는 각

16 태양의 남중고도에 대하여 설명하시오.

정답

하루 중 태양의 고도가 가장 높을 때의 고도

17 태양광발전설비를 설치하는 작업자가 작업 중 자신의 안전 확보와 2차 재해방지를 위해 착용하는 보호장구 3가지를 쓰시오.

•	•
•	

정답

- 안전모
- 안전대
- 안전화
- 안전허리띠

18 태양광발전시스템의 계측기나 표시장치의 사용목적 3가지만 쓰시오.

정답

- 시스템의 운전 상태를 감시하기 위한 계측 또는 표시
- 시스템에 의한 발전전력량을 알기 위한 계측
- 시스템 기기 또는 시스템 종합평가를 위한 계측
- 시스템의 운전상황을 견학하는 사람들에게 보여주고, 시스템의 홍보를 위한 계측 또는 표시

19 1일 전산 부하량(L_d)이 3.6[kWh]인 부하에 설치된 독립형 태양광발전시스템의 축전지 용량[Ah]을 구하시오(단, 보수율(L) = 0.8, 일조가 없는 날(D_r) = 5일, 축전지 공칭전압(V_b) = 2[V], 축전지 직렬 개수(N) = 50개, 방전심도(DOD) = 60[%]이다).

- 계산과정 :

- 답 :

정답

- 계산과정 : 축전지 용량(C) $= \dfrac{\text{1일 소비전력량} \times \text{부조일수}}{\text{보수율} \times \text{방전심도} \times \text{축전지 공칭전압}}$

$$= \frac{3.6 \times 1{,}000 \times 5}{0.8 \times 0.6 \times (2 \times 50)}$$

$$= 375[\text{Ah}]$$

- 답 : 375[Ah]

20 태양광발전소의 수변전설비에서 사용되는 주요 보호계전기 중 4가지만 쓰시오.

-
-
-
-

정답

- OVR(59/직류 45) : 과전압계전기
- UVR(27) : 부족전압계전기
- OCR(51) : 과전류계전기(G : 지락, S : 단락)
- SR(50) : 선택계전기
- UFR(81U) : 부족주파수계전기, OFR 과주파수계전기
- RDR(87) : 비율차동계전기

부록 실전모의고사

제 9 회 실전모의고사

※ 예상 답안입니다. 출제자의 의도에 따라 답이 다를 수도 있습니다.

01 준공도면과 준공내역서에 대하여 각각 설명하시오.

• 준공도면 :

• 준공내역서 :

정답

- 준공도면 : 공사가 완료되었을 때 시설물의 형태, 구조를 나타낸 도면
- 준공내역서 : 공사가 완료되었을 때 설계변경분을 포함하여 소요된 공사비, 자재수량 등 설계물량을 기술한 내역서

02 태양광발전시스템에서 일조 강도 1,000[W/m^2], 기준 온도 25[℃]인 표준시험조건에서 태양의 고도가 38°일 때 대기질량정수 AM(Air Mass)을 구하시오(단, 계산 결과는 소수점 둘째 자리로 표시하시오).

• 계산과정 :

• 답 :

정답

• 계산과정 : 대기질량정수 $AM = \frac{1}{\sin\theta} = \frac{1}{\sin 38°} \fallingdotseq 1.62$

• 답 : 1.62

해설

지표면에서 태양을 올려 보는 각이 θ일 때 AM값

$$AM = \frac{1}{\sin\theta}$$

03 태양광발전시스템에서 시스템 출력이 3,000[W], 태양전지 모듈 최대출력이 200[W]이고 모듈 5장이 직렬로 연결된 경우 모듈의 병렬수를 구하시오.

• 계산과정 :

• 답 :

정답

• 계산과정 : $N = \frac{\text{시스템출력}}{\text{스트링출력}} = \frac{3{,}000}{200 \times 5} = 3$

• 답 : 3개

04 태양광발전시스템의 정기점검 항목 중에서 인버터의 육안점검항목을 3가지만 쓰시오.

정답

- 외함의 부식 및 파손
- 외부배선의 손상 및 접속단자의 풀림
- 접지선의 파손 및 접속단자의 풀림
- 환기 확인
- 운전 시의 이상음, 진동 및 악취의 유무

해설

- 인버터의 육안점검사항은 일반적으로 눈, 귀, 코로 점검하는 사항이다.
- 인버터의 측정 및 시험 사항
  - 절연저항(인버터 입출력 단자-접지 간) : 1[MΩ] 이상 측정전압 DC 500[V]
  - 표시부의 동작 확인
  - 투입저지 시한 타이머 : 인버터가 정지하며 5분 후 자동 기동할 것

05 태양광발전시스템의 유지보수를 위하여 사용되는 훅 온(Hook-on) 미터는 주로 무엇을 측정할 때 사용하는지 용도를 쓰시오.

정답

주로 활선상태의 전류를 측정한다.

해설

훅을 사용하여 활선상태의 전선의 전류를 측정하고 부수적으로 전압, 저항도 측정할 수 있다.

06 다음은 태양전지 어레이 검사와 관련된 내용이다. (　　) 안에 알맞은 내용을 답란에 쓰시오.

> 태양전지 모듈의 배선이 끝나면 각 모듈의 극성 확인, (①), (②), 양극과 접지하고 있지는 않은가 등을 확인한다.

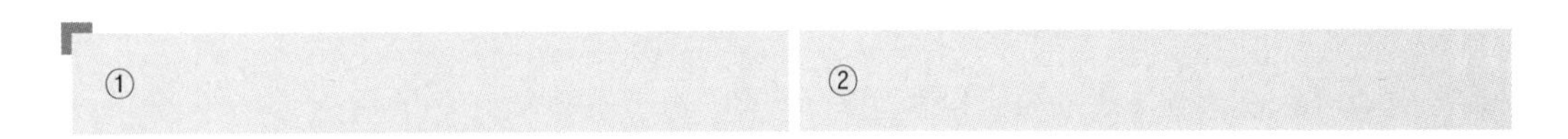

정답

①, ② 전압 확인, 단락전류의 측정

해설

태양전지 모듈 및 어레이 설치 후 확인 · 점검사항

태양전지 모듈의 배선이 끝나면 각 모듈의 극성 확인, 전압 확인, 단락전류 확인, 양극 중 어느 하나라도 접지되어 있지는 않은지 확인한다.

- 전압 · 극성의 확인 : 태양전지 모듈이 바르게 시공되어 설명서대로 전압이 나오고 있는지, 양극과 음극의 극성이 바른지의 여부 등을 테스터, 직류전압계로 확인한다.
- 단락전류의 측정 : 태양전지 모듈의 설명서에 기재된 단락전류가 흐르는지 직류전류계로 측정한다. 타 모듈과 비교해 측정치가 현저히 다른 경우는 배선을 재차 점검한다.
- 비접지의 확인 : 태양광발전설비 중 인버터는 절연변압기를 시설하는 경우가 드물기 때문에 일반적으로 직류 측 회로를 비접지로 하고 있다.

07 전선 접속 시 주의하여야 하는 사항을 5가지만 쓰시오.

정답

- 동일전선 저항보다 증가하지 않아야 한다.
- 전선의 세기를 20[%] 이상 감소시키지 않아야 한다.
- 절연은 다른 부분 절연물과 동등 이상 효력을 가져야 한다.
- 횡단하는 장소에는 접속개소를 만들면 안 된다.
- 감전 당하지 않도록 절연장갑을 사용한다.

08 다음 설명에서 ①~③에 들어갈 알맞은 내용을 쓰시오.

> 태양전지판 지지대 제작 시 형강류 및 기초지지대에 포함된 철판부위는 (①) 처리 또는 (②) 처리를 하여야 하며, 절단가공 및 용접 부위는 (③) 처리를 하여야 한다.

정답

①, ② 용융아연도금, 동등 이상의 녹방지
③ 방식

해설

태양광시스템의 지지대 간 연결 및 모듈-지지대 연결은 가능한 볼트로 체결하되, 절단가공 및 용접 부위(도금처리제품 한정)는 용융아연도금처리를 하거나 에폭시-아연페인트를 2회 이상 도포하여야 한다.

09 피뢰기를 시설하여야 하는 장소 기준에 대하여 4개소만 쓰시오.

•	•
•	•

정답

- 발전소 인출구
- 변전소 인출구
- 특고압 수용장소의 인입구
- 가공선로와 지중선로가 만나는 곳

해설

피뢰기의 시설(KEC 341.13)

고압 및 특고압의 전로 중 다음에 열거하는 곳 또는 이에 근접한 곳에는 피뢰기를 시설하여야 한다.

- 발전소, 변전소 또는 이에 준하는 장소의 가공전선 인입구 및 인출구
- 특고압 가공전선로에 접속하는 배전용 변압기의 고압 측 및 특고압 측
- 고압 및 특고압 가공전선로로부터 공급을 받는 수용장소의 인입구
- 가공전선로와 지중전선로가 접속되는 곳

10 태양광발전시스템의 시공 중 감전 사고를 예방할 수 있는 조치사항에 대하여 3가지만 쓰시오.

-
-
-

정답

- 절연장갑을 착용한다.
- 절연처리 공구를 사용한다.
- 작업 전 태양전지 모듈 표면에 차광막을 씌워 태양광을 차폐하고 작업을 한다.

해설

우천 시에도 전기가 발생되므로 우천 시에는 반드시 작업을 금지한다.

11 태양광발전시스템의 모니터링 프로그램 기능을 3가지만 쓰시오.

정답

- 데이터 수집기능
- 데이터 저장기능
- 데이터 분석(통계)기능

해설

태양광발전 모니터링 시스템

발전소의 현재 발전량 및 누적량, 각 장비별 경보현황 등을 실시간 모니터링하여 체계적이고 효율적으로 관리하기 위한 시스템이다.

12 태양광발전의 특징을 4가지만 쓰시오.

정답

- 연료비가 들지 않는다.
- 수명이 길다(20년 이상).
- 소음이나 진동이 없다.
- 유지비용이 거의 들지 않는다.
- 햇빛이 있는 곳에서는 어디든 설치 가능하다.

해설

태양광발전은 신재생에너지 대부분이 그러하듯 연료비가 거의 들지 않고, 공해(이산화탄소)나 폐기물 발생이 없다는 것이 장점이다. 또한 기계적인 소음이나 진동이 없고, 수명도 20년 이상으로 길어 유지보수도 용이하다. 반면 단점은 일사량에 따라 발전량에 차이가 있고, 넓은 설치면적을 필요로 한다는 점과 초기 투자비 및 발전단가가 높다는 것이다.

13 태양전지 어레이의 각 스트링 개방전압 측정순서를 올바르게 기호(①~④)로 나열하시오.

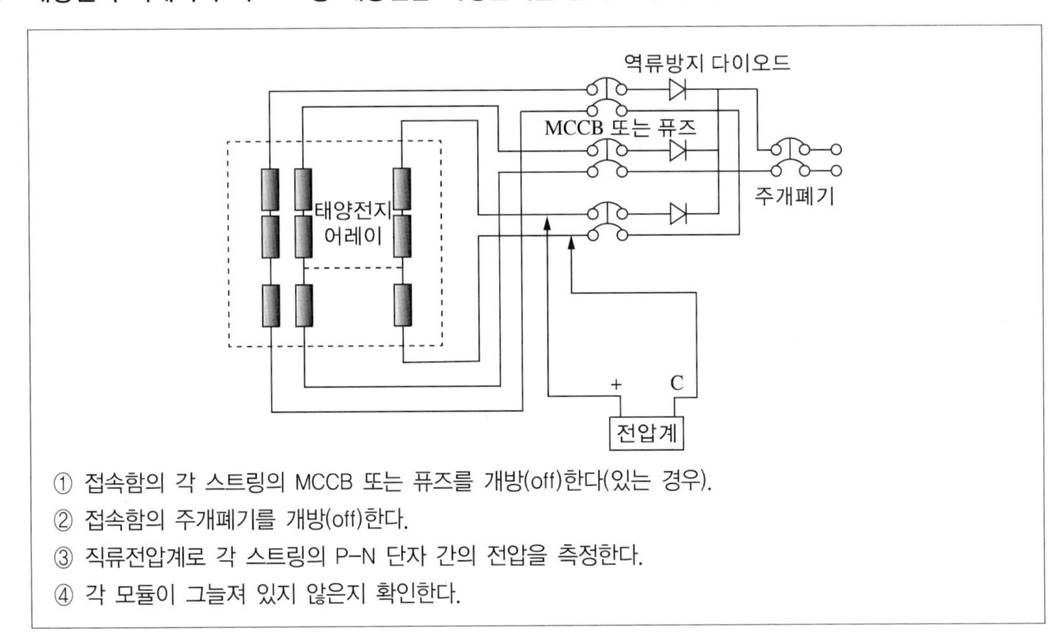

① 접속함의 각 스트링의 MCCB 또는 퓨즈를 개방(off)한다(있는 경우).

② 접속함의 주개폐기를 개방(off)한다.

③ 직류전압계로 각 스트링의 P–N 단자 간의 전압을 측정한다.

④ 각 모듈이 그늘져 있지 않은지 확인한다.

정답

② → ① → ④ → ③

해설

주개폐기 개방 → 스트링 MCCB 또는 퓨즈 개방 → 측정 및 확인 → 스트링 MCCB 또는 퓨즈 투입(연결) → 주개폐기 투입

14 태양전지 어레이에서 인버터 입력단 간 및 인버터 출력단과 계통연계점 간의 전압강하는 몇 [%]를 초과하지 않아야 하는지 쓰시오(단, 전선길이는 100[m]이다).

정답

5[%]

해설

전선길이에 따른 전압강하 허용치

전선길이	전압강하
60[m] 이하	3[%]
120[m] 이하	5[%]
200[m] 이하	6[%]
200[m] 초과	7[%]

15 태양광발전설비의 수전계통에 사용되는 기기이다. 다음에서 설명하는 역할의 명칭을 쓰시오.

① 수전계통의 높은 전압을 계기에서 수용 가능한 전압으로 변압한다.
② 수전계통의 큰 전류를 계기에서 수용 가능한 전류로 낮추어 준다.
③ 지락 시 발생하는 영상전류를 검출한다.
④ 전력설비의 기기를 낙뢰로 인한 이상전압으로부터 보호하는 장치이다.
⑤ 수전계통에서 발생되는 순간정전이나 단락사고 등에 의한 전압강하로 저전압이 검출되었을 때 동작되는 계전기이다.
⑥ 저압 배전반, 분전반에서 전로의 보호를 위하여 사용되며, 과부하, 단락 사고 시 자동으로 전로를 차단하는 기기이다.

①	②
③	④
⑤	⑥

정답

① PT(계기용 변압기)
② CT(계기용 변류기)
③ ZCT(영상 변류기)
④ LA(피뢰기)
⑤ UVR(부족전압 계전기)
⑥ MCCB(배선용 차단기)

해설

종 류	역 할	설치 위치
책임분계점	한전과 발전사업자 간의 책임분계	COS 2차 측
부하개폐기(LBS)	부하전류 개폐	특고압반
전력 퓨즈	사고전류 차단, 후비보호	
피뢰기	개폐 시 이상전압, 낙뢰로부터 보호	
계기용 변성기	계기용 변류기(CT)와 계기용 변압기(PT)를 한 철제상자에 넣음	
진공 차단기	진공을 매질로 적용한 차단기, 계통사고 차단 및 부하 시 개폐	
역송전용 특수계기	계통연계 시 역송전 전력의 계측을 위한 전력량계, 무효전력량계 등	
기중차단기	공기 중에 아크를 소호하는 차단기(1,000[V] 이하 사용)	저압반
몰드 변압기	에폭시수지로 권선부분을 절연한 변압기 (380/220[V] 저압을 22.9[kV] 특고압 승압)	TR반
배선용 차단기	과전류 및 사고전류 차단	저압반, 배전반, 분전반
계기용 변압기	계기에서 수용 가능한 전압으로 변압	특고압, 저압반
계기용 변류기	계기에서 수용 가능한 전류로 변류	
영상 변류기	지락 시 발생하는 영상 전류를 검출	
보호계전기류		
UVR(27)	부족전압 계전기	
OVR(59 직류45)	과전압 계전기	
OCR	과전류 계전기(G : 지락, N : 중성선)	
SR	선택 계전기(G : 지락, S : 단락)	
UFR	과주파수 계전기, 부족주파수 계전기	
DR	전륜차동 계전기(변압기 보호)	

16 태양광발전시스템의 시공절차는 지반공사 및 구조물시공 → 반입자재 검수 → 태양광기기설치공사 → 전기 배선공사 → 점검 및 검사로 나눌 수 있는데, 태양광발전시스템에서의 전기 배선공사 종류를 4가지 쓰시오.

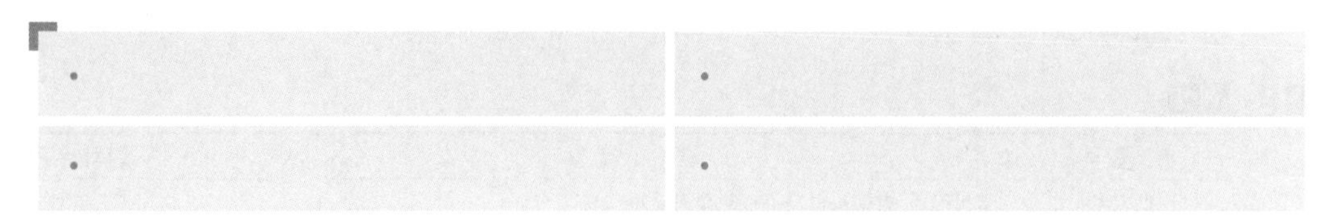

정답

- 태양전지 모듈 간 배선공사
- 어레이와 접속함의 배선공사
- 인버터와 접속함의 배선공사
- 인버터와 분전반 간 배선공사

해설

시공절차의 주요공사별 구분

구 분	세부 시공절차
토목공사	• 지반공사 및 구조물 공사 • 접지공사
자재검수	• 승인된 자재 반입 및 검수 • 필요시 공장검수 실시
기기설치공사	• 어레이 설치공사 • 접속함 설치공사 • 파워컨디셔너(PCS) 설치공사 • 분전반 설치공사
전기배관배선공사	• 태양전지 모듈 간 배선공사 • 어레이와 접속함의 배선공사 • 접속함과 파워컨디셔너(PCS) 간 배선공사 • 파워컨디셔너(PCS)와 분전반 간 배선공사
점검 및 검사	• 어레이 검사 • 어레이의 출력 확인 • 절연저항 측정 • 접지저항 측정

17 태양광발전시스템의 모선 접속 부분은 지정된 재료와 부품을 정확히 사용하여 조임하여야 한다. 모선 접속 부분을 볼트 조임하는 경우 조임방법에 대한 유의사항 3가지를 쓰시오.

정답

• 토크 렌치를 사용하여 규정된 힘으로 조여 준다.
• 조임은 너트를 돌려서 조인다.
• 2개 이상의 볼트를 사용하는 경우는 모든 곳을 같은 힘으로 조인다.

18 그림과 같은 태양광발전시스템의 명칭과 특징에 대하여 설명하시오.

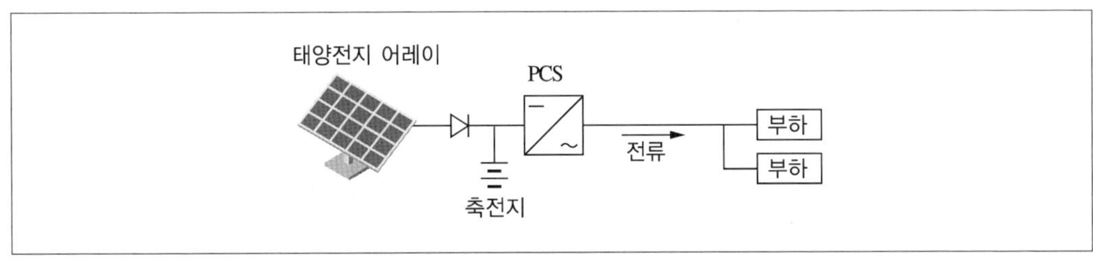

• 명칭 :

• 특징 :

정답

• 명칭 : 독립형 태양광발전시스템
• 특징 : 전력계통에 연결되지 않는 시스템으로 도서나 산간지역에 설치된다. 규모가 작고, 축전지가 설치된다.

19 태양광발전설비에서 인버터의 절연저항을 측정하는 순서를 차례대로 나열하시오.

① 직류 측의 모든 입력단자 및 교류 측의 전체 출력단자를 각각 단락
② 직류단자와 대지 간의 절연저항 측정 및 판단
③ 태양전지 회로를 접속함에서 분리
④ 분전반 내의 분기 차단기를 개방

측정순서 : (　　) − (　　) − (　　) − (　　)

정답

③ − ④ − ① − ②

해설

출력회로 측정방법

인버터의 입출력단자 단락 후 출력단자와 대지 간 절연저항을 측정한다(분전반까지의 전로를 포함하여 절연저항 측정 · 절연변압기 측정).

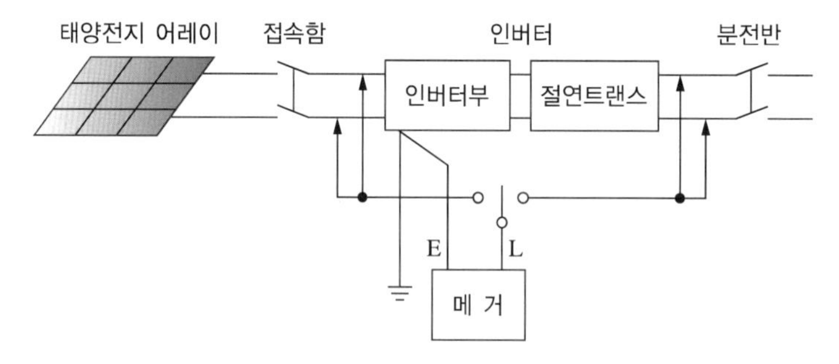

20 태양광발전설비에서 구조물을 시공하기 위한 이격거리 계산 시 고려사항을 4가지를 쓰시오.

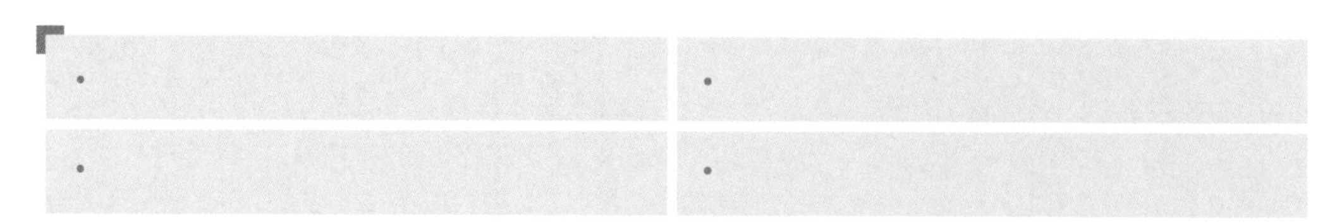

정답

• 전체설치 가능면적(토지면적)
• 어레이의 길이
• 동지 시 태양의 고도
• 어레이 1개 면적(넓이)
• 위 도

부록 실전모의고사

제 10 회 실전모의고사

※ 예상 답안입니다. 출제자의 의도에 따라 답이 다를 수도 있습니다.

01 1일 전력 소비량이 2,500[Wh]이고 손실률이 20[%]인 전력공급시스템에서 실제적으로 감당해야 할 1일 부하량은 몇 [kWh]인지 구하시오.

정답

3[kWh]

해설

전력공급시스템에서 감당해야 할 1일 부하량 = 1일 전력소비량 × (1 + 손실율)

$= 2,500 \times (1 + 0.2)$

$= 3,000$

$\therefore\ 3,000[Wh] \times 10^{-3} = 3[kWh]$

02 태양광발전시스템의 운전상태와 발전량, 시스템 평가 등을 위하여 계측장치 및 표시장치를 사용하고 있다. 계측장치 및 표시장치의 사용목적을 2가지 쓰시오.

-
-

정답

- 시스템 운전상태의 감시
- 시스템 발전전력량 파악
- 시스템 종합평가를 위한 계측
- 견학자에게 보여주는 홍보를 위함

03 태양광발전시스템을 설치한 후 주위환경(외부환경)에 의하여 발전량이 감소될 수 있다. 발전량의 감소 요인 2가지를 쓰시오.

•	•

정답

- 음영 발생
- 모듈표면의 이물, 오염
- 공해, 오염, 염해

04 피뢰기가 구비해야 할 조건 2가지를 쓰시오.

-
-

정답

- 충격파 방전개시전압이 낮을 것
- 방전내량이 크고 제한전압이 낮을 것
- 속류차단능력이 클 것
- 상용주파 방전개시전압이 높을 것

05 그림은 태양광발전시스템에 사용되는 기기의 그림기호이다. 각각의 명칭을 답란에 쓰시오.

그림기호	⊠	◪	⧓
명 칭	(①)	(②)	(③)

①

②

③

정답

① 배전반
② 분전반
③ 제어반

06 태양광발전시스템에서 특정한 온도와 일조 강도에서 부하를 연결하지 않은 상태에서 태양광발전장치 양단에 걸리는 전압을 측정하는 것을 무엇이라 하는지 쓰고, 이와 같은 전압을 측정하는 목적을 쓰시오.

- 명칭 :
- 측정목적 :

정답

- 명칭 : 개방전압측정
- 측정목적
  - 태양전지 모듈의 동작불량 측정
  - 태양전지 모듈의 검출 및 직렬 접속선의 결선누락 및 오결선 등을 확인

07 태양광발전설비의 운영 시 발전설비의 점검과 유지보수를 위하여 발전시스템 도면과 함께 갖추어야 하는 계측기(계측장비)의 종류 3가지를 쓰시오.

정답

- 직류전압계
- 직류전류계
- 메 거

해설

추가 계측기

접지저항계, 오실로스코프, 멀티테스터, 열화상카메라, 전력품질 분석계, 클램프 미터, 일사량계

08 태양광발전시스템의 운영조작방법 중 정전 시 조작방법을 골라 순서대로 기호를 쓰시오.

① 주차단기(Main VCB)반 전압 확인 및 계전기를 확인하여 정전 여부 확인, 버저 OFF
② 인버터 DC 전압 확인 후 운전 시 조작방법에 의해 재시동
③ 태양광 인버터 상태 확인(정지)
④ 인입 계통전원의 복구 여부 확인

정답

① → ③ → ④ → ②

해설

정전 시 조작방법

- 계통 측 정전 시 태양광발전설비에서 생산된 전력이 배전선로로 역송되지 않도록 태양광발전설비 단독운전 기능의 정상동작 유무(0.5초 내 정지, 5분 이후 재투입)를 확인한다.
- 정전 시 확인 사항
  1. 메인 제어반의 전압 확인 및 계전기를 확인하여 정전 여부를 우선 확인
  2. 태양광 인버터 상태 정지 확인
  3. 한전 전원 복구 여부 확인 후 운전 시 조작 방법에 의해 재시동

09 태양전지가 직렬로 접속되어 각각의 출력이 그림과 같을 경우 총발전량을 구하시오.

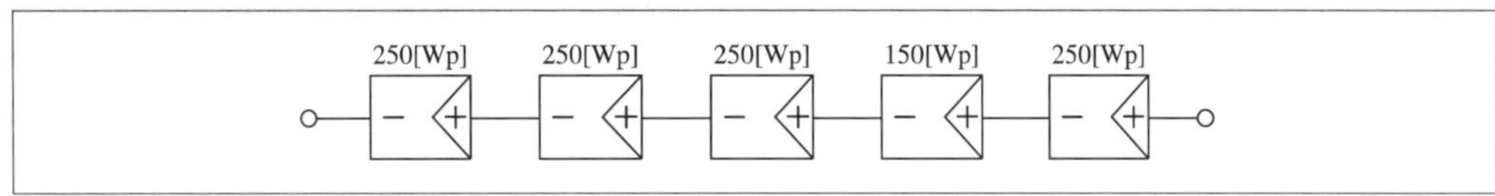

정답

750[Wp]

해설

- 150 × 5 = 750[Wp]
- 직렬연결 시 총발전량 = 직렬 태양전지 중의 최소발전모듈의 발전량 × 직렬개수
- 병렬연결 시 총발전량 = 전체 태양전지의 발전량의 합계

10 고압 이상 수전설비의 개폐기 및 차단기 조작은 책임자의 승인을 받아 담당자가 조작순서에 의해 조작하여야 한다. 투입순서 및 차단순서를 답란에 기호로 쓰시오.

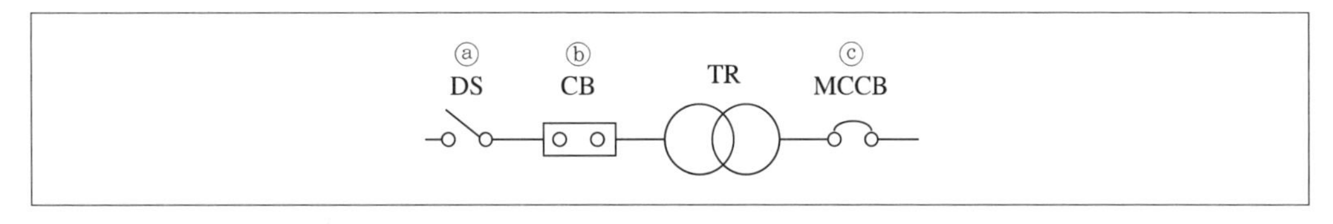

- 차단순서 :
- 투입순서 :

정답

- 차단순서 : ⓒ → ⓑ → ⓐ
- 투입순서 : ⓐ → ⓑ → ⓒ

해설

차단은 부하(저압) 측부터 차례로, 투입은 반대로 고압 측부터 차례로

11 **다음은 태양광발전설비의 인버터 시공기준과 관련된 사항이다. ①~⑤의 알맞은 내용을 답란에 쓰시오.**

> • 설치상태
> 실내·실외용을 구분하여 설치하여야 한다. 다만, 실내용을 실외에 설치하는 경우는 (①)[kW] 이상 용량일 경우에만 가능하며, 이 경우 빗물 침투를 방지할 수 있도록 옥내에 준하는 수준으로 외함 등을 설치하여야 한다.
> • 설치용량
> 사업계획서 상의 인버터 설계용량 이상이어야 하고, 인버터에 연결된 모듈의 설치용량은 인버터의 설치용량 (②)[%] 이내이어야 한다. 다만, 각 직렬군의 태양전지 (③)은 인버터 입력전압 범위 안에 있어야 한다.
> • 표시사항
> 입력단(모듈 출력) 전압, (④), 전력과 출력단(인버터 출력)의 전압, (④), 전력, (⑤), 누적발전량, 최대출력량(peak)이 표시되어야 한다.

①	②
③	④
⑤	

정답

① 5
② 105
③ 개방전압
④ 전 류
⑤ 주파수

12 **태양광발전시스템에서 사용되는 피뢰대책용 부품 2가지를 쓰시오.**

정답

• 서지보호장치(SPD)
• 내뢰 트랜스
• 서지어레스터
• 서지업소버

13 설계도서 · 법령해석 · 감리자의 지시 등이 서로 일치하지 아니하는 경우에 있어 계약으로 그 적용의 우선순위를 정하지 아니한 때에 설계도서 해석의 우선순위를 [보기]에서 골라 순서대로 기호를 쓰시오.

보기		
① 설계도면	② 산출내역서	③ 공사시방서

정답

③ → ① → ②

해설

설계도서 작성기준 해석 우선순위

1. 공사시방서
2. 설계도면
3. 전문시방서
4. 표준시방서
5. 산출내역서

14 태양광발전시스템의 방화구획 관통부를 충전재, 내열실재 등으로 처리하는 목적을 설명하시오.

정답

화재확산 및 유독가스의 유입방지

15 역송전이 있는 계통연계시스템에서 전력회사로 판매한 전력요금을 산출하기 위한 적산전력량계를 수요전력 계량용과 함께 접속하려 한다. 결선도를 완성하시오(단, 연계 전원방식은 단상 2선식이다).

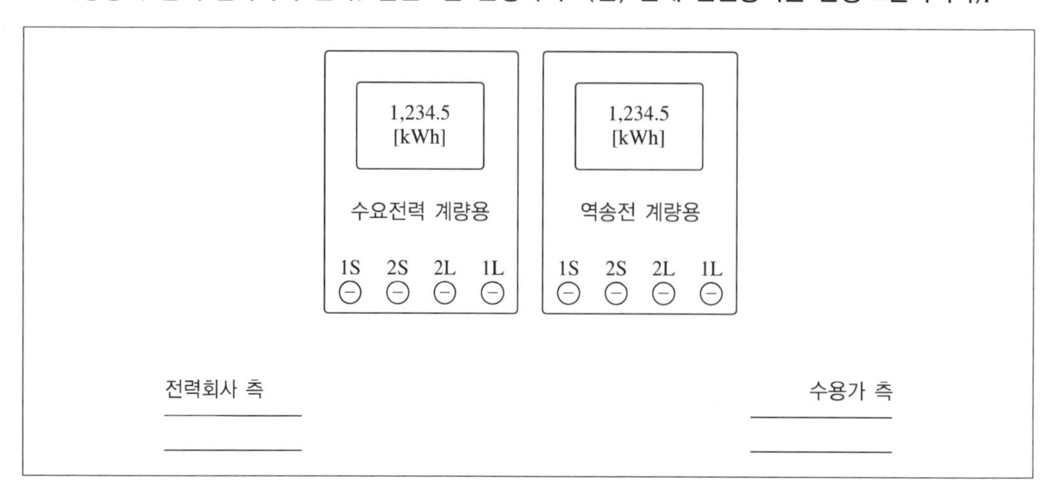

정답

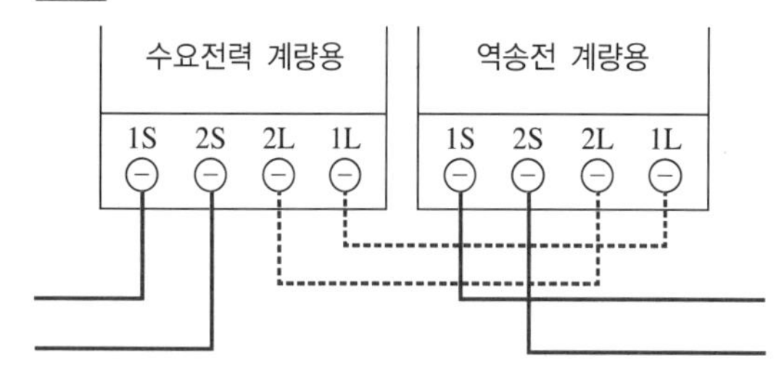

해설

- S(Source) : 계량 전원 측
- L(Load) : 부하 측

16 기기의 접속단자에 전력 케이블을 터미널로 압착하여 볼트, 너트로 조임 시공을 하려 한다. 케이블 단자 접속과 관련한 조임 시의 유의사항을 2가지 쓰시오.

정답

- 토크 렌치를 사용하여 규정된 힘(토크)으로 조일 것
- 조임은 너트를 돌려서 조일 것

17 그림과 같이 축전지가 접속되어 있을 때 A와 B 사이의 축전지 용량[Ah]과 단자전압[V]을 구하시오.

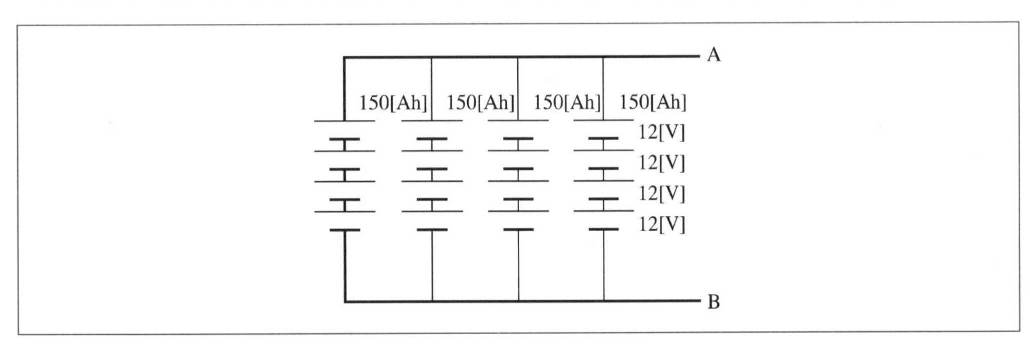

- 축전지 용량 :
- 단자 전압 :

정답

- 축전지 용량 : $150 \times 4 = 600$[Ah]
- 단자 전압 : $12 \times 4 = 48$[V]

18 전기설비의 접지 목적을 2가지만 쓰시오.

•

•

정답

• 뇌격전류나 고장전류에 대한 기기보호
• 국부적인 전위상승에 따른 인축의 감전사고 방지
• 1선 지락 시 전위상승 억제 및 보호계전기의 동작신뢰성 확보

해설

• 계통접지 : 전력계통의 이상현상에 대비하여 대지와 계통을 접속
• 보호접지 : 감전보호를 목적으로 기기의 한 점 이상을 접지
• 피뢰시스템접지 : 뇌격전류를 안전하게 대지로 방류하기 위한 접지

19 태양광발전시스템의 모든 구조물과 연결 철물은 염해로부터 부식이 되지 않도록 어떤 도금처리를 하여야 하는지 쓰시오.

정답

용융아연도금처리

20 그림과 같이 태양전지 셀의 표면에 낙엽이나, 구름, 황사먼지 등으로 인한 음영이 발생될 경우 해당 셀은 발전량의 저하와 큰 저항값을 가지게 되므로 직렬로 연결된 태양전지 셀의 모든 전압이 인가되어 발열하게 된다. 이와 같은 현상에 대한 다음 각 물음에 답하시오.

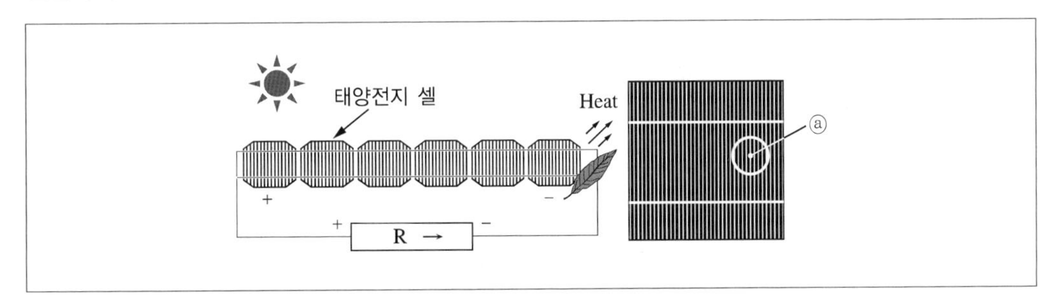

(1) 음영에 의하여 ⓐ 부분과 같이 태양전지 셀의 국부적으로 심하게 과열되는 현상을 무엇이라 하는지 쓰시오.

(2) 위의 문제 (1)과 같이 태양전지 셀이 과열되는 것을 방지하기 위해 무엇을 설치하여야 하는지 쓰시오.

정답

(1) 열점현상

(2) 바이패스 다이오드

부록 실전모의고사

제 11 회 실전모의고사

※ 예상 답안입니다. 출제자의 의도에 따라 답이 다를 수도 있습니다.

01 태양광발전시스템의 구조물 설치공사 순서이다. 다음 ( ) 안에 들어갈 내용을 답란에 쓰시오.

어레이 기초공사 → (①) → (②) → (③) → 검 사

①	②
③	

정답

① 어레이(모듈) 설치공사
② 인버터 설치공사
③ 배선공사

해설

태양광발전시스템의 시공절차 : 지반공사 및 구조물시공 → 반입자재 검수 → 태양광기기 설치공사 → 전기배선공사 → 점검 및 검사

여기서 태양광기기 설치공사는 어레이, 접속함, 인버터, 분전반 등을 설치한다. 주요 공사로 어레이 설치공사와 인버터 설치공사 크게 두 가지로 나눌 수 있다.

02 다음 그림은 지붕 위에 설치한 태양전지 어레이로부터 접속함에 이르는 배선을 나타낸 것이다. 다음 각 물음에 답하시오.

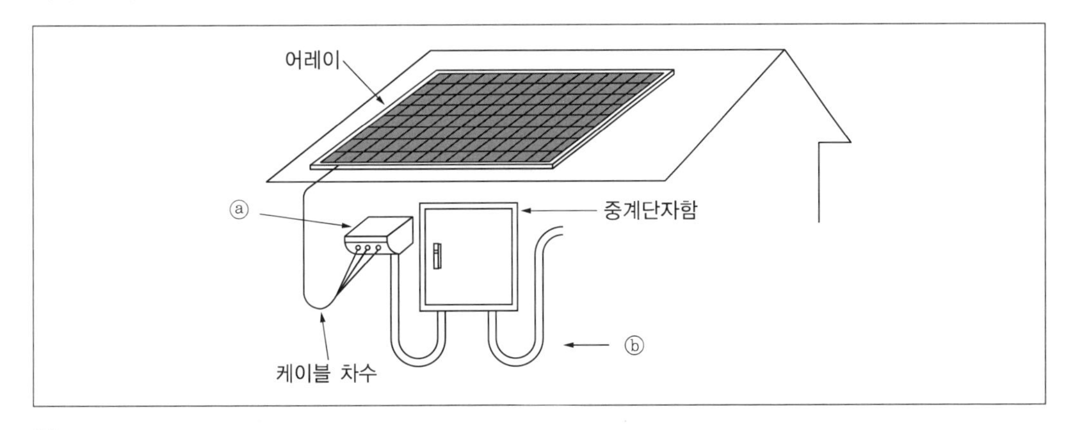

(1) 그림 ⓐ와 같이 인입구 및 인출구 관 끝에 설치하며, 금속관에 접속하여 옥외의 빗물을 막아주는 데 사용하는 재료 명칭을 쓰시오.

(2) 그림 ⓑ와 같은 전선관의 굴곡반경은 어떻게 시공하여야 하는지 쓰시오.

(3) 전선관의 굵기는 전선피복을 포함한 단면적의 총합계가 관 내 단면적의 몇 [%] 이하가 되도록 선정하여야 하는지 쓰시오(단, 전선의 굵기는 동일하다).

정답

(1) 엔트런스 캡
(2) 굴곡반경은 관 내경의 6배 이상으로, 찌그러짐이 없어야 한다.
(3) 관 내 단면적의 48[%] 이하

해설

- 엔트런스 캡 : 관로의 인입구에 설치하여 빗물의 유입을 방지한다.
- 굵기가 다른 케이블의 경우 전선관의 굵기는 전선피복을 포함한 단면적의 총합계가 32[%] 이하를 원칙으로 한다.

03 태양광발전시스템 시공 시 안전 확보 및 추락방지를 위해 갖추어야 할 안전보호 장구를 3가지만 쓰시오.

정답

- 안전모
- 안전대
- 안전화

해설

안전보호 장구

- 안전모 : 낙하물로부터의 보호
- 안전대 : 추락방지
- 안전화 : 중량물에 의한 발 보호 및 미끄럼방지
- 안전허리띠 : 공구, 공사 부재 낙하 방지

04 다음 전선의 약호에 따른 한글 명칭을 쓰시오.

- NRV :
- MI :
- NEV :

정답

- NRV : 고무절연 비닐시스 네온전선
- MI : 미네랄 인슈레이션 케이블
- NEV : 폴리에틸렌 절연 비닐시스 네온전선

해설

전선의 약호

- E : 폴리에틸렌
- F : Flexible 유연성, Halogen Free, Flame Retarded 저독성, 난연
- I : 합금, 기기 배선용
- N : 네온전선, 단심 비닐 절연전선
- R : 고무
- V : 비닐

05 그림과 같이 태양전지 셀의 표면에 낙엽이나, 구름, 황사먼지 등으로 인한 음영이 발생될 경우 해당 셀은 발전량의 저하와 큰 저항값을 가지게 되므로 직렬로 연결된 태양전지 셀의 모든 전압이 인가되어 발열하게 된다. 이와 같은 현상에 대한 다음 각 물음에 답하시오.

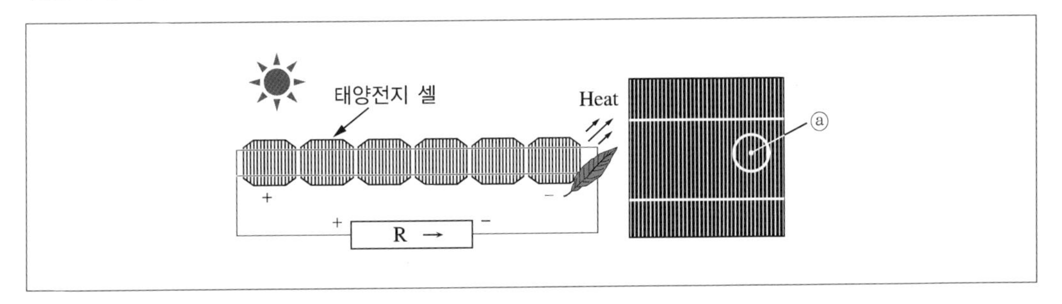

(1) 음영에 의하여 ⓐ 부분과 같이 태양전지 셀의 국부적으로 심하게 과열되는 현상을 무엇이라 하는지 쓰시오.

(2) 위의 문제 (1)과 같이 태양전지 셀이 과열되는 것을 방지하기 위해 무엇을 설치하여야 하는지 쓰시오.

정답

(1) 열점현상

(2) 바이패스 다이오드

06 자가용전기설비의 정기검사 항목 중 태양광 발전설비의 태양전지에 대한 전지 전기적 특성시험의 검사항목을 3가지만 쓰시오.

정답

- 최대출력($P_{\max}$)
- 개방전압(V_{oc})
- 단락전류(I_{sc})
- 최대출력 동작전압, 전류
- 충진율(F.F)
- 전력변환효율

해설

태양전지 모듈의 $I-V$ 특성곡선

태양전지 모듈에 입사된 빛 에너지를 전기적 에너지로 변환하는 출력특성을 태양전지 전류 전압 특성곡선이라 한다.

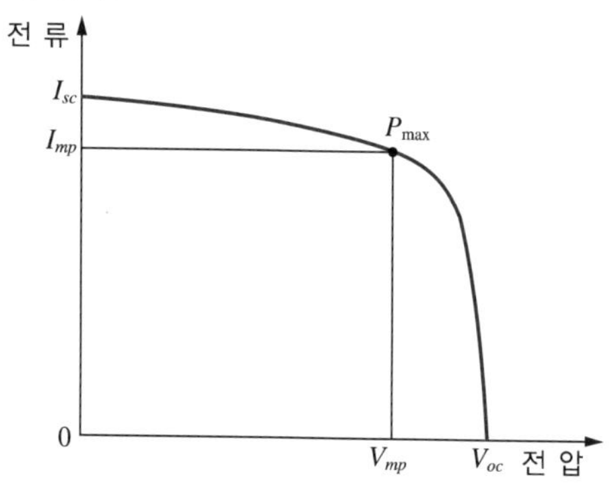

충진율(F.F, 곡선인자) : Fill Factor 약어로서 개방전압과 단락전류의 곱에 대한 최대출력(최대출력전압과 최대출력전류)의 곱한 값의 비율로 통상 0.7~0.8이다.

07 태양광발전시스템의 설계도면과 시방서상의 상이점이 발생할 경우 그 적용의 우선순위를 답란에 쓰시오(단, 계약서나 입찰안내서 또는 입찰유의서에 별도 명시가 없을 경우이다).

상이한 종류	우선순위
설계도면과 공사시방서가 상이할 경우	①
표준시방서와 전문시방서가 상이할 경우	②
승인된 상세시공도면과 산출내역서가 상이할 경우	③

정답

① 공사시방서
② 전문시방서
③ 산출내역서

해설

설계도서 해석의 우선순위

1. 공사시방서
2. 설계도면
3. 전문시방서
4. 표준시방서
5. 산출내역서
6. 승인된 상세시공도면
7. 관계법령의 유권해석
8. 감리자의 지시사항

08 다음 그림은 태양광발전의 계측 · 표시 시스템의 구성도이다. ①에 들어갈 내용을 쓰시오.

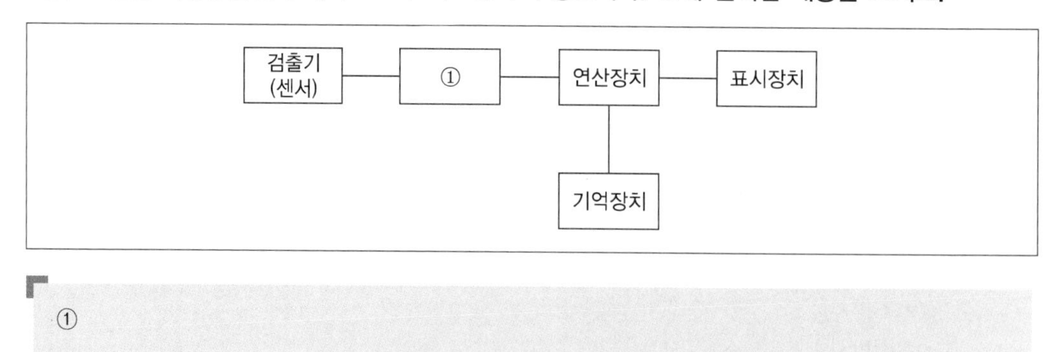

①

정답

신호변환기(트랜스듀서)

해설

• 계측 · 표시시스템에는 검출기(센서), 신호변환기(트랜스듀서), 연산장치, 기억장치, 표시장치 등이 있다.
• 신호변환기(트랜스듀서)는 검출기로 검출된 데이터를 컴퓨터 및 먼 거리에 설치된 표시장치에 전송하는 경우에 사용한다.

09 설치, 점검 및 유지보수 시 사용하는 안전장비에 대한 보관요령을 3가지만 쓰시오.

정답

• 한 달에 한 번 이상 책임이 있는 감독자가 점검할 것
• 검사장비 및 측정 장비는 습기에 약하므로 건조한 곳에 보관할 것
• 사용 후에는 손질하여 항상 깨끗이 보관할 것

10 태양광발전시스템의 유지보수 계획 시 점검의 내용 및 주기를 결정하기 위한 고려사항을 3가지만 쓰시오.

-
-
-

정답

- 설비의 중요도
- 설비의 사용기간
- 환경조건
- 고장이력
- 부하상태

11 다음과 같은 조건일 때 태양광발전시스템의 발전용량은 몇 [kW]인지 구하시오.

- 모듈의 최대출력 : 330[Wp]
- 직렬 회로수 : 18개
- 병렬 회로수 : 24개

- 계산과정 :
- 답 :

정답

- 계산과정 : 발전용량 = 모듈의 최대출력 × 직렬 회로수 × 병렬 회로수
  = 330 × 18 × 24
  = 142,560[W]
  = 142.56[kW]
- 답 : 142.56[kW]

12 그림은 태양광발전 모듈을 고정 프레임에 고정하는 방법을 나타낸 것이다. ①~③의 부품 명칭을 답란에 쓰시오.

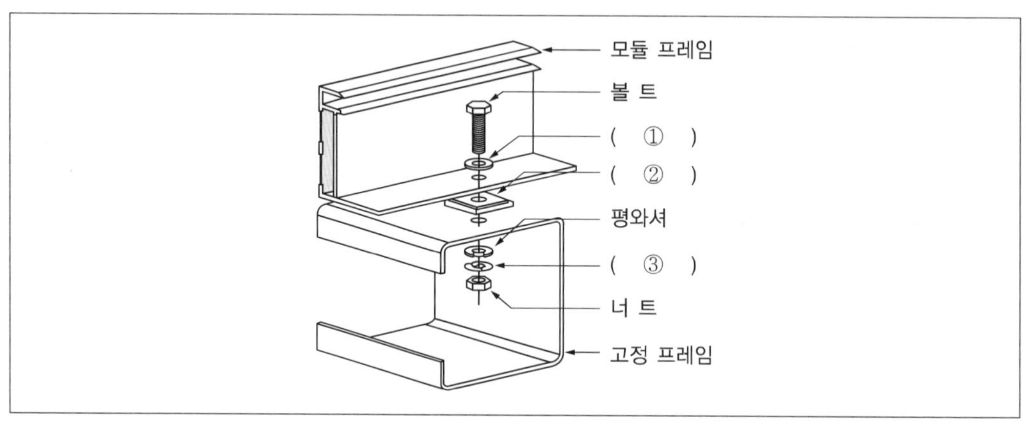

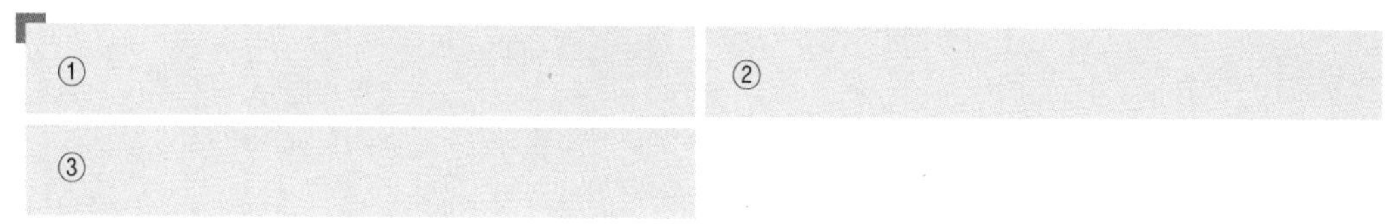

정답

① 평와셔
② 개스킷
③ 스프링와셔

13 다음 그림은 저압수용가의 단선도 일부이다. 기호에 해당하는 각 부의 명칭을 쓰시오(단, S는 개폐기를 의미한다).

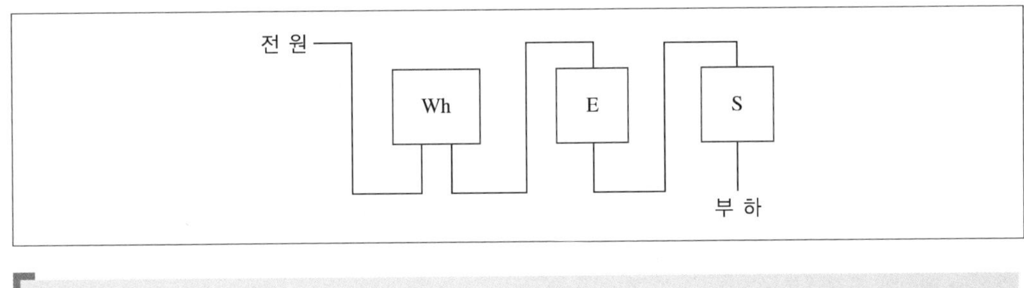

정답

• Wh : 전력량계(적산전력량계)
• E : 누전차단기(ELB)

14 진공차단기의 장점을 3가지만 쓰시오.

정답

• 차단성능이 우수하고, 차단시간이 짧다.
• 수명이 길다.
• 소형 경량이다.
• 완전밀봉형으로 안전하고 소음이 적다.
• 기름이 사용되지 않아 화재에 대한 안정성이 우수하다.

해설

• 차단기는 개폐 장치의 한 종류이며, 통상적인 부하를 개폐할 뿐만 아니라 이상 발생 시 신속히 회로를 차단하여 사고의 확산을 방지하고 전기기기를 보호하는 역할을 한다.
• 차단기의 종류 : 유입차단기(OCB), 진공차단기(VCB), 가스차단기(GCB), 공기차단기(ABB), 기중차단기(ACB)가 있다.

15 태양광발전용 인버터에 대한 육안점검 사항을 2가지만 쓰시오.

•

•

정답

• 외함의 부식 및 파손
• 외부배선의 손상 및 단자 이완
• 배선의 극성 확인
• 접지단자의 접속 및 접지선 확인
• 외함의 취부 상태

해설

점검항목		점검요령
육안점검	외함의 부식 및 파손	부식 및 파손이 없을 것
	외함의 취부 상태	견고하게 고정되어 있을 것
	배선의 극성	P는 태양전지(+), N은 태양전지(−)
	단자대 나사의 풀림	나사의 풀림이 없을 것
	접지단자와의 접속	접지봉 및 인버터 접지단자와 접속

16 태양광발전용 접속함의 주요 구성요소를 5가지만 쓰시오.

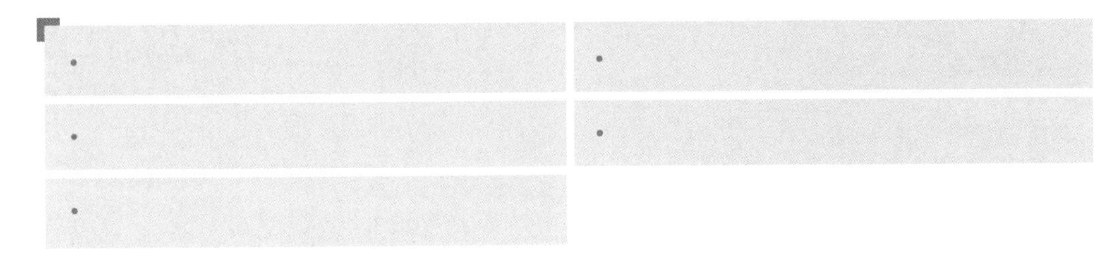

정답

- 어레이 측 개폐기
- 출력 개폐기
- 출력용 단자대
- 역류방지 소자
- 신호변환기(TD)
- 서지보호장치(SPD)
- 감시용 DCCT, DCPT

해설

- 단자대 : 태양전지 모듈로부터 직류전원을 공급받기 위해 설치된다.
- 차단기 : 입력부의 전원을 차단할 수 있는 용량으로 설치되어야 한다.
- Fuse : 태양전지 모듈로부터 과도한 전류의 흐름에 대해 보호기능을 갖는다.
- 역류방지 다이오드 : 태양전지에 역전류 방지를 위하여 설치된다.
- 신호변환기 : 일사량계, 온도계의 신호를 인버터에 공급 시 신호를 변환하는 장치이다.
- 서지보호장치(SPD) : 낙뢰에 대해 보호하기 위해 설치된다.

17 태양광발전시스템에서 축전지가 부착된 계통연계 시스템의 종류를 3가지만 쓰시오.

정답

- 방재 대응형
- 부하 평준화 대응형
- 계통안정화 대응형

해설

계통연계 시스템용 축전지

- 방재 대응형 : 재해 시 인버터를 자립운전으로 전환하고 특정 재해 대응 부하로 전력을 공급한다.
- 부하 평준화 대응형(Peak Shift형, 야간전력 저장형) : 전력요금의 절감, 전력회사는 피크전력 대응의 설비투자를 절감할 수 있는 큰 장점이 있다.
- 계통안정화 대응형 : 기후가 급변할 때나 계통부하가 급변할 때 축전지를 방전하고, 태양전지 출력이 증대하여 계통전압이 상승하도록 할 때는 축전지를 충전하여 역전류를 줄이고 전압의 상승을 방지하는 역할을 한다.

18 태양광발전용 접속함에 대한 육안점검 사항을 3가지만 쓰시오.

정답

- 외함의 부식 및 파손
- 방수처리 상태
- 배선의 극성 점검
- 단자대 나사의 풀림 상태

해설

점검항목		점검요령
육안점검	외함의 부식 및 파손	부식 및 파손이 없을 것
	방수처리	전선 인입구가 실리콘 등으로 방수처리
	배선의 극성	태양전지에서 배선의 극성이 바뀌어 있지 않을 것
	단자대 나사의 풀림	확실하게 취부되고 나사의 풀림이 없을 것

19 용량 50[Ah]의 납축전지는 5[A]의 전류로 몇 시간 사용할 수 있는지 쓰시오.

• 계산과정 :

• 답 :

정답

• 계산과정 : $\text{사용시간} = \frac{\text{정격용량}}{\text{방전전류}} = \frac{50[\text{Ah}]}{5[\text{A}]} = 10[\text{h}]$

• 답 : 10시간

20 유지관리비의 구성요소를 2가지만 쓰시오.

•

•

정답

• 인건비(시설관리)
• 수선비(수리 및 교체)
• 제세공과금(세금, 보험료)

해설

유지관리비란 토지 · 건물 · 설비 등의 고정자산 기능을 유지하고 관리하기 위해서 필요한 수선 · 교체 등의 경비로서 구체적으로는 수선비 및 재산세 등이 이것에 속한다.

제 12 회

부록 실전모의고사

실전모의고사

※ 예상 답안입니다. 출제자의 의도에 따라 답이 다를 수도 있습니다.

01 태양광발전시스템의 시공에 있어서 감전사고의 방지방법을 3가지만 쓰시오.

•

•

•

정답

- 모듈에 차광막을 씌워 태양광을 차폐한다.
- 절연장갑을 착용한다.
- 절연공구를 사용한다.
- 강우 시에는 작업을 금지한다.

02 태양광발전 어레이(모듈)의 개방전압 측정 시 유의사항을 3가지만 쓰시오.

•

•

•

정답

- 태양전지 어레이의 표면을 청소할 필요가 있다.
- 각 스트링의 측정은 안정된 일사강도가 얻어질 때 실시한다.
- 측정시각은 일사강도, 온도의 변동을 극히 적게 하기 위해 맑은 날 남쪽에 있을 때, 전후 1시간에 걸쳐 실시하는 것이 바람직하다.
- 태양전지 셀은 비오는 날에도 미소한 전압을 발생하고 있으므로 매우 주의하여 측정해야 한다.

03 용융아연도금의 특징을 3가지만 쓰시오.

정답

- 내식성, 방식성이 우수하다.
- 다양한 제품생산이 가능하다.
- 밀착성이 뛰어나다.
- 구석진 곳까지 도금이 가능하다.
- 물성의 변화가 없다.

해설

용융아연도금방식은 철강재의 부식을 방지하기 위한 표면도장에는 여러 종류의 방법이 있으나 비용이 가장 저렴하면서 방식수명이 길고 또한 충분한 방식효과를 가지는 것이 이상적이다.

04 태양광발전소 현장시험 및 검사의 세부내용 중 절연저항 측정 개소를 2가지만 쓰시오.

정답

- 태양전지 어레이
- 인버터
- 접속함

05 안전장비의 정기점검, 관리 및 보관 요령을 2가지만 쓰시오.

•

•

정답

- 한 달에 한 번 이상 책임이 있는 감독자가 점검할 것
- 검사장비 및 측정 장비는 습기에 약하므로 건조한 곳에 보관할 것
- 사용 후에는 손질하여 항상 깨끗이 보관할 것

06 케이블의 단말처리에 사용되는 테이프의 종류를 2가지만 쓰시오.

•　　　　•

정답

- 자기융착 절연테이프
- 보호테이프

해설

케이블 단말처리

- XLPE케이블은 내후성이 약해 비닐시스가 벗겨져 절연체가 노출된 채로 장기간 사용하면 절연불량을 야기하는 원인이 되므로 자기융착 절연테이프 및 보호테이프를 절연체에 감아 내후성을 향상시킨다.
- 자기융착 절연테이프는 시공 시 테이프 폭이 2/3로부터 3/4 정도로 중첩해 감아놓으면 시간이 지남에 따라 융착하여 일체화된다.
- 자기융착 절연테이프의 열화를 방지하기 위해 자기융착 절연테이프 위에 다시 한 번 보호테이프를 감는다.

07 지락 시 발생하는 영상전류를 검출하기 위한 기기의 명칭을 쓰시오.

정답

영상 변류기(ZCT)

08 태양광발전설비 모니터링시스템의 서버 전송 장치의 하위 통신 기능을 3가지만 쓰시오.

-
-
-

정답

- 계측설비와의 실시간 통신기능
- 계측데이터 수집기능
- 계측데이터 변환기능
- 계측데이터 저장 및 보관기능

해설

모니터링시스템의 전송설비

계측설비가 중앙서버로의 전송기능을 갖추지 못할 때 계측설비와의 실시간 통신을 통하여 데이터를 수집·변환·저장하고, 중앙서버로 데이터를 전송할 수 있는 설비를 중앙서버 사이에 연결하여 송·수신을 담당한다.

09 태양광발전 어레이의 개방전압을 측정하는 계(측)기와 태양전지 회로의 절연저항을 측정하는 계(측)기를 각각 쓰시오.

- 개방전압 측정 계(측)기 : (①)
- 절연저항 측정 계(측)기 : (②)

정답

① 직류 전압계
② 절연 저항계(메거)

10 태양광발전 모듈에 접속하는 부하측 전로에 시설하는 직류 차단기의 경우 인증기관의 시험을 필한 3극 차단기로 결선되어야 한다. 다음 각 물음에 답하시오.

(1) 3극 직류 차단기를 사용할 경우 결선방법에 대하여 쓰시오.

(2) 직류 차단기의 결선도를 완성하시오.

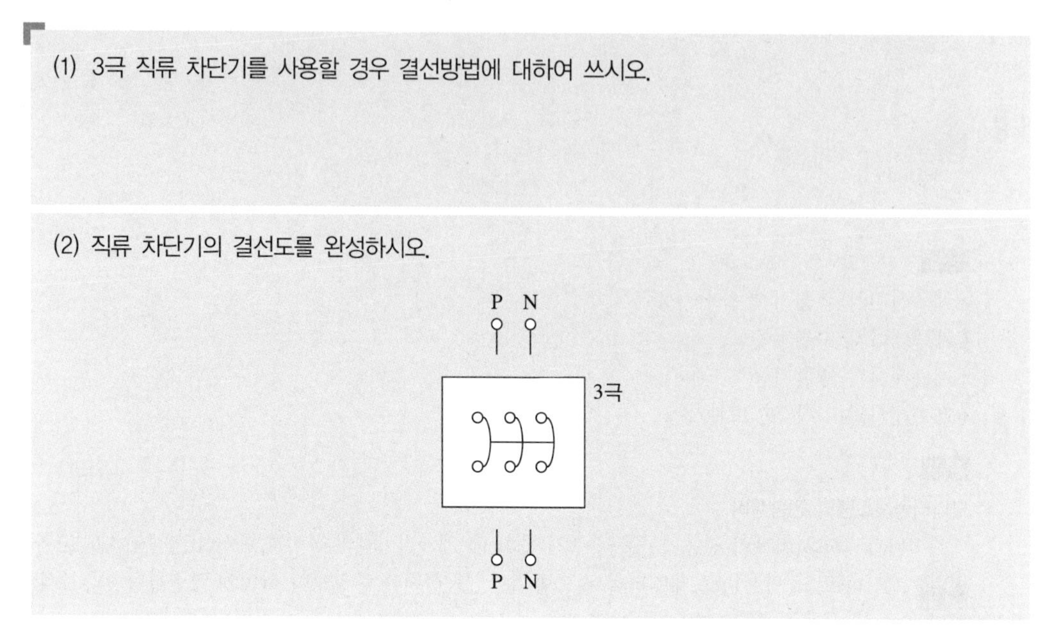

정답

(1) 차단기의 모든 접점이 동시에 개방 및 투입되도록 결선해야 한다.

(2)

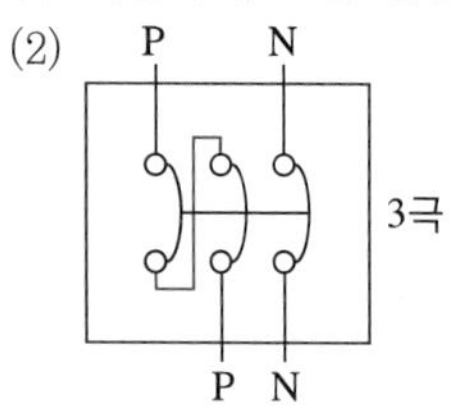

해설

직류 차단기는 공인인증기관의 시험을 통과한 3극 차단기를 사용하고, 차단기의 모든 접점이 동시에 개방 및 투입되도록 결선해야 한다.

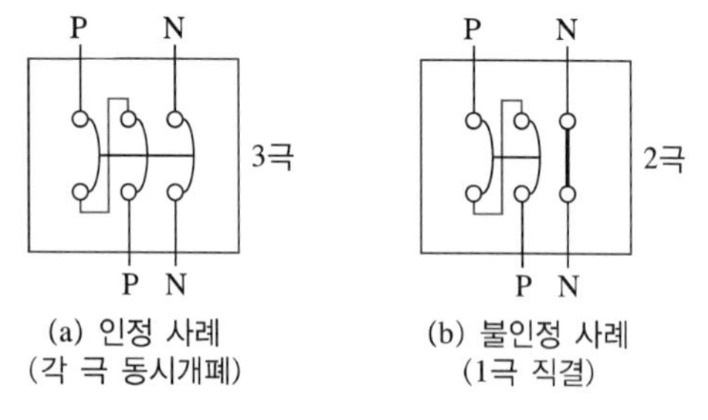

(a) 인정 사례
(각 극 동시개폐)

(b) 불인정 사례
(1극 직결)

11 다음 그림은 태양광발전 어레이의 개방전압을 측정하기 위한 회로도이다. "㉮"에 해당하는 소자의 명칭을 쓰시오(단, 명칭은 소자가 하는 역할을 포함하는 명칭으로 쓰시오).

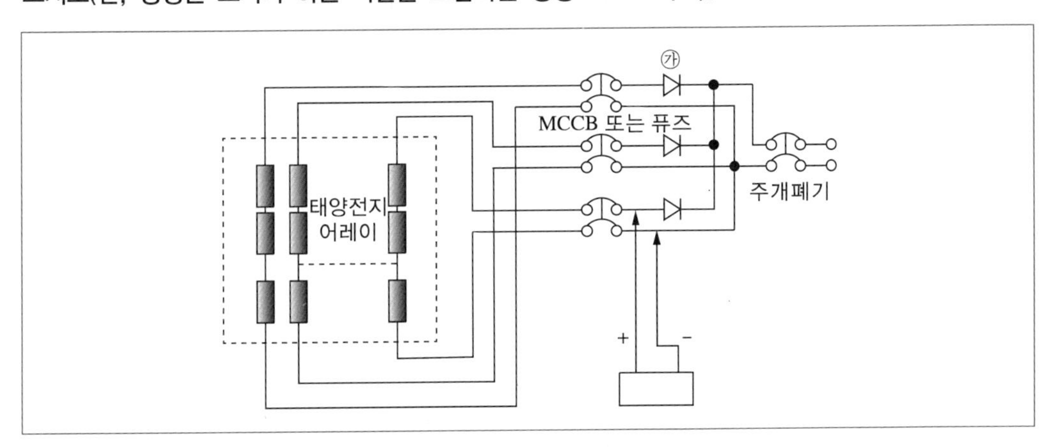

㉮

정답

역류방지 다이오드

해설

개방전압 측정순서

주개폐기 개방 → MCCB 또는 퓨즈 개방 → 측정 및 확인 → MCCB 또는 퓨즈 투입 → 주개폐기 투입

12 다음에서 설명하고 있는 점검방식의 명칭을 쓰시오.

- 유지보수 요원의 감각에 의하여 점검하는 방식으로 시각점검, 비정상적인 소리, 냄새, 손상 등을 시설물 외부에서 점검항목의 대상항목에 따라서 점검을 실시하는 방식
- 이상 상태를 발견한 경우에는 시설물의 문을 열고 이상의 정도를 확인하는 방식

정답

육안점검

해설

태양광발전설비의 점검은 준공 시 점검, 일상점검, 정기점검으로 나눌 수 있고 유지보수 관점에서는 임시점검을 포함한다.

13 구조물 조립공사의 볼트접합에서 너트의 풀림방지법을 3가지만 쓰시오.

•

•

•

정답

• 스프링와셔를 이용하는 방식
• 풀림방지너트로 체결하는 방식
• 용접을 하는 방식

14 독립형 태양광발전시스템 설계에 필요한 축전지의 기대수명에 영향을 주는 요소를 2가지만 쓰시오.

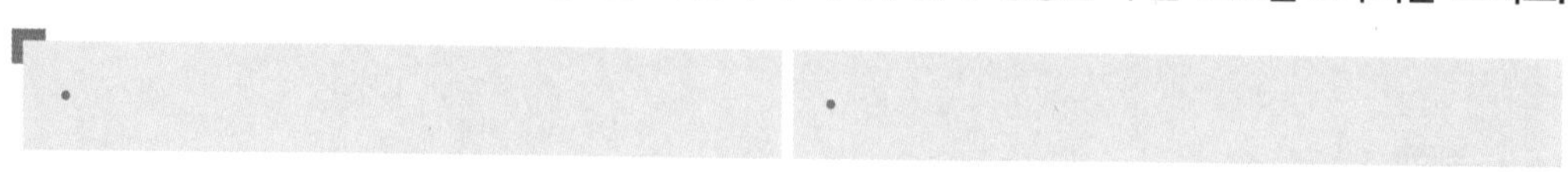

정답

• 온 도
• 방전심도
• 방전횟수

15 한국전기설비규정(KEC)에 따른 접지시스템의 구분에 대한 설명이다. ①~③에 알맞은 내용을 답란에 쓰시오.

- (①)는(은) 전력계통의 이상현상에 대비하여 대지와 계통을 접속하는 것을 말한다.
- (②)는(은) 감전보호를 목적으로 기기의 한 점 이상을 접지하는 것을 말한다.
- (③)는(은) 뇌격전류를 안전하게 대지로 방류하기 위한 접지를 말한다.

①

②

③

정답

① 계통접지
② 보호접지
③ 피뢰시스템접지

16 다음의 차단기 약호에 따른 한글 명칭을 쓰시오.

- OCB :
- VCB :
- GCB :

정답

- OCB : 유입차단기
- VCB : 진공차단기
- GCB : 가스차단기

해설

차단기의 종류

유입차단기(OCB), 진공차단기(VCB), 가스차단기(GCB), 공기차단기(ABB), 기중차단기(ACB)

17 그림과 같은 태양광발전시스템의 명칭과 특징을 쓰시오.

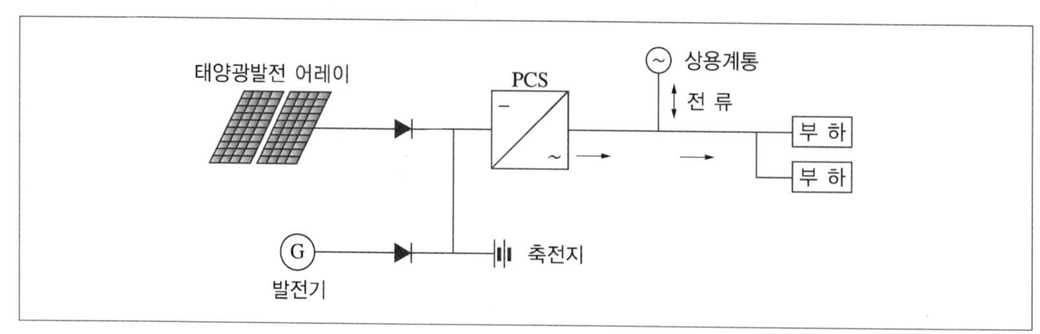

• 명칭 :

• 특징 :

정답

• 명칭 : 하이브리드형 태양광발전시스템

• 특징 : 계통연계형과 독립형의 혼합 형태의 태양광발전시스템이다. 발전된 전력을 주간에 사용하고 잉여전력을 축전하여 야간에 사용하며, 악천후 시 디젤 발전기, 풍력 발전기 등 타 에너지원의 발전시스템과 결합하여 축전지, 부하 또는 상용계통에 전력을 공급하는 시스템이다.

해설

태양광발전시스템의 종류

• 하이브리드 태양광발전시스템
• 독립형 태양광발전시스템
• 계통연계형 태양광발전시스템

18 태양광발전 어레이의 절연저항 측정 시 출력단의 피뢰소자는 어떤 조치를 취해야 하는지 쓰시오.

•

정답

피뢰소자를 접지단자와 분리한 후에 측정한다.

19 태양광발전시스템에서 일조강도 1,000[W/m²], 기준 온도 25[°C]인 표준시험 조건에서 태양의 고도가 38°일 때 대기질량 정수 AM(Air Mass)을 구하시오.

• 계산과정 :

• 답 :

정답

• 계산과정 : 대기질량 정수 $AM = \frac{1}{\sin\theta} = \frac{1}{\sin 38°} \fallingdotseq 1.624 \fallingdotseq 1.62$

• 답 : 1.62

해설

태양의 고도(Solar Altitude)는 지평선을 기준으로 하여 태양의 높이를 각도로 나타낸 것이다.

※ 국가자격증 시험에서 계산 문제는 특별한 조건이 없는 경우 소수점 셋째 자리에서 반올림하여 소수점 둘째 자리로 표기한다.

20 다음은 태양광설비 시공기준에서 태양광발전 모듈의 설치상태에 대한 설명이다. 다음 (　) 안에 들어갈 내용을 답란에 쓰시오.

- 모듈의 일조면은 정남향 방향으로 설치되어야 한다. 정남향으로 설치가 불가능할 경우에 한하여 정남향을 기준으로 동쪽 또는 서쪽 방향으로 (①)° 이내에 설치하여야 한다.
- 모듈의 일조시간은 장애물로 인한 음영에도 불구하고 1일 (②)시간[춘계(3~5월), 추계(9~11월)기준] 이상이어야 한다. 전선, 피뢰침, 안테나 등 경미한 음영은 (③)로 보지 않는다.
- 모듈 설치 열이 2열 이상일 경우 앞 열은 뒤 열에 (④)이 지지 않도록 설치하여야 한다.

①	②
③	④

정답

① 45
② 5
③ 장애물
④ 음 영

해설

태양광설비 시공기준

- 모듈의 일조면은 원칙적으로 정남향 방향으로 설치하여야 한다. 정남향으로 설치가 불가능할 경우에 한하여 정남향을 기준으로 동쪽 또는 서쪽 방향으로 45° 이내(RPS의 경우 60° 이내)로 설치하여야 한다. 다만, BIPV, 방음벽 태양광 등의 경우에는 정남향을 기준으로 동쪽 또는 서쪽 방향으로 90° 이내에 설치할 수 있다.
- 모듈의 일조시간은 장애물로 인한 음영에도 불구하고 1일 5시간[춘계(3~5월), 추계(9~11월)기준] 이상이어야 하며 전선, 피뢰침, 안테나 등 경미한 음영은 장애물로 보지 않는다.
- 모듈 설치 열이 2열 이상일 경우 앞 열은 뒤 열에 음영이 지지 않도록 설치하여야 한다.

부록 실전모의고사

제 13 회 실전모의고사

※ 예상 답안입니다. 출제자의 의도에 따라 답이 다를 수도 있습니다.

01 태양광설비에 사용하는 인버터의 표시사항 5가지를 쓰시오.

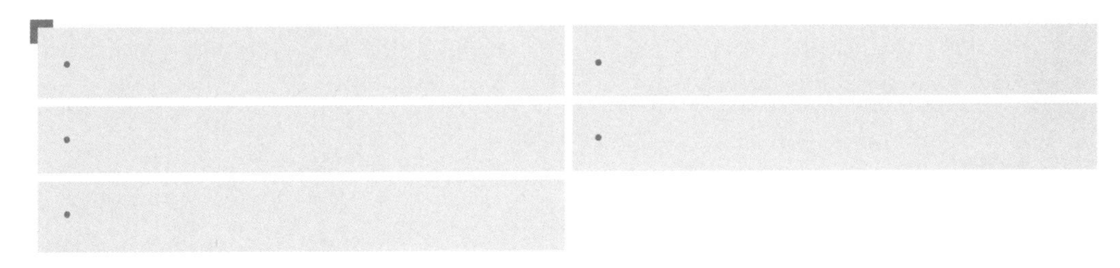

정답

입력단의 전압, 전류, 전력과 출력단의 전압, 전류, 전력, 주파수, 누적발전량, 최대출력량

해설

- 입력단(모듈 출력)의 전압, 전류, 전력
- 출력단(인버터 출력)의 전압, 전류, 전력, 주파수, 누적발전량, 최대출력량

02 인터넷 기반의 태양광발전시스템 운영분석시스템의 데이터를 전달 및 분석하기 위하여 설정된 웹(Web) 표준 방식을 쓰시오.

정답

XML 방식

해설

- XML 방식은 인터넷 웹페이지를 만드는 html을 획기적으로 개선하여 만든 차세대 정보포맷 표준 언어이다.
- 중앙서버와의 통신 방식은 호환성과 확장성을 고려하여 XML 방식으로 표현하고 http 프로토콜을 통해 전송한다.

03 태양광발전용 인버터의 육안점검사항을 3가지만 쓰시오.

정답

- 외함의 부식 및 손상
- 접지선의 손상 및 접속단자의 이완
- 운전 시 이상음, 냄새, 진동여부 확인
- 외부배선의 손상 및 접속단자의 이완
- 통풍확인(통풍구, 환기필터)
- 표시부의 이상표시

04 한국전기설비규정(KEC)에 따라 직류와 교류로 나누어 전압범위를 구분하시오.

- 저압 : 직류 (①)[kV] 이하, 교류 (②)[kV] 이하
- 고압 : 직류 (①)[kV] 초과 (③)[kV] 이하
  교류 (②)[kV] 초과 (③)[kV] 이하
- 특고압 : 직류·교류 (③)[kV] 초과

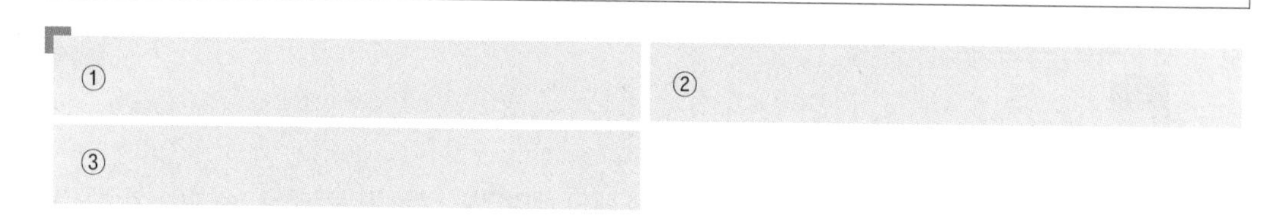

정답

① 1.5
② 1
③ 7

해설

전압의 구분

크기 \ 종류	교 류	직 류
저 압	1[kV] 이하	1.5[kV] 이하
고 압	1[kV] 초과 7[kV] 이하	1.5[kV] 초과 7[kV] 이하
특고압	7[kV] 초과	

05 **다음의 조건일 때 태양광 모듈의 변환효율[%]을 구하시오.**

- 태양전지 모듈의 최대출력 : 200[W]
- 모듈의 면적 : 2[m^2]
- 일조 강도 : 1,000[W/m^2]

- 계산과정 :

- 답 :

정답

- 계산과정 : 변환효율 $= \dfrac{P_{\max}}{A \cdot E} \times 100 = \dfrac{200}{2 \times 1,000} \times 100 = 10[\%]$
- 답 : 10[%]

해설

$$\eta = \frac{P_{output}}{P_{input}} = \frac{P_{\max}}{A \cdot E} \times 100[\%]$$

여기서, A : 면적, E : 일조강도

06 다음은 계통연계형 태양광발전시스템의 세부구성도이다. 표의 빈칸의 번호에 알맞은 부품명칭을 쓰시오.

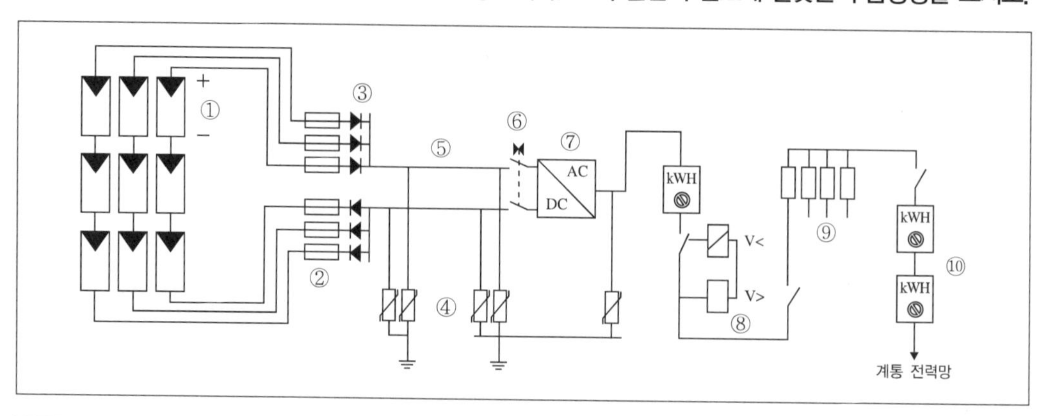

번 호	명 칭	번 호	명 칭
①		⑥	인버터 보호용 차단기
②		⑦	
③		⑧	
④	과전압 보호 다이오드(배리스터)	⑨	옥내 분배기
⑤	직류송전선	⑩	

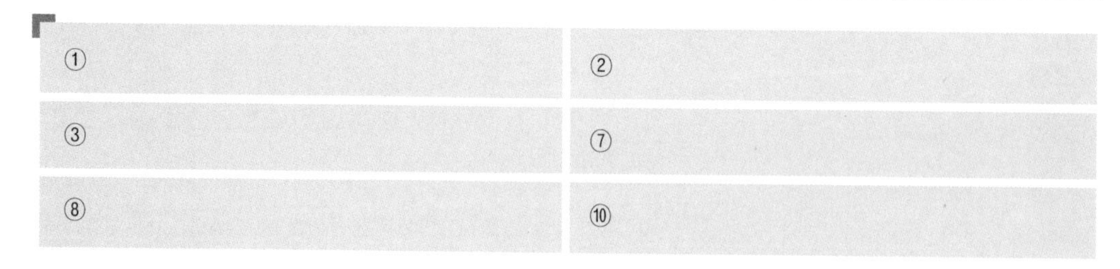

정답

① 태양전지(모듈)
② 과전류보호장치(퓨즈)
③ 역류방지 다이오드
⑦ 인버터
⑧ 자동전압조정장치
⑩ 전력량계

07 태양광 모듈의 입지별 설치유형 중 지상형 2가지를 쓰시오.

•

•

정답

• 일반 지상형
• 산지형
• 농지형

해설

입지별 설치유형

• 지상형 : 일반 지상형, 산지형, 농지형
• 건물형 : 건물설치형, 건물부착형, 건물일체형
• 수상형(부유식만 인정)

08 태양전지 모듈의 일반적인 설치상태에 대한 설명이다. ①~⑤에 알맞은 내용을 답란에 쓰시오.

BIPV형 모듈은 센터장이 별도로 정하는 품질기준(KS C 8561 또는 8562 일부준용)에 따라 (①) 및 (②) 등을 만족하는 시험결과가 포함된 시험성적서를 설비(설치)확인 신청 시 (③)에 제출할 경우에는 사용할 수 있다.

①

②

③

정답

① 발전성능
② 내구성
③ 신재생에너지센터

09 납축전지 55셀(Cell)을 직렬 연결하여 축전지로 부하 공급 시 부하의 최종 허용전압이 110±10[V]이며, 즉 최저전압이 100[V]이고 선로의 전압강하가 5[V]일 때 전지(셀)당 방전종지전압[V]을 구하시오.

• 계산과정 :

• 답 :

정답

• 계산과정

$$전지(셀)당\ 방전종지전압 = \frac{최저전압+선로의\ 전압강하}{셀수} = \frac{100+5}{55} \fallingdotseq 1.909 \fallingdotseq 1.91[V]$$

• 답 : 1.91[V]

10 어떤 저항에 20[A]의 전류를 흘렸을 때 소비전력이 60[W]이었다. 이 저항에 30[A]의 전류를 흘렸을 때의 전력을 구하시오.

• 계산과정 :

• 답 :

정답

• 계산과정 : 전력 $P = I^2 \times R$

부하의 저항 $R = \frac{P}{I^2} = \frac{60}{20^2} = \frac{60}{400} = 0.15[\Omega]$

$P_{30} = 30^2 \times 0.15 = 135[\mathrm{W}]$

• 답 : 135[W]

11 그림과 같이 태양전지가 병렬로 접속된 경우 총발전량을 구하시오.

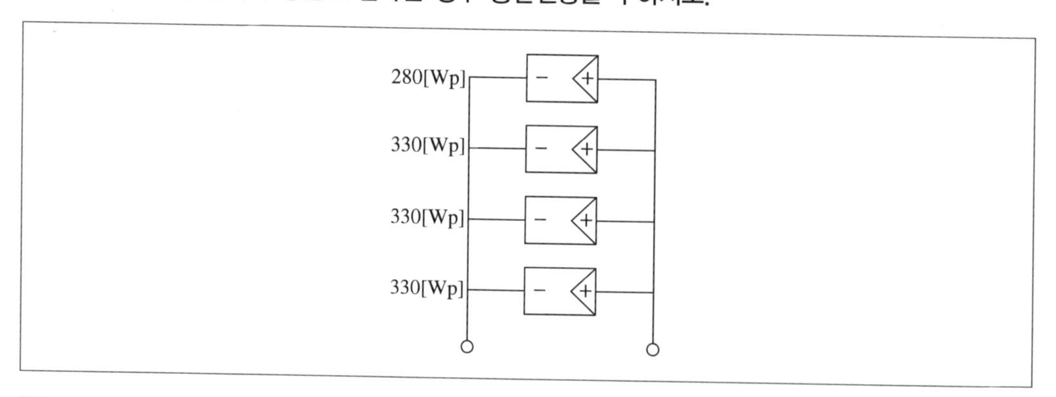

• 계산과정 :

• 답 :

정답

• 계산과정 : 발전량 = 280 + (330 × 3) = 1,270[Wp]
• 답 : 1,270[Wp]

해설

• 병렬연결 태양전지 모듈 : 모듈 각각의 출력 총합
• 직렬연결 태양전지 모듈 : 모듈 중 가장 작은 출력의 모듈에 의해 결정
예 총발전량 = 가장 작은 모듈의 출력 × 직렬연결 모듈 수

12 수변전설비에 사용되는 진공차단기(VCB)의 특징 2가지를 쓰시오.

•

•

정답

• 소형 경량이다.
• 불연성, 저소음으로 수명이 길다.
• 고속도 개폐가 가능하다.
• 차단성능이 우수하다.
• 고진공도의 유지 등의 문제가 있다.

해설

진공차단기

장 점

• 완전밀봉형으로 안전하고 소음이 적다.
• 차단성능 우수, 차단시간 짧다.
• 수명이 길다.
• 기름이 사용되지 않아 화재에 대한 안정성이 우수하다.
• 소형 경량이다.

단 점

• 진공도의 열화판정이 곤란하다.
• 개폐서지가 발생한다.

13 태양광발전시스템 중 계측기구 및 표시장치의 설치 목적 2가지를 쓰시오.

•

•

정답

• 시스템의 운전 상태를 감시
• 시스템에 의한 발전 전력량 알기
• 시스템 기기 또는 시스템 종합평가
• 시스템의 홍보

해설

태양광발전시스템의 계측기구 · 표시장치에는 검출기(센서), 신호변환기(트랜스듀서), 연산장치, 기억장치, 표시장치 등이 있다.

14 태양광발전 구조물의 기초공사에서 기초의 구비 조건 2가지만 쓰시오.

정답

• 최소 기초 깊이를 유지할 것
• 상부 하중을 안전하게 지지할 것
• 모든 기초는 침하가 허용치를 초과하지 않을 것
• 기초공사의 시공이 가능할 것
• 내구적이고 경제적일 것

15 태양광발전시스템의 점검에 대한 설명이다. 유지보수 관점에 따라 3가지로 구분하여 쓰시오.

정답

일상점검, 정기점검, 임시점검

해설

태양광발전시스템의 점검

- 일반적으로 준공 시 점검, 일상점검, 정기점검의 3가지로 구별되고
- 유지보수 관점에서 점검의 종류에는 일상점검, 정기점검, 임시점검으로 분류된다.

16 전력저장장치(축전지)의 수명에 가장 큰 영향을 미치는 3가지 요인을 쓰시오.

정답

온도, 방전심도, 방전횟수

해설

축전지의 정격용량 중에서 자주 사용하고 다시 충전하는 그 시점에서의 남은 용량[%]을 방전심도(깊이)라고 한다.

17 태양전지 모듈에서 PCS 입력단까지의 거리가 100[m]일 때 전압강하율은 몇 [%] 이내로 허용되는가?

정답

5[%]

해설

• 접속함에서 인버터까지 배선은 전압강하율 2[%] 이하로 산정한다.

• 태양전지 모듈에서 PCS 입력단간 및 PCS 출력단과 계통연계점 간 전압강하율

전선의 길이	60[m] 이하	120[m] 이하	200[m] 이하	200[m] 초과
전압강하	3[%]	5[%]	6[%]	7[%]

18 태양광설비의 모듈 설치용량에 대한 설명이다. ①, ②에 알맞은 내용을 쓰시오.

• 신재생에너지 설비의 지원 등에 관한 지침에 따른 설비의 경우 모듈의 설치용량은 사업계획서상의 모듈 설계용량과 동일하여야 한다. 다만, 단위 모듈당 용량에 따라 설계용량과 동일하게 설치할 수 없는 경우에는 설계용량의 (①)[%] 범위 내에서 설치할 수 있다.

• 인버터에 연결된 모듈의 설치용량은 인버터 설치용량의 (②)[%] 이내이어야 하며, 각 직렬군의 태양전지 개방전압은 인버터 입력전압 범위 안에 있어야 한다.

① ②

정답

① 110

② 105

19 태양전지 모듈의 일반적인 설치상태에 대한 설명이다. ①~④에 알맞은 내용을 답란에 쓰시오.

- (①)으로 설치가 불가능할 경우에 한하여 (①)을 기준으로 동쪽 또는 서쪽 방향으로 (②)° 이내(RPS의 경우 60° 이내)로 설치하여야 한다.
- 모듈의 일조시간은 장애물로 인한 음영에도 불구하고 1일 (③)시간[춘계(3~5월), 추계(9~11월) 기준] 이상이어야 한다.
- 전선, 피뢰침, 안테나 등 경미한 음영은 (④)로 보지 않는다.

①	②
③	④

정답

① 정남향
② 45
③ 5
④ 장애물

해설

태양전지 모듈의 일반적인 설치상태

- 모듈의 일조면은 원칙적으로 정남향 방향으로 설치하여야 한다.
- 정남향으로 설치가 불가능할 경우에 한하여 정남향을 기준으로 동쪽 또는 서쪽 방향으로 45° 이내(RPS의 경우 60° 이내)로 설치하여야 한다. 다만, BIPV, 방음벽 태양광 등의 경우에는 정남향을 기준으로 동쪽 또는 서쪽 방향으로 90° 이내에 설치할 수 있다.
- 모듈의 일조시간은 장애물로 인한 음영에도 불구하고 1일 5시간[춘계(3~5월), 추계(9~11월)기준] 이상이어야 한다.
- 전선, 피뢰침, 안테나 등 경미한 음영은 장애물로 보지 않는다.

20 태양광발전설비에서 사용되는 안전장비의 일반적 보관 관리법 2가지를 쓰시오.

정답

- 습기에 약하므로 건조한 곳에 보관
- 사용 후에는 손질하여 항상 깨끗이 보관

해설

안전장비 관리요령

- 검사장비 및 측정 장비는 습기에 약하므로 건조한 곳에 보관
- 사용 후에는 손질하여 항상 깨끗이 보관

제 14 회

부록 실전모의고사

실전모의고사

※ 예상 답안입니다. 출제자의 의도에 따라 답이 다를 수도 있습니다.

01 전선의 상별표시 방법이다. ①~④에 알맞은 색상과 기호를 쓰시오.

교류(AC) 도체	
상(문자)	색 상
L1	①
L2	②
L3	③
④	파란색
보호도체	녹색-노란색

[참고] KS C IEC 60445

①	②
③	④

정답

① 갈 색　　② 검은색

③ 회 색　　④ N(중성선)

해설

교류(AC) 도체	
상(문자)	색 상
L1	갈 색
L2	검은색
L3	회 색
N(중성선)	파란색
보호도체	녹색-노란색

[참고] KS C IEC 60445

02 다음은 안전대의 종류의 등급이다. 사용구분에 알맞게 ①~④를 쓰시오.

종 류	등 급	사용구분
벨트식(B식), 안전그네식(H식)	1종	①
	2종	②
	3종	③
	4종	안전블록
	5종	④

①	②
③	④

정답

① U자 걸이 전용
② 1개 걸이 전용
③ 1개 걸이, U자 걸이 공용
④ 추락방지대

03 다음은 신재생에너지 설비에 대한 설명이다. 빈칸에 알맞은 용어를 쓰시오.

> 태양광·풍력 등 신재생에너지 발전원은 날씨에 따라 꾸준히 전력을 얻을 수 없다는 단점이 있다. 이러한 문제를 해결하기 위해 최근에는 에너지를 미리 저장했다가 필요한 시간대에 사용할 수 있는 기술을 개발하고 있다. 이러한 시스템을 (   )이라고 한다.

정답

에너지저장시스템(ESS ; Energy Storage System)

04 다음 회로의 합성저항(R_{AB})을 구하시오.

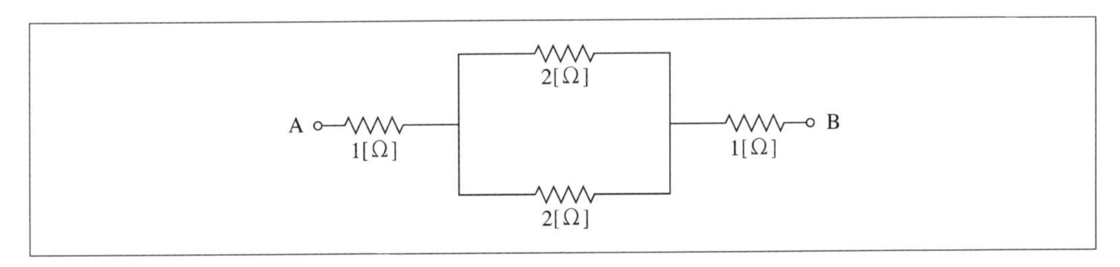

• 계산과정 :

• 답 :

정답

• 계산과정 : $R_{AB} = 1 + \frac{2 \times 2}{2+2} + 1 = 1 + 1 + 1 = 3[\Omega]$

• 답 : 3[Ω]

해설

저항의 합성저항

직렬저항 = $R_1 + R_2$

병렬저항 = $\frac{R_1 \times R_2}{R_1 + R_2}$

05 한국전기설비규정(KEC)에 명시된 인체에 위험을 초래하지 않을 정도의 전압을 무엇이라고 하는지 명칭을 쓰시오.

정답

특별저압

해설

특별저압(ELV ; Extra Low Voltage)

인체에 위험을 초래하지 않을 정도의 저압을 말한다. 2차 전압이 AC 50[V], DC 120[V] 이하로 SELV(비접지회로 구성) 및 PELV(접지회로 구성)는 1차와 2차가 전기적으로 절연된 회로, FELV는 1차와 2차가 전기적으로 절연되지 않은 회로를 말한다.

06 다음은 태양광설비 시공기준에서 태양광발전 모듈의 설치상태에 대한 설명이다. 다음 (   ) 안에 들어갈 내용을 답란에 쓰시오.

- 모듈의 일조면은 정남향 방향으로 설치되어야 한다. 정남향으로 설치가 불가능할 경우에 한하여 정남향을 기준으로 동쪽 또는 서쪽 방향으로 (①)° 이내에 설치하여야 한다.
- 모듈의 일조시간은 장애물로 인한 음영에도 불구하고 1일 (②)시간[춘계(3~5월), 추계(9~11월)기준] 이상이어야 한다. 전선, 피뢰침, 안테나 등 경미한 음영은 (③)로 보지 않는다.
- 모듈 설치 열이 2열 이상일 경우 앞 열은 뒤 열에 (④)이 지지 않도록 설치하여야 한다.

①	②
③	④

정답

① 45
② 5
③ 장애물
④ 음 영

해설

태양광설비 시공기준

- 모듈의 일조면은 원칙적으로 정남향 방향으로 설치하여야 한다. 정남향으로 설치가 불가능할 경우에 한하여 정남향을 기준으로 동쪽 또는 서쪽 방향으로 45° 이내(RPS의 경우 60° 이내)로 설치하여야 한다. 다만, BIPV, 방음벽 태양광 등의 경우에는 정남향을 기준으로 동쪽 또는 서쪽 방향으로 90° 이내에 설치할 수 있다.
- 모듈의 일조시간은 장애물로 인한 음영에도 불구하고 1일 5시간[춘계(3~5월), 추계(9~11월)기준] 이상이어야 하며 전선, 피뢰침, 안테나 등 경미한 음영은 장애물로 보지 않는다.
- 모듈 설치 열이 2열 이상일 경우 앞 열은 뒤 열에 음영이 지지 않도록 설치하여야 한다.

07 전기안전관리를 위한 중대한 사고의 종류 중 신재생 설비에 대한 설명이다. 빈칸에 알맞은 용어를 쓰시오.

> 전기설비사고 중 용량이 (①)[kW] 이상인 신에너지 및 재생에너지 개발・이용・보급 촉진법에 따른 신재생에너지 설비가 자연재해나 설비고장으로 발전 또는 운전이 (②)시간 이상 (③)된 경우

정답

① 20
② 1
③ 중 단

해설

전기안전관리법 시행규칙의 중대한 사고의 종류 중 전기설비사고의 한 부분이다.

- 용량이 20[kW] 이상인 신에너지 및 재생에너지 개발・이용・보급 촉진법에 따른 신재생에너지 설비가 자연재해나 설비고장으로 발전 또는 운전이 1시간 이상 중단된 경우

08 태양광발전설비 기초공사 시 콘크리트 기초로 시공이 곤란한 경우의 기초공사 방법 3가지를 쓰시오.

정답

- 스파이럴 공법
- 래밍 파일 공법
- 스크루 공법
- 보링그라우팅 공법

해설

콘트리트 기초로 시공이 곤란한 경우 기초공사 방법

- 스파이럴(Spiral) 공법 : 콘크리트 기초와 다르게 토지에 직접 스파이럴 파일(나선형 구조물)을 삽입하는 공법
- 래밍 파일(Ramming Pile) 공법 : 토지에 직접 U형, C형, H형 단면 등의 파일 기초를 삽입하는 공법
- 스크루(Screw) 공법 : 토지에 직접 스크루 파일을 삽입하는 공법
- 보링그라우팅 공법 : 지반이 연약하여 흙과 흙 사이에 시멘트 풀을 넣어서 지반을 튼튼하게 하는 공법(보링(Boring)이란 땅에 기계로 구멍을 내면서 땅의 지질 상태를 조사하는 것이며, 그라우팅(Grouting)은 자갈과 자갈 사이 또는 흙의 공극을 시멘트 풀로 채워주는 것을 말함)

09 다음은 안전모에 대한 설명이다. 빈칸에 들어갈 알맞은 등급을 쓰시오.

종 류	등 급	사용구분	모체의 재질
일반 작업용	A	물체의 낙하 및 비래에 의한 위험방지 및 경감	합성수지 금속
	B	추락에 의한 위험방지 및 경감	합성수지
	①	물체의 낙하 또는 추락에 의한 위험방지 및 경감	합성수지
전기작업용	②	물체의 낙하 및 비래, 감전 위험방지	합성수지
	③	낙하 또는 비래, 추락, 감전 위험방지	합성수지

① ②

③

정답

① AB ② AE

③ ABE

해설

안전모 등급의 알파벳 약어

- A : 물체의 낙하에 의한 위험방지
- B : 추락에 의한 위험방지
- E : 감전 위험방지

10 태양광발전소에서 모니터링한 사항 중 한국에너지공단 신재생에너지센터에 전송해야 하는 항목을 2가지만 쓰시오.

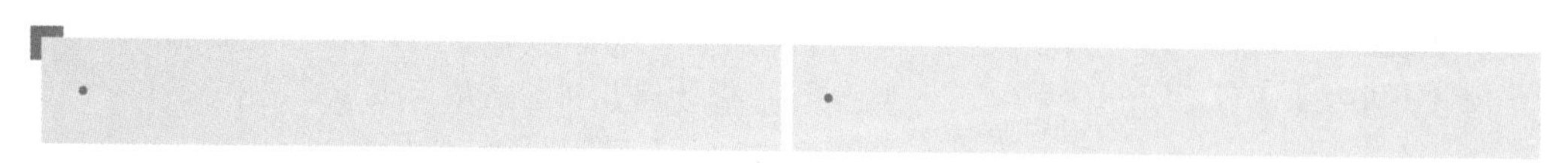

정답

일일발전량[kWh], 발전시간[분]

해설

모니터링 필수 기준사항

에너지 생산량 및 생산시간을 누적으로 모니터링하여야 한다.

구 분	모니터링 항목	데이터(누계치)	측정 위치
태양광	일일발전량[kWh]	24개(시간당)	인버터 출력
	발전시간[분]	1개(1일)	

11 태양광에너지를 전기에너지로 변환한 다음 실제로 사용할 수 있는 규격의 전기로 만들어 주는 기술적 체계를 태양광발전시스템이라고 하는데, 이러한 태양광발전시스템의 종류 3가지를 쓰시오.

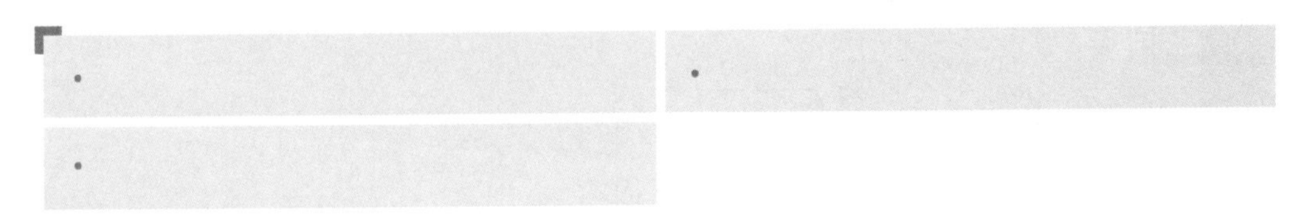

정답

독립형, 계통연계형, 하이브리드형

해설

- 독립형 : 계통과 직접 연계되지 않고 분리된 발전방식으로 태양광발전시스템의 발전전력만으로 부하에 전력을 공급하는 시스템
- 계통연계형 : 생산된 전력을 지역 전력망에 공급할 수 있도록 구성되며, 병렬로 한국전력 등 전력 계통에 연결되어 작은 발전소 역할을 함
- 하이브리드형 : 태양광발전시스템에서 풍력, 열 병합, 디젤 발전 등 타 에너지원의 발전시스템과 결합하여 축전지, 부하 또는 상용계통에 전력을 공급하는 시스템

12 접지시스템에 대한 설명이다. ①~③에 알맞은 내용을 쓰시오.

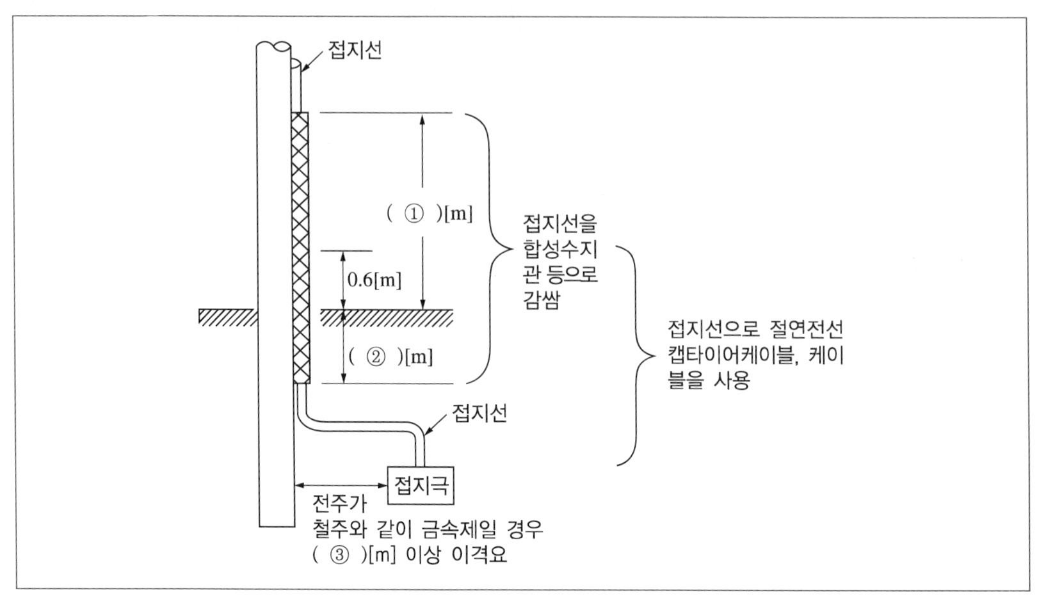

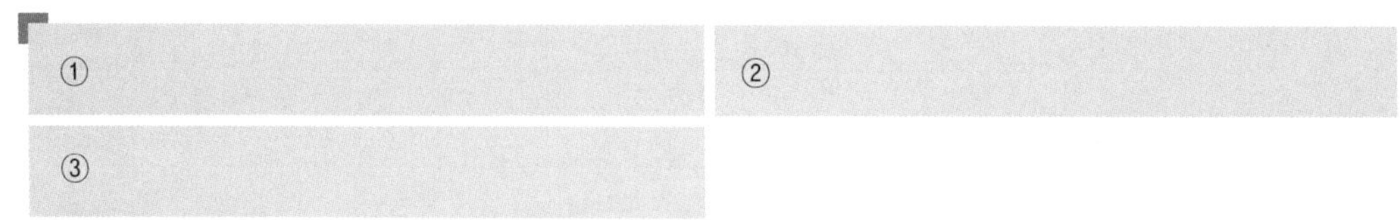

정답

① 2

② 0.75

③ 1

13 태양광발전시스템은 모듈을 비롯하여 파워컨디셔너 등 각종 전기·전자 설비들로 순간적인 과전압이나 전류에 매우 취약한 반도체들로 구성되어 있다. 따라서 낙뢰나 스위칭 개폐 등에 의해 발생되는 순간 과전압은 이러한 기기들을 순식간에 손상시킬 수 있다. 이를 보호하기 위하여 설치하는 소자의 명칭을 쓰시오.

정답

서지보호장치(SPD ; Surge Protected Device)

14 태양전지 구조물 기초공사에서 상부 지반이 견고하지 못할 경우 시행하는 기초를 쓰시오.

정답

깊은 기초

해설

기초의 종류

- 직접기초 : 온통기초(전면기초), Footing 기초
- 깊은 기초 : 말뚝기초, 피어기초, 케이슨 기초

15 태양전지판에서 인버터 입력단 간 및 출력단과 계통연계점 간의 전압강하에 대한 내용이다. 다음 표의 괄호 안에 알맞은 내용을 쓰시오(단, 전선의 길이가 60[m]를 초과할 경우).

전선길이[m]	전압강하[%]
120[m] 이하	(①)
200[m] 이하	(②)
200[m] 초과	(③)

정답

① 5[%]
② 6[%]
③ 7[%]

해설

- 태양전지판에서 인버터 입력단 간 또는 인버터 출력단과 계통연계점 간의 전압강하는 3[%]를 초과하여서는 안 된다(단, 전선의 길이가 60[m] 이하인 경우).
- 전선의 길이가 60[m]를 초과한 경우는 다음과 같다.
  - 전선길이 120[m] 이하 : 5[%]
  - 전선길이 200[m] 이하 : 6[%]
  - 전선길이 200[m] 초과 : 7[%]

16 다음 그림은 저압수용가의 단선도 일부이다. 기호에 해당하는 각 부의 명칭을 쓰시오(단, S는 개폐기를 의미한다).

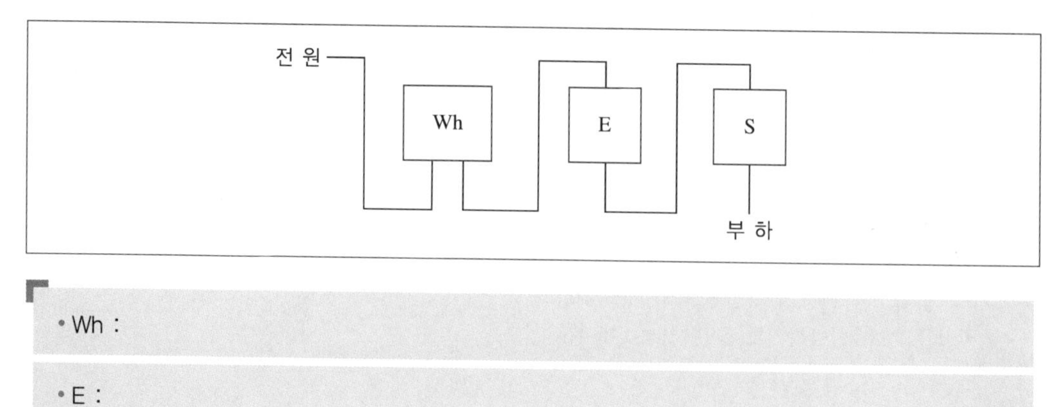

• Wh :

• E :

정답

• Wh : 전력량계(적산전력량계)
• E : 누전차단기(ELB)

17 토목제도통칙(KS F 1001:2000)에 따라 다음은 단면의 경계를 표시할 필요가 있는 경우에 따르는 그림기호이다. 각 그림기호에 맞는 한글 명칭을 쓰시오.

그림기호	명칭
	(①)
	(②)
	(③)

①

②

③

정답

① 지반면(흙)
② 암반면
③ 수 면

18 분전함 내에 설치되는 소자로 기기 간의 전압 불평형으로 어레이가 부하가 되는 것을 방지하는 소자를 쓰시오.

정답

역류방지 다이오드

해설

역류방지 소자

- 태양전지 모듈에서 다른 태양전지 회로나 축전지에서의 전류가 돌아 들어가는 것을 저지하기 위해서 설치하는 것으로서 일반적으로 다이오드가 사용된다.
- 태양전지 모듈의 직렬회로(스트링) 간에 출력전압이 일정치 이상으로 다르게 되면 다른 모듈의 직렬회로(스트링)에서 전류 공급을 받아 본래와는 역방향 전류가 흐른다. 이 역전류를 방지하기 위해서 각 모듈의 직렬회로(스트링)마다 역류방지 소자를 설치한다.

19 태양광발전용 접속함의 육안점검 사항을 2가지만 쓰시오.

-
-

정답

- 외함의 부식 및 손상
- 외부배선의 손상 결선상태

해설

접속함의 육안점검 사항

외함의 부식 및 손상(파손), 외부배선(접속케이블)의 손상, 결선상태, 접속상태, 접속이완 확인 등

20 다음의 경우일 때 축전지의 용량을 산정하시오.

- 축전지의 용량환산시간 : 25.6[h]
- 평균 방전전류 : 12.5[A]
- 보수율(수명 말기의 용량감소율) : 0.8

- 계산과정 :

- 답 :

정답

- 계산과정 : $C=\dfrac{K \cdot I}{L}=\dfrac{25.6 \times 12.5}{0.8}=400[\text{Ah}]$
- 답 : 400[Ah]

해설

$$C=\frac{K \cdot I}{L}=\frac{\text{용량환산시간} \times \text{방전전류}}{\text{보수율}}[\text{Ah}]$$

부록 실전모의고사

제15회 실전모의고사

※ 예상 답안입니다. 출제자의 의도에 따라 답이 다를 수도 있습니다.

01 한국전기설비규정(KEC)에 따른 지중선로 케이블의 시설방법 3가지를 쓰시오.

정답

- 직접매설식
- 관로식
- 암거식

해설

- 지중전선로는 전선에 케이블을 사용하고 또한 관로식・암거식(暗渠式) 또는 직접 매설식에 의하여 시설한다.
- 매설 깊이는 1.0[m] 이상으로 하되, 매설 깊이를 충족하지 못한 장소에는 견고하고 차량 기타 중량물의 압력에 견디는 것을 사용한다. 다만 중량물의 압력을 받을 우려가 없는 곳은 0.6[m] 이상으로 한다.

02 접속함으로부터 인버터 입력단자까지의 허용 전압강하는 몇 [%] 이내로 하여야 하는가?

정답

2[%]

해설

- 접속함에서 인버터까지 배선은 전압강하율 2[%] 이하로 산정한다.
- 태양전지 모듈에서 PCS 입력단 간 및 PCS 출력단과 계통연계점 간 전압강하율

전선의 길이	60[m] 이하	120[m] 이하	200[m] 이하	200[m] 초과
전압강하	3[%]	5[%]	6[%]	7[%]

03 다음 그림처럼 a = 1.2[m], b = 0.6[m], h = 0.6[m], 길이 20[m]만큼 터파기할 때 터파기량을 계산하시오.

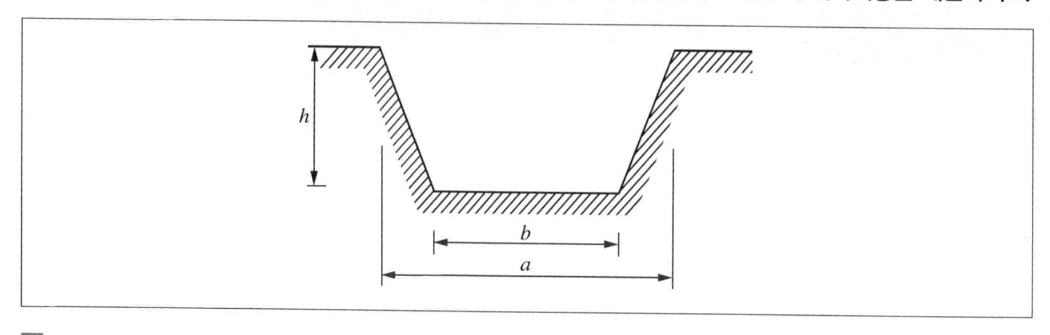

• 계산과정 :

• 답 :

정답

• 계산과정 : 터파기량 $= \frac{a+b}{2} \times h \times$ 길이 $= \frac{1.2+0.6}{2} \times 0.6 \times 20 = 10.8[\mathrm{m}^3]$

• 답 : $10.8[\mathrm{m}^3]$

해설

문제에 구하는 값의 단위가 없을 때는 정확한 단위를 답란에 반드시 적어야 한다.
반대로 문제에 구하는 값의 단위가 주어질 때는 답란에 단위를 생략해도 된다.

04 포화 점토층의 공극을 통해 공극수가 빠져 나감으로써 발생하는 침하를 무슨 침하라 하는가?

정답

압밀침하

해설

침하의 종류

• 즉시침하(탄성침하) : 하중재하 시 발생되는 침하로 주로 모래지반에서 발생되며 단기간에 발생한다.
• 압밀침하 : 흙속에 하중이 가해지면 공극수가 배출되면서 천천히 압축되는 침하로 점토지반에서 오랜 기간 압축이 이루어지며 침하량이 모래에 비하여 대단히 크다.

05 태양광발전소 시설에 관련된 설명이다. 빈칸에 알맞은 것을 쓰시오.

> 태양전지 모듈의 직렬군 최대개방전압이 직류 750[V] 초과 1,500[V] 이하인 경우 태양광발전소의 울타리·담 등의 높이는 (①)[m] 이상으로 하고, 지표면과 울타리·담 등의 하단 사이의 간격은 (②)[m] 이하로 하여야 한다.

①	②

정답

① 2[m]

② 0.15[m]

해설

- 태양전지 모듈의 직렬군 최대개방전압이 직류 750[V] 초과 1,500[V] 이하인 시설장소는 울타리 등의 안전조치를 하여야 한다.
- 태양전지 모듈을 지상에 설치하는 경우는 울타리·담 등의 높이는 2[m] 이상으로 하고 지표면과 울타리·담 등의 하단 사이의 간격은 0.15[m] 이하로 시설하여야 한다.

06 태양전지의 개방전압과 단락전류의 곱에 대한 출력비를 무엇이라고 하는가?

정답

충진율(Fill Factor)

해설

충진율 : 전지의 효율에 직접적인 영향을 미치는 중요한 파라미터. Fill Factor 약어로서 개방전압과 단락전류의 곱에 대한 최대 출력(최대출력전압과 최대출력전류)의 곱한 값의 비율로 통상 0.7~0.8

$$\text{F.F} = \frac{I_m V_m}{I_{sc} V_{oc}} = \frac{P_{\max}}{I_{sc} V_{oc}}$$

07 태양광발전시스템의 정전 시 조작방법을 차례대로 쓰시오.

① 태양광 인버터 상태 확인(정지) ② 한전 전원복구 여부 확인 ③ Main VCB반 전압 확인 및 계전기를 확인하여 정전 여부 확인, 버저 Off ④ 인버터 DC 전압 확인 후 운전 시 조작방법에 의해 재시동

( ) – ( ) – ( ) – ( )

정답

③ - ① - ② - ④

해설

정전 시 조작방법

- 계통 측 정전 시 태양광발전설비에서 생산된 전력이 배전선로로 역송되지 않도록 태양광발전설비 단독운전 기능의 정상동작 유무(0.5초 내 정지, 5분 이후 재투입)를 확인한다.
- 정전 시 확인 사항
  1. 메인 제어반의 전압 확인 및 계전기를 확인하여 정전 여부를 우선 확인
  2. 태양광 인버터 상태 정지 확인
  3. 한전 전원 복구 여부 확인 후 운전 시 조작 방법에 의해 재시동

08 다음의 태양전지 모듈을 직렬과 병렬로 결선하시오.

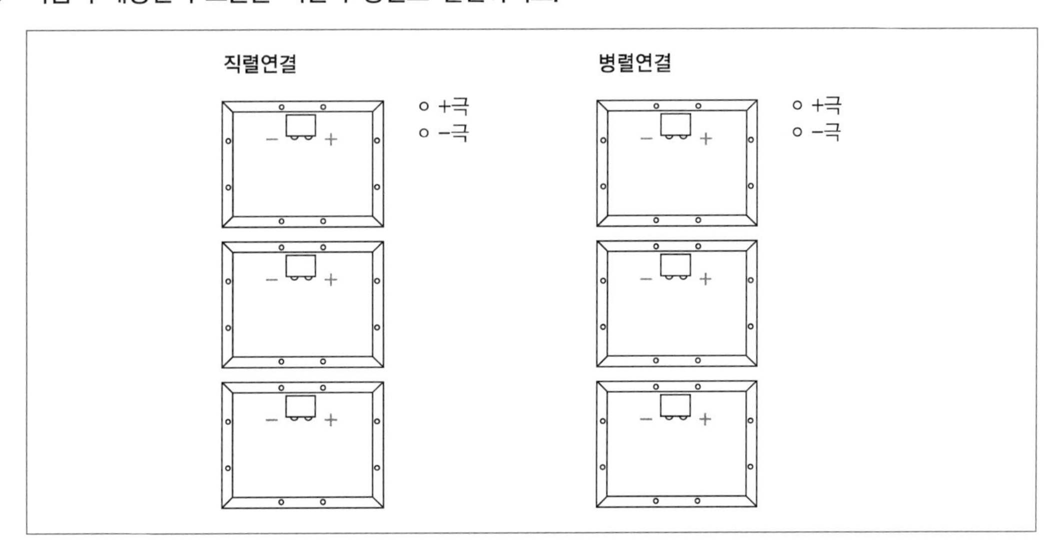

정답

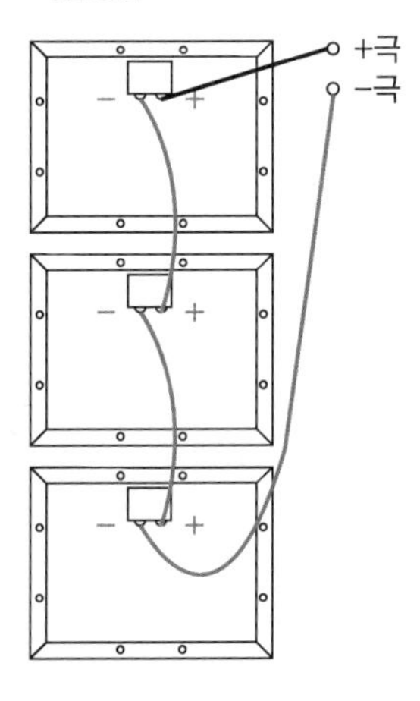

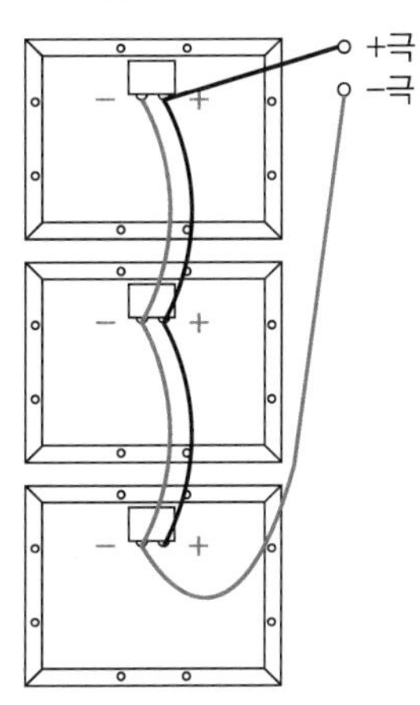

09 역류방지 다이오드의 설치 용량에 대한 설명이다. ①, ②에 알맞은 내용을 쓰시오.

> 역류방지 다이오드 용량은 모듈 단락전류(I_{sc})의 (①)배 이상, 개방전압(V_{oc})의 (②)배 이상이어야 하며, 현장에서 확인할 수 있도록 표시하여야 한다.

①	②

정답

① 1.4

② 1.2

10 케이블의 단말처리에 대한 설명이다. ①~④에 알맞은 내용을 쓰시오.

> - XLPE 케이블은 내후성이 약하므로, 비닐시스가 벗겨져 절연체가 노출된 채로 장기간 사용하면 절연 불량을 야기하는 원인이 되므로 (①) 및 (②)을(를) 절연체에 감아 내후성을 향상시킨다.
> - 자기융착 절연테이프는 시공 시 테이프 폭이 (③)으로부터 (④) 정도로 중첩해 감아 놓으면 시간이 지남에 따라 융착하여 일체화된다.

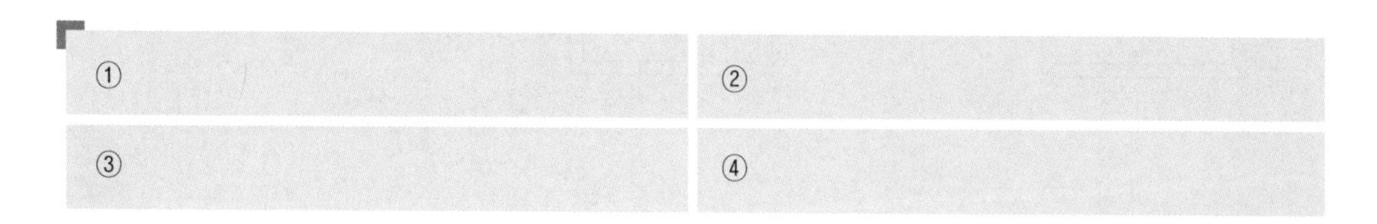

정답

① 자기융착 절연테이프

② 보호테이프

③ $\frac{2}{3}$

④ $\frac{3}{4}$

해설

자기융착 절연테이프의 열화를 방지하기 위해 자기융착 절연테이프 위에 다시 한 번 보호테이프를 감는다.

11 접지시스템에서 접촉 가능한 도전성 부분 사이에 동시 접촉한 경우에서도 위험한 접촉 전압이 발생하지 않도록 하는 것을 무엇이라고 하는지 쓰시오.

정답

등전위 본딩

해설

- 본딩 : 건축 공간에 있어서 금속도체들을 서로 연결하여 전위를 동일하게 하는 것
- 등전위 본딩 : 건축물 내부 전기설비의 안전상 가장 중요한 사항이며, 계통 외의 도전부를 주접지단자에 접속하여 등전위를 확보할 수 있다.

12 태양광발전시스템의 모니터링 설비의 계측설비기준이다. ①~④에 알맞은 답을 쓰시오.

계측설비	요구사항
인버터	CT 정확도 (①)[%] 이내
온도 센서	정확도 ±(②)[℃](-20~100[℃]) 미만
	정확도 ±(③)[℃](100~1,000[℃]) 이내
전력량계	정확도 (④)[%] 이내

①	②
③	④

정답

① 3
② 0.3
③ 1
④ 1

해설

모니터링 시스템은 일반적으로 위 사항을 모니터링 하여 모듈전력량, 인버터 출력, 누적발전량을 표시한다. 또한 한국에너지공단 신재생에너지센터에 일일발전량[kWh], 발전시간[분] 항목을 전송한다.

13 그림과 같은 태양광발전시스템의 명칭을 쓰시오.

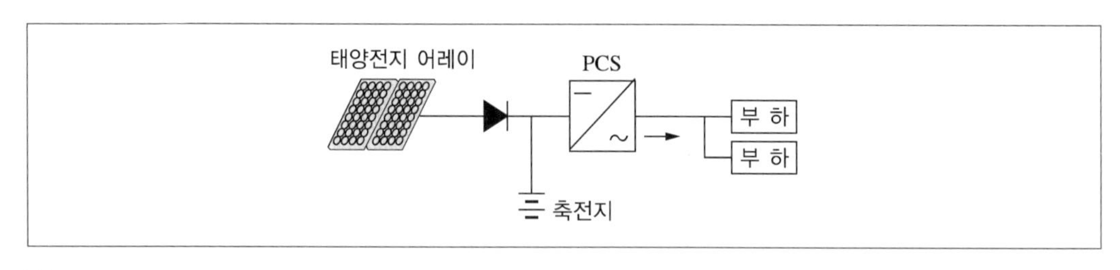

• 명칭 :

정답

독립형 태양광발전시스템

해설

태양광발전시스템은 크게 독립형, 계통연계형, 하이브리드형 세 가지로 구분한다.

독립형 태양광발전시스템

• 계통과 직접 연계되지 않고 분리된 발전방식으로 태양광발전시스템의 발전전력만으로 부하에 전력을 공급하는 시스템
• 야간 혹은 우천 시에 태양광발전시스템의 발전을 기대할 수 없는 경우에 발전된 전력을 저장할 수 있는 충·방전장치 및 축전지 등의 축전장치를 접속하여 태양광 전력을 저장하여 사용하는 방식

14 전기설비의 접지 목적을 2가지만 쓰시오.

•

•

정답

• 뇌격전류나 고장전류에 대한 기기보호
• 국부적인 전위상승에 따른 인축의 감전사고 방지
• 1선 지락 시 전위상승 억제 및 보호계전기의 동작신뢰성 확보

해설

• 계통접지 : 전력계통의 이상현상에 대비하여 대지와 계통을 접속
• 보호접지 : 감전보호를 목적으로 기기의 한 점 이상을 접지
• 피뢰시스템접지 : 뇌격전류를 안전하게 대지로 방류하기 위한 접지

15 다음 그림은 태양전지 모듈의 바이패스 다이오드를 연결한 개략도이다. 점선 부분에 바이패스 다이오드의 기호를 넣어 완성하시오.

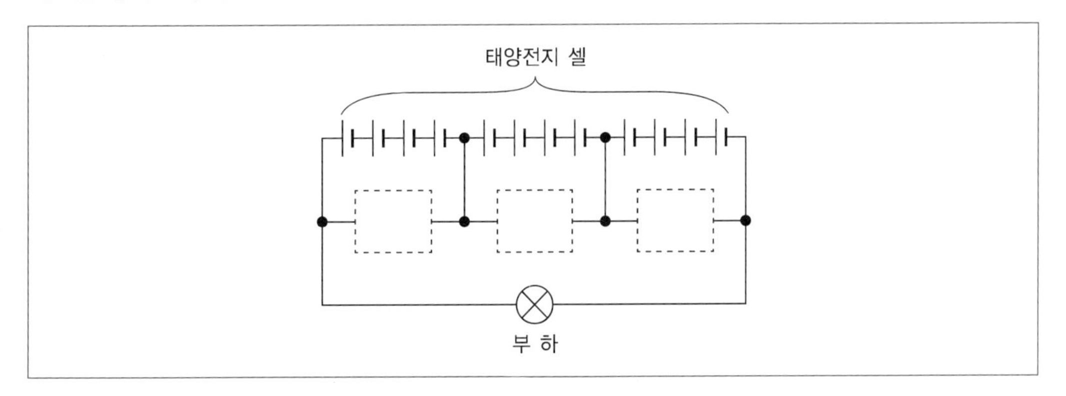

정답

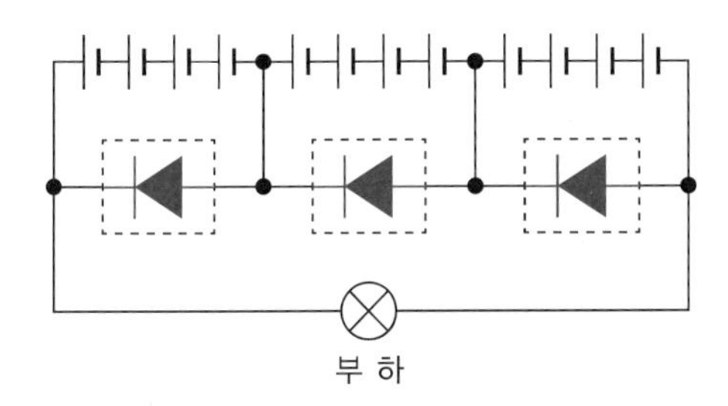

16 다음 그림은 지붕 위에 설치한 태양전지 어레이로부터 접속함에 이르는 배선을 나타낸 것이다. 다음 각 물음에 답하시오.

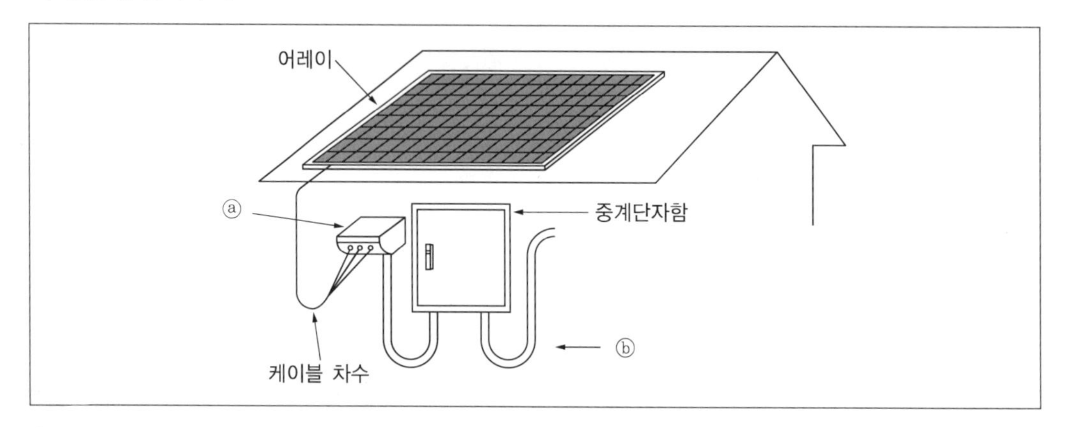

(1) 그림 ⓐ와 같이 인입구 및 인출구 관 끝에 설치하며, 금속관에 접속하여 옥외의 빗물을 막아주는 데 사용하는 재료 명칭을 쓰시오.

(2) 그림 ⓑ와 같은 전선관의 굴곡반경은 어떻게 시공하여야 하는지 쓰시오.

(3) 전선관의 굵기는 전선피복을 포함한 단면적의 총합계가 관 내 단면적의 몇 [%] 이하가 되도록 선정하여야 하는지 쓰시오(단, 전선의 굵기는 동일하다).

정답

(1) 엔트런스 캡
(2) 굴곡반경은 관 내경의 6배 이상으로, 찌그러짐이 없어야 한다.
(3) 관 내 단면적의 48[%] 이하

해설

- 엔트런스 캡 : 관로의 인입구에 설치하여 빗물의 유입을 방지한다.
- 굵기가 다른 케이블의 경우 전선관의 굵기는 전선피복을 포함한 단면적의 총합계가 32[%] 이하를 원칙으로 한다.

17 **설계도서 · 법령해석 · 감리자의 지시 등이 서로 일치하지 않을 때 계약으로 그 적용의 우선순위를 정하지 아니한 경우 설계도서 해석의 우선순위를 다음 [보기]를 이용하여 순서대로 나열하시오.**

보기
전문시방서, 산출내역서, 표준시방서, 설계도면, 공사시방서

정답

공사시방서 → 설계도면 → 전문시방서 → 표준시방서 → 산출내역서

18 **태양광설비의 접속함 설치에 대한 설명이다. ①~③에 알맞은 내용을 쓰시오.**

- 단자대 : 태양전지 모듈로부터 직류전원을 공급받기 위해 설치된다.
- (①) : 입력부의 전원을 차단할 수 있는 용량으로 설치되어야 한다.
- Fuse : 태양전지 모듈로부터 과도한 전류의 흐름에 대해 보호기능을 갖는다.
- 역류방지 다이오드 : 태양전지에 역전류방지를 위하여 설치된다.
- (②) : 일사량계, 온도계의 신호를 인버터에 공급 시 신호를 변환하는 장치이다.
- (③) : 낙뢰에 대해 보호하기 위해 설치된다.

정답

① 차단기
② 신호변환기(TD ; TransDucer)
③ 서지보호장치(SPD)

해설

접속함의 구성품

단자대, 차단기, 퓨즈, 역류방지 소자, 신호변환기, 서지보호장치, 감시용 DCCT(직류 계기용 변류기), DCPT(직류 계기용 변압기)

19 태양광발전시스템의 유지보수 계획 시 점검의 내용 및 주기를 결정하기 위한 고려사항을 3가지만 쓰시오.

•
•
•

정답

• 설비의 중요도
• 설비의 주변 환경조건
• 설비의 사용기간
• 고장이력
• 부하 상태 등

20 전기사업용 전기설비의 정기검사 항목 중 태양광발전설비의 전력변환장치에 대한 세부 검사 내용을 3가지만 쓰시오.

정답

외관 검사, 절연저항 측정, 제어회로 및 경보장치 확인, 단독운전방지시험, 인버터운전시험

신재생에너지발전설비기능사(태양광) 실기

개정3판1쇄 발행	2024년 01월 05일 (인쇄 2023년 11월 23일)
초 판 발 행	2021년 08월 05일 (인쇄 2021년 07월 08일)
발 행 인	박영일
책 임 편 집	이해욱
편 저	김대범
편 집 진 행	윤진영 · 김경숙
표지디자인	권은경 · 길전홍선
편집디자인	정경일
발 행 처	(주)시대고시기획
출 판 등 록	제10-1521호
주 소	서울시 마포구 큰우물로 75 [도화동 538 성지 B/D] 9F
전 화	1600-3600
팩 스	02-701-8823
홈 페 이 지	www.sdedu.co.kr

I S B N	979-11-383-4681-8(13560)
정 가	25,000원